城镇地形图测绘与施工测量

张万方　主　编

曹　立　刘文谷　副主编

中国建筑工业出版社

图书在版编目（CIP）数据

城镇地形图测绘与施工测量/张万方主编. —北京：
中国建筑工业出版社，2006
ISBN 978-7-112-07941-4

Ⅰ. 城… Ⅱ. 张… Ⅲ.①城镇-地形测量②城
镇-地形测图 Ⅳ. P217

中国版本图书馆 CIP 数据核字（2006）第 151616 号

城镇地形图测绘与施工测量

张万方 主 编

曹 立 刘文谷 副主编

*

中国建筑工业出版社出版、发行（北京西郊百万庄）
各地新华书店、建筑书店经销
北京天成排版公司制版
北京市密东印刷有限公司印刷

*

开本：787×1092 毫米 1/16 印张：16¼ 字数：390 千字
2006 年 1 月第一版 2018 年 2 月第三次印刷
定价：**60.00** 元
ISBN 978-7-112-07941-4
（31373）

测量学是自然科学的一部分，是为人类认识与改造自然服务的，它研究的对象是地球的形状与大小以及地表点位信息的确定。本书内容包括：测量学概述；测量学基本知识；水准仪及高程测量；经纬仪及角度测量；距离测量；小地区控制测量；大比例尺地形图测绘；地形图绘制；地形图的识读与应用；测设原理及主要工作；线路施工测量；建筑施工测量；地籍测绘；测绘学新发展简介以及测绘法规等。全书可供广大城镇测绘技术人员、城镇规划和测量专业大中专院校师生学习参考。

＊　　＊　　＊

责任编辑：王莉慧　吴宇江

责任设计：赵　力

责任校对：刘　梅　李志瑛

编 著 名 单

主　　编：张万方

副 主 编：曹　立　刘文谷

编写人员：张伟富　郭拴群　张月华

前　　言

　　适应我国城镇建设的飞速发展，为满足广大尤其是基层测绘技术人员的实际工作需要，作者结合掌握的理论知识和多年实践工作的经验，编辑成书，以与广大读者共享。

　　本书以实用性、知识性、系统性为宗旨，以服务读者、学有所获、开卷有益为目标，以基层测绘技术人员为读者对象，力争以有限的篇幅，传递尽可能多的信息与知识。

　　该书以国家最新标准和规范为准，以新知识、新技术、新方法、新设备为主线，以深入浅出的语言，尽可能多地汇集了有关的技术规定和指标。

　　针对基层测绘人员的需要和特点，本书全面而简明地阐述了测绘基本知识、仪器使用与保养、地形图测绘、地籍测绘、城镇地形的测绘与建筑、线路测量基本知识、具体施测方法、相关测绘法规等内容。在内容及深度取舍方面，以必备、实用为主；在表述方面力争深入浅出、图文并茂、形象直观；在语言上力求层次清楚、语句简练。

　　该书是一部较理想的城镇基层测绘技术人员的学习用书、教学用书、培训用书、答疑解惑的参考书。本书也可作为城镇测量、城镇规划专业大中专师生参考书。

　　本书在编撰过程中，查阅、参考了大量的书刊、规范、资料，使编者开阔了视野、增长了知识，受益匪浅。对这些书刊的作者，谨在此表示诚挚的敬意与谢意！同时，本书在编写和出版过程中得到了重庆都会城市规划设计研究院有限公司的大力支持，在此也表示由衷的感谢！重庆都会的李素娟、李会贤、刘亚婷、赵玉民同志在成书过程中也付出了很多辛劳，在此一并致谢！

　　由于编者水平有限，书中难免有错误和欠妥之处，敬请读者批评指正！

编　者

2005 年 11 月

目　　录

第一章 测量学概述

测量学是自然科学的一部分，是为人类认识与改造自然服务的，它研究的对象是地球的形状与大小以及地表点位信息的确定。本章主要介绍测量学的内容、任务及分类。

1.1 测量学的基本概念

1.1.1 测量学定义

测量学是研究地球的形状、大小，以及确定地面(空中、地表、地下和海洋)物体的空间位置，并将这些空间位置信息进行处理、存储、管理、应用的科学。

主要内容：一是通过测定地面点的位置、高程，地物的特征、类别、形态与分布，地理名称以及其他资料，显示地表的自然、经济、社会等要素，反映到图纸上，形成各种地图等资料；二是将设计好的建筑物、构筑物等在地面上标定出来。测量广泛地应用于陆地、海洋、空间的各个领域，对国土规划、经济建设、国防建设、国家管理和人民生活都有重要作用，是国家建设中一项先行性、基础性工作。

1.1.2 测量学的分类

随着社会生产的发展和科学的进步，测量学涉及的范围越来越广泛，内容越来越丰富。现代测量，按其内容、对象和目的，一般分为：大地测量、地形测量、工程测量、地籍测绘、地图制图五大类。

(1) 大地测量

研究地球表面广大区域甚至整个地球的形状、大小与参照体定位问题、探讨地球重力场的理论、技术和方法。通过三角测量、导线测量、水准测量、天文测量、重力测量、卫星大地测量和各种计算手段，建立国家或地区等级大地控制网，精确测定地面上各控制点的坐标、高程和重力。大地测量为地形测量和大型工程测量提供基本的水平控制和高程控制，为空间科学技术和军事活动提供精确的点位坐标、距离、方位及地球重力场资料，为研究地球形状及大小、地壳变形及地震预报等科学问题提供重要数据依据。

(2) 地形测量

研究的对象是小区域地球表面的形状、大小。如果将小面积范围投影到球面上，由于地球的半径很大，可以把这块投影球面当作平面看待，而不考虑地球曲率，把这一小面积的地形和地物加以测量并将结果用文字、数字和一定的符号绘到图纸上，这种技术和方法称为地形测量，又叫普通测量。

用地形测量手段，按一定比例尺，依据测图的规范要求，用规定的图式符号注记，将地面上的地形及有关数据、信息展绘于图纸上的图面称为地形图。

我国地形图基本比例尺规定为：1：1万、1：2.5万、1：5万、1：10万、1：25万、1：50万、1：100万7种。其中1：5万至1：1万比例尺地形图，主要是通过实地测量成图。1：10万比例尺及以上均为编绘完成。1：5000、1：2000、1：1000、1：500、1：200大比例尺地形图，多属各种工程规划、建设的用图，均为实地测量成图。

（3）工程测量

为满足城市建设、农田规划、水利、道路、厂矿、电力等部门的需要，在勘测设计、施工放样、工程营运、管理各阶段以及其他特殊需要进行的各种测量工作。使用经纬仪、水准仪、平板仪，通过测量、计算工作，把实地地形缩绘到图纸上，叫测定；与此相反，将设计图上工程建筑物的位置、各部位的互相关系以及设计的点、线、面及高度，精确地标定到实地，叫施工测量或放线、放样；工程中或竣工后所进行的变形观测，叫变形测量或变形监测。

（4）地籍测绘

测定并调查土地及其附属物的数量、质量、位置、权属和利用现状等基本状况的测绘工作，为土地管理与国土开发提供法律依据及基础资料。其主要内容包括：建立地籍测量控制网；地籍碎部测量；权属界址点联测；面积计算；绘制地籍图件（地籍分幅图、宗地图等）；成果检查验收等。1986年国务院决定在全国建立土地管理系统，并于同年颁布了《中华人民共和国土地管理法》，为我国加强土地管理、土地保护、土地开发提供了法律依据。根据国务院对地籍测量的分工和2002年修订通过的《中华人民共和国测绘法》可知：国务院测绘行政主管部门会同国务院土地行政主管部门编制全国地籍测绘规划，县级以上地方人民政府测绘行政主管部门会同同级土地行政主管部门编制本行政区域的地籍测绘规划，县级以上人民政府测绘行政主管部门按照地籍测绘规划，组织管理地籍测绘。

（5）地图制图

通过对地图编绘、地图整饰及地图制印来制作地图，一般把地图分为普通地图和专题地图。普通地图包括前述国家基本比例尺系列中属于编绘完成的地形图，以及世界、全国、省区或地区的各种一览图。专题图则是简化一般内容而突出某些专题要素或特殊内容的图，如旅游图、交通图等。随着社会经济的发展，专题图的品种日趋繁多。

本书以普通测量的基本知识技术为主，并介绍工程测量和地籍测量的一般方法。

1.2 测量学的作用

人类从原始社会后期，就在生产劳动、部落间交往和战争中逐步学会使用测量手段来了解和利用周围的自然环境，以使自己的活动能获得尽可能好的效果。随着社会的发展，测量在经济建设、军事活动、国家管理、文化教育和科学研究等各个方面都得到广泛的应用，测量本身也有较大发展。现代社会，测量工作在各个国家已具有日益重要的地位和作用。

1.2.1 在国民经济和社会发展规划中，测量信息是重要的基础信息之一

例如，以地形图为基础，补充农业专题调查资料编制各种专题图，从中可以了解到各类土地利用的现状，土地变化趋势，农田开发建设的水、土、气候等条件，农田和林地、牧地及工业、交通、城镇建设的关系等情况，这些都是农业规划的依据。城镇规划、村规划等各种规划首先要有规划区的地形图。

1.2.2 在各种工程建设中，测量是一项重要的工作

有精确的测量成果和地形图，才能保证工程的选址、选线，并设计经济合理的方案。一公里选线的出入，可以影响大量建设投资的节约和浪费以及建成后长期使用的经济效益。农田干渠选址一米的高低变化可使受益面积有很大增减。水库大坝坝址的选定和坝高一米的升降可使淹没面积有很大变动，以致影响若干村镇的搬迁。这一公里、一米之差，往往在实地踏勘时不易发现，但在精确的测量成果中不难找到依据。不仅如此，在工程建设的各个阶段都需要充分的测量来保证质量。在施工中，要通过放样测量把已确定的设计精确地落实到实地上，这对于工程的质量起着相当关键的作用。竣工测量资料则是工程交付使用后进行妥善管理的很重要图件。对于大型工程建筑，在使用期间定期进行监测，及时发现建筑物的变形和移位，以便采取措施，防止重大事故发生，更是不可忽视的环节。

1.2.3 在军事活动中，测量和地图的作用

特别是现代大规模的诸兵种协同作战，精确的测绘成果成图更是不可缺少的重要保障。至于远程导弹、空间武器、人造卫星或航天器的发射，要保证它精确入轨，随时校正轨道和命中目标，除了应测算出发射点和目标点的精确坐标、方位、距离外，还必须掌握地球形状、大小的精确数据和有关地域的重力场资料。

1.2.4 测量工作在发展地球科学和空间科学等现代科学方面的重要作用

地表形态和地面重力的许多重要变化，有些来源于地壳和它的板块构造的运动，有些来源于地球大气圈、生物圈各种因素的影响和变化。因此，通过对地表形态和地面重力的变化进行分析研究，可以探索地球内部的构造及其变化；通过对地表形态变迁的分析研究，可以追溯各个历史时期地球大气圈、生物圈各种因素的变化。许多地球科学新理论的建立，往往是地球物理学者和测量学者共同努力的结果。对空间科学技术的发展来说，测量是不可缺少的基础，同时，空间科学技术的发展也反过来为测量科学技术提供新的手段和新的发展领域。

各种地图在人们的日常生活和社会活动中的作用也越来越大。如交通图备受司机的青睐；旅游图已成为度假、旅游不可缺少的必备之物，等等。

1.3 中国测量学发展简史

1.3.1 渊远流长的古代测量

中国是世界文明古国，测绘科学也发展很早。据传早在公元前 21 世纪的夏禹治水时期就使用过"准、绳、规、距"等测量工具。公元前 7 世纪左右，即战国时期，管仲在他所著《管子》一书中已收集 27 幅地图。公元前 4 世纪左右，我国人民利用磁石制成世界上最早的定向工具"司南"。公元前 130 年，西汉初期的《地形图》与《驻军图》已于1973 年长沙马王堆三号汉墓中出土，为目前所发现的我国最早的地图。

东汉张衡创造了"浑天仪"和"候风地动仪"，著有《浑天仪图注》与《灵宪》等书，为天文测量和地震监测做出了贡献。魏晋时期的刘徽发明了"重差术"；西晋的裴秀提出了绘制地图的六条原则，并绘制了《禹贡地域图》18 幅；唐代贾耽曾编制《海内华夷图》等。9 世纪李吉甫的《元和群县图志》为我国古代最完善的全国地图。唐代名僧一行（本名张遂）主持进行了大规模的天文测量，第一次应用弧度测量的方法，测定了地球的形状

和大小，也是世界上第一次子午线弧长测量。北宋时的沈括在他的《梦溪笔谈》中记载了磁偏角的现象，比哥伦布对磁偏角的发现早400年；他还绘制了《天下州县图》，使用水平尺、罗盘仪进行地形测量。到了元代，在郭守敬主持下，进行大规模天文测量，并提出了水准测量的海拔高程概念。清代初年，在进行大地测量的基础上开展全国测图，于1708年完成《皇舆全图》。

中国古代测量科学的成就，是中华民族值得自豪的光辉历史。

1.3.2 旧中国的测量回顾

1903年清政府在北京设立军咨府，其第四厅下设京师陆军测地局，主管陆地测量，并在各省设立分局。但到清政府覆灭前，测图工作只进行了河北河间府、保定府及山东、河南、安徽等省及小部分地区的1：2.5万比例尺测图。

辛亥革命后，南京临时政府在参谋本部设陆地测量总局，政府迁至北京后，改为陆军测量局，主管军事测量业务，完成全国1：2.5万和1：5万地形图约4000幅，并在清明两代"全国舆图"的基础上，完成1：10万和1：20万调查图约3883幅，并在浙江、湖北、广东三省部分实施三角测量。但由于人才和经费缺乏，技术方法不统一，测图大多质量很差，既没有统一的地图投影方法，又没有统一的高程测量基准，邻省之间的地图不能相拼接。

1928年，南京国民党政府在参谋本部改设陆地测量总局，各省分设陆地测量局。继续改编和测制1：5万地形图，主要在东南沿海数省，约占全国面积的1/6。抗日战争爆发后，测绘业务开展很少，也没有统一的测量基准和技术标准，成果成图大部分质量粗劣。

1.3.3 建国后测量学的发展

中华人民共和国建立后，党和政府十分重视测绘事业的发展。中央军委1950年建立军委测绘局，陆续组建大地、地形、计算、航测、制图各个事业的测量部队。军委测绘局建立后，立即承担了国防建设和国家经济建设所急需的测绘保障工作。1952年改为总参谋部测绘局，正式开展全国性基本测绘，陆续建立起各种大地测量基准。1953年建立了两个天文基本点，以后又确定了"1954年北京坐标系"和"1956年黄海高程系"及青岛水准原点。地形图施测大部分采用航测法，比例尺为1：2.5万和1：5万，主要范围在东部，为当时国防、经济建设的重点地区，及时提供了测绘保障。

新中国建立后，各经济部门的测绘力量，随工农业的大发展迅速组建。地质部、水利部、铁道部、城建部门的测绘力量，迅速形成生产能力，为西部地区基本测绘和地质勘探，为长江、黄河等大江大河的规划和大型水利工程建设，为新铁路的修建，为大中城市的规划和建设，提供了测绘保障。

随着国家建设的迅速发展和测绘事业的逐步扩大，1956年国务院成立国家测绘总局（现并入国土资源部），加强对测绘事业的领导和对政府各部门测绘业务的指导，并抽调总参测绘局部分队伍，接收地质部测绘局，形成一支具有相当规模、技术力量较强、装备良好的基本测绘队伍，中国测绘事业发展的基本体制逐步形成。国家测绘总局归口管理全国测绘业务，总参测绘局负责军事系统测绘的指导和管理。

为了使各种基本测绘作业标准更好地适合中国国情，国家工商行政管理局测绘局形成了一系列完整的统一的基本测绘技术标准和技术规程，提高了测绘成果的质量和应用价值。

为加强测绘人才、测绘科技的发展，1953年中国人民解放军测绘学校升格为测绘学院，1956年成立武汉测绘学院，1986年改为武汉测绘科技大学（现并入武汉大学），并组建了郑州测绘学校，为测绘事业培养了大批的高中级人才。测绘科学研究，特别是新技术的研究应用方面有较大进展。科研机构形成国家测绘局科研所，1994年改为中国测绘科学研究院，以及军测科研所、中科院地理所及各省测绘研究所的科研体系。

建国后的测绘事业发展，虽然在"文化大革命"中受到严重冲击和破坏，但在1973年经周恩来总理批示决定重建国家测绘总局后，各省测绘局相继建立，并迅速形成生产能力。

建国后测绘事业在极薄弱的基础上起步，经过艰苦奋斗，取得较大成就。统一了全国的坐标系统、高程系统，建立了全国大地控制网、水准控制网；测制了全国的1∶5万地形图，完成全面平原地带的1∶1万地形图；在各大中小城市及县城测制了1∶500至1∶2000地形图；完成了各种挂图、行政图及专题图。测量工作已成为国民经济建设的先行和保障。

随着改革开放、经济建设的发展，测绘事业必将得到更快、更大的发展。

第二章 测量学基本知识

2.1 测量的坐标系统

2.1.1 地球的形状及大小

古人曾对地球有许多设想，公元前 6 世纪毕达哥拉斯首创地圆说；纪元前 2 世纪爱拉托斯芬开始量测地球之大小，并制作地图；但是，直到 1519 至 1522 年间麦哲伦探险队绕地球一周后，地球是圆的才得以公认。随着科学的发展，科学工作者进行了大量的精密测量工作，发现地球是个近似圆球的椭球，测量上把它命名为椭球体，并精确地测定了这个椭球体的大小。

在地球表面上海洋的面积占 71%，陆地的面积只占 29%。如果我们设想地球表面是一个静止的海水面，并且这个海水面能具备下列特性：此海水面与平均海水面相吻合，面上各点沿垂直于重力的方向穿过陆地，不断延伸，包围地球形成闭合曲面，这个曲面在测量上称作大地水准面。这个大地水准面所包围的球体，测量上称作大地体。我们用大地体来形容地球是比较形象的。但是，由于地球的密度不均匀，造成地面各点重力方向没有规律，因而大地水准面是个极不规则的曲面，不能直接用来测图。

为解决这个问题，目前世界各国测量工作都选用一个与大地体非常接近的参考椭球体来衡量地球的大小和形状，在参考椭球体上进行测量工作。如图 2-1 所示。

大地坐标是建立在参考椭球体数学模型上，采用不同的参考椭球体、不同定位方式和不同的地理位置，建立的坐标系也不同。世界各国根据本国的具体情况，采用不同的坐标系统。

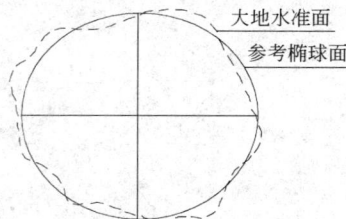

图 2-1

2.1.2 我国的大地坐标系

1949 年前，我国没有统一的坐标系统，所进行的测量工作采用各自建立的坐标基准，造成各省地形图无法拼接，且精度不高。中华人民共和国建立后，及时统一了大地坐标系统。

建国初期，因经济建设、国防建设特别是测图的需要，急需有一个统一的、比较符合中国情况的大地坐标系。由于当时全国大地测量成果太少，建立中国独立大地坐标系统的条件还不具备，因此，引进了苏联坐标系，1954 年通过东北传算过来，并建立了"1954 年北京坐标系"，采用了苏联 1942 年克拉索夫斯基椭球作为参考椭球。"1954 年北京坐标系"建立后，一直使用至今。

在此基准上我国进行了广大地区的大地测量，但测量结果证明，"1954 年北京坐标系"采用的参考椭球及其定位与中国大地水准面的符合不很理想，参考椭球面普遍低于大地水准面。此外，20世纪60年代末以后，国际上利用卫星大地测量技术，得到了当时最佳拟合于全球大地水准面的椭球。因此，我国采用国际大地测量学与地球物理学联合会第十六届大会1975年推荐的新椭球参数，并按照与中国全国范围大地水准面的最佳拟合条件进行椭球定位，建立了"1980年西安坐标系"，新坐标系正在逐步运用。

国家统一坐标系是基础测量的依据，1:1万的更小比例尺地形图均需采用。当测图面积较小，仅测重于村、镇的范围时，可以采用独立坐标系。

2.2 测量的高程系统

由于大地水准面是一个不规则的曲面，它无法确定其精确位置。现在，测量上都是用中等海水面来代替大地水准面，并作为高程的起算面。

确定平均海水面，就是在验潮站长期地、有规则地观测记录变动着的海水面的高度，取其平均海水面作为高程零点，并设有一个静止的海水面通过高程零点，且处于保持与重力方向垂直。这个穿过陆地而形成的封闭曲面，测量称为中等海水面。图2-2所示。

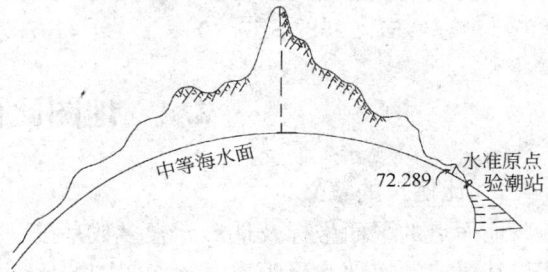

图 2-2

建国后，我国从1950年至1956年间，在青岛验潮站不断地用精密水准联测水准原点至黄海平均海水面的高程，5年来得出水准原点至黄海平均海水面的高程平均值为72.289m，以此水准原点建立了高程系统，即"1956年黄海高程系"。推算出的这个平均海水面就是我国的中等海水面，我国的"1956年黄海高程系"是以黄海中等海水面起算的高程系统。20几年来这个高程系统引测到了全国各角落，为国家的经济建设、国防建设发挥了作用。

我国目前采用的高程基准为1987年颁布命名的"1985国家高程基准（National Vertical Datum 1985）"，它以青岛验潮站1952年—1979年验潮资料计算确定的平均海面作为基准面的高程基准。水准原点位于青岛观象山，它由1个原点5个附点构成水准原点网，在"1985国家高程基准"中水准原点的高程为72.2604m。

2.3 测量中的计量单位

我国丈量长度的单位有公制和市制两种，测量中采用的是公制。常用计量单位如下：

2.3.1 长度单位：长度单位是 m。

1 米（m）＝10 分米（dm）＝100 厘米（cm）＝1000 毫米（mm）

1 公里（km）＝1000 米（m）

1 市尺＝10 市寸＝100 市分＝1000 市厘

1 米（m）＝3 市尺

1 公里(km)＝2 市里

2.3.2 面积单位，面积单位是平方米(m²)，大面积用公亩(a)、公顷(ha)。

1 公顷(ha)＝100 公亩(a)＝1000m²　　　　　1 公顷(ha)＝15 市亩

1 市亩＝6000 市尺²　　　　　　　　　　　1 市亩＝6⅔公亩(a)

1 平方公里(km²)＝100 公顷(ha)＝1500 市亩

1 市亩＝666.7m²

2.3.3 角度单位，测量上常用的角度单位为 60 等分制的度。

1 圆周角＝360°(度)

1°＝60′(分)　　　　　　1′＝60″(秒)

国际上还有 100 等分制(新度)

1 圆周角＝400g(新度)　　　　1g＝100′(新分)　　　　1′＝100″(新秒)

2.3.4 角度和弧度关系，在公式推导中有时也用弧度表示角度的大小。一弧度是弧长等于半径所对的圆心角的大小。以 ρ 代表一弧度的角，它和度、分、秒的变换关系如下：

$$\rho°＝57.2958°\approx57.30°　　　\rho'＝3437.75'\approx3438'　　　\rho＝206265''$$

2.4 地图比例尺及精度

2.4.1 比例尺的意义

地面点的平面坐标及地形元素多数是按一定的比例关系表示在图上的。图上的直线长度与其对应的实地水平距离之比，叫图的比例尺。比例尺的大小视测图的需要而定，比例尺越大，此图包含的地面面积越小；比例尺越小，此图包含的地面面积越大。

若已知地形图的比例尺，则根据图上的长度，可以求出相应直线的实地水平距离；反之，根据直线的水平距离，可以求出图上相应直线的长度。图比例尺分为数字比例尺和图示比例尺。

2.4.2 数字比例尺

数字比例尺是用数字表示的比例尺，通常表示为：1/m。地形图常用的数字比例尺有 1/500、1/1000、1/2000、……1/1000000，它们有时也表示为：1：500、1：1000、1：2000、1：1000000。一般称 1：500、1：1000、1：2000、1：5000 为大比例尺图，1：10000 到 1：50000 为中比例尺图，1：1000000 以上的比例尺为小比例尺图。

若已知图上比例尺，就可以根据图上直线的长度，求出相应地面上直线的水平距离，反之也可以根据地面上直线的水平距离，求出相应的图上长度。

例如：在 1：5000 的图上量得某两点的长度 l 为 52.4mm，则实地两点的水平距离 L 为：$L＝l\times M$，$M＝5000$，$l＝52.4$mm 即：$L＝52.4\times5000＝262$m

再如：进行 1：2000 比例尺测图时，测得实地某两点的水平距离 57.3m，则图上的长度为：$l＝L/M$，$M＝2000$，$L＝57.3$m 即 $l＝57.3/2000＝28.6$mm

2.4.3 图示比例尺

应用数字比例尺进行地面水平距离和图上长度的换算，有时不方便，所以，在中、小比例尺的地图上都绘有图示比例尺。图示比例尺是将比例尺用图解的方法表示在图上。应用图示比例尺，一方面便于量取和换算，一方面也可以基本上改正图纸伸缩变形引起的误差。

图示比例尺一般有直线比例尺和复比例尺两种。

（1）直线比例尺

利用线段长度表示的比例尺，称为直线比例尺。

直线比例尺是在平行的直线上，按一定间隔将它分成若干相等的线段，每一线段为比例尺的基本单位，将最左边的一个基本单位再分成 10 个等分的小段，每一小段是 1/10 个基本单位。然后根据数字比例尺计算出每个基本单位的实地水平距离和 1/10 基本单位的实地水平距离，分别注记在相应的等分点上。如 1：10000 比例尺地形图的直线比例尺。如图 2-3 所示。

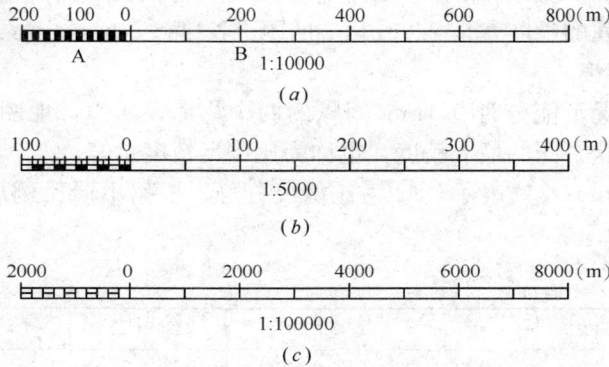

图 2-3　直线比例尺

实际应用时，若在 1：10000 比例尺地形图上量得长度为 45.0mm 的直线线段，可在直线比例尺上由 0 表示的左右两端读数之和得知实际的水平距离。即在 0 线右侧读 400m，0 线左侧读 50m，45.0mm 对应的实际水平距离为 450m。

（2）复比例尺

直线比例尺只能精确到 0.1 个基本单位，要想更精确的直接量到 0.01 个基本单位，以提高量测和表示的精度，就需要采用复比例尺。

复比例尺是以一条平行直线为底线，按一定间隔将直线等分成若干相等的线段，作为基本长度单位，过这些等分点作底线的垂线，再按一定间隔作底线的平行线，使它们与垂线相交。将尺左端的一个基本长度单位的上、下两平行线再分成 10 等分，每一等分为 0.1 个基本长度单位，并使上下两平行线的小等分点错开一个小格，用斜线将它们分别连接起来，如图 2-4(a) 所示，将 AOB 放大可以看出，图 2-4(b) AB 为 0.1 个基本长度单位，

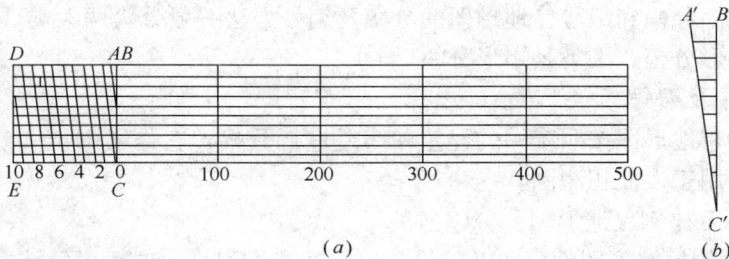

图 2-4

9

依据相似三角形原理，则 1-1′ 表示 0.01 个基本长度单位，2-2′ 表示 0.02 个基本长度单位，依此类推，9-9′ 表示 0.09 个基本长度单位。

所以，复比例尺可以直线读到 0.01 个基本长度单位。复比例尺除用于图示比例尺外，主要用于地形测量，它可以将仪器读取的实际水平距离，按一定比例尺缩小为相应比例尺地图上且精度较高。同时，复比例尺也广泛用于坐标展点，成为野外测量不可缺少的工具。图 2-4 是 1：5000 比例尺的复比例尺。其基本长度单位是 100m，0.1 个基本长度单位产 10m，0.01 个基本长度单位是 1m。

例如，进行 1：5000 比例尺测图时，量测得实地两点的水平距离是 278m，则用两脚卡规的一个脚尖对准 0 线右端的 200m 处，保持两脚在一条平行线上，上下移动两脚规，使它的另一脚尖对准 0 线左侧的第 7 格（代表 70m），再沿斜线向上数 8 格（代表 8m），这时，两脚规脚尖之间的长度就是 278m 相应的图上长度。

2.4.4 比例尺的精度

人眼在正常情况下能分辨 0.1mm 间隔的两个物体，所以，地图上 0.1mm 所能表达的实地距离，称为这个图的最大精度，也称为比例尺精度。

一般用 $\sigma = 0.1\text{mm} \times M$ 表示，M 为比例尺分母，根据不同比例尺，能得到不同比例尺的精度。

表 2-1

比 例 尺	1：500	1：1000	1：2000	1：5000	1：10000	1：25000
比例尺精度	0.05m	0.1m	0.2m	0.5m	1.0m	2.5m

由此可见，比例尺越大，图上表示的精度越高，比例尺越小，图上表示的精度越低。如实地长 1m 的距离，在 1：1000 比例尺图上表示为 1mm，在 1：10000 比例尺图上仅为 0.1mm，在 1：25000 图上则表示不出来。

根据比例尺的精度，可以知道图上表示地面长度时的准确程度。同时，也可按测量距离的精度要求来选择测图比例尺。如规定 0.2m 以上的地物都要在图上表示出来，则选择的比例尺应该是 $1/M = 0.1\text{mm}/0.2\text{m} = 1/2000$，即要选用 1：2000 或大于 1：2000 的比例尺测图才能达到规定要求。

2.5 地形图的分幅和编号

地形图要一张一张地测绘，为了便于地形图的计划测制，妥善保管，合理使用，必须对地形图进行统一分幅和编号。地形图的分幅及编号方法一般分为两大类，一类是国际统一分幅，也称梯形分幅；一类是矩形分幅。

2.5.1 梯形分幅及编号

梯形分幅是将地形图按照统一的经差和纬差进行分幅，它是以 1：100 万地形图为基础，这种方法要用于大面积测图。

（1）1：100 万比例尺地形图的分幅与编号

1：100 万比例尺地形图的分幅及编号是以地球赤道起算，向两极每纬差 4° 为一横排。排号依次按 A、B、C……V 表示；从经度 180° 起算，自西向东每经差 6° 为一竖列，列号依次为 1、2、3、……60 表示，这样就形成梯形分幅，如图 2-5 所示。全球共分 2640 个 1∶100 万比例尺地形图，两极为南、北极圈。

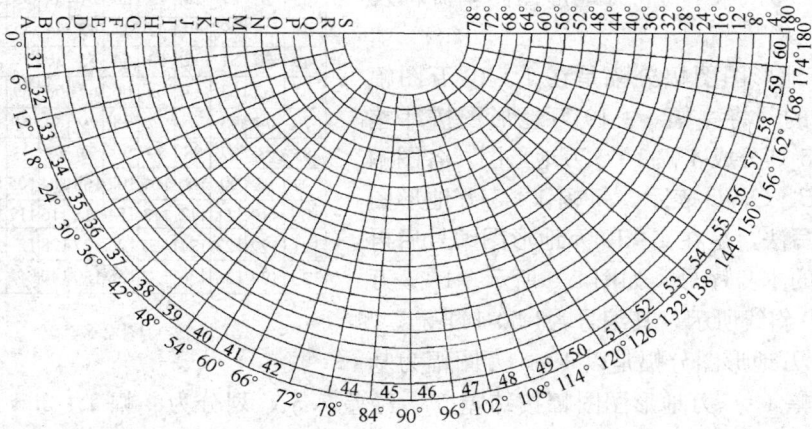

图 2-5

一幅 1∶100 万图幅的编号由图幅所在的行号和列号组成，行号在前，列号在后，中间用一短线连接。如北京市所在的 1∶100 万图幅是在第 J 行、第 50 列，所以北京市所在的 1∶100 万图幅编号为 J-50。

（2）1∶50 万、1∶20 万、1∶10 万比例尺地形图分幅与编号

1∶50 万分幅是将 1∶100 万按象限分为四幅，其纬差为 2°、经差为 3°，各图幅以 A、B、C、D 表示，过去曾用 A、E、B、T 及甲、乙、丙、丁表示，其图幅编号写法是在 1∶100 万图幅编号后加本身序号。如图 2-6，北京市在 1∶50 万图幅编号为 J-50-D。

1∶20 万比例尺地形图分幅是将 1∶100 万一幅分成 36 幅，其纬度为 20′、经度为 1°，各图幅分别以（1）、（2）、（3）……（36）表示。其编号写法在 1∶100 万图幅标号后加本身序号。如图 2-7 所示，图中斜线表示的 1∶20 万地形图图幅编号为 J-50-(29)。

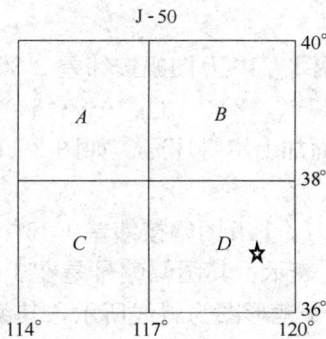

图 2-6

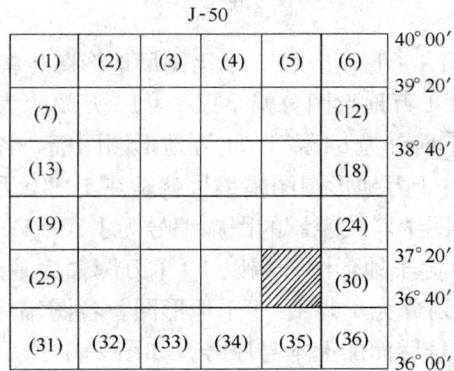

图 2-7

1∶10 万比例尺地形图分幅，是将 1∶100 万一幅分成 144 幅，其纬差 20′、经差 30′，各图分别以 1、2、2、3、……144 表示，其图幅编号写法是在 1∶100 万图幅编号后加本

身序号。如图 2-8 所示，如北京市在 1：10 万图幅编号为 J-50-141。

（3）1：5 万、1：2.5 万地形图图幅分幅及编号

1：5 万地形图图幅分幅是在 1：10 万图幅基础上划分的，将一幅 1：10 万地形图按纬差 10′、经差 15′划分成 4 幅 1：5 万地形图，各图幅分别用 A、B、C、D 表示，每幅 1：5 万地形图图幅编号的写法，是在 1：10 万地形图编号后再加上该图幅的本身序号。如图 2-9 所示。1：5 万图幅为图 2-9 斜线所示，其编号为 J-50-141-乙。

	2	3	4	5	6	7	8	9	10	11	12
13	14	15	16	17	18	19	20	21	22	23	24
25	26	27	28	29	30	31	32	33	34	35	36
37	38	39	40	41	42	43	44	45	46	47	48
49	50	51	52	53	54	55	56	57	58	59	60
61	62	63	64	65	66	67	68	69	70	71	72
73	74	75	76	77	78	79	80	81	82	83	84
85	86	87	88	89	90	91	92	93	94	95	96
97	98	99	100	101	102	103	104	105	106	107	108
109	110	111	112	113	114	115	116	117	118	119	120
121	122	123	124	125	126	127	128	129	130	131	132
133	134	135	136	137	138	139	140		142	143	144

图 2-8

1：2.5 万地形图分幅是以 1：5 万图幅为基础，即将一幅 1：5 万地形图图幅按纬差 5′、经差 7.5′，划分为 4 幅 1：2.5 万地形图幅。各图幅分别用 1、2、3、4 表示，每幅 1：2.5 万地形图图幅编号就是在 1：5 万图幅编号后加上该图幅的本身序号。如图 2-10 所示，如果 1：2.5 万图幅为斜线所示，其编号为 J-50-141-乙-4。

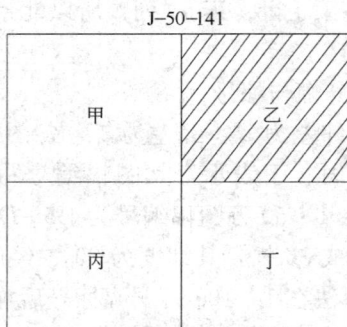

图 2-9

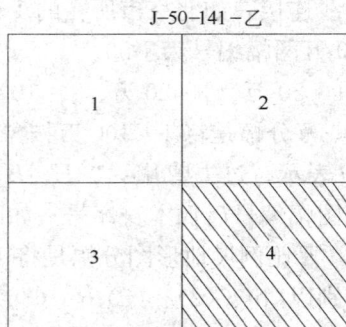

图 2-10

（4）1：1 万、1：5 千比例尺地形图分幅及编号

1：1 万地形图分幅是以 1：10 万图幅为基础，将一幅 1：10 万图幅按纬差 2′30″、经差 3′45″划分为 64 幅 1：1 万地形图图幅，各图幅分别用(1)、(2)、(3)、……(64)表示，每幅 1：1 万地形图图幅编号就是在 1：10 万图幅编号后面加上本身序号。如图 2-11 左图所示，图中斜线表示的图幅编号为 J-50-141-51。

1：5 千地形图分幅以 1：1 万图幅为基础，即将一幅 1：1 万图幅按纬差 1′15″、经差 1′52″5 划分为 4 幅 1：5 千地形图，各图幅用 a、b、c、d 表示。其图幅编号是在 1：1 万图幅编号后面加上本身序号，如图 2-12 所示。如果 1：5 千地形图为斜线所示，其编号为 J-50-141-51-b。

（5）梯形分幅及编号一览表

梯形分幅是按统一的经差和纬差进行分幅的，为了便于了解，现把梯形分幅各种比例尺图幅列于表 2-2。

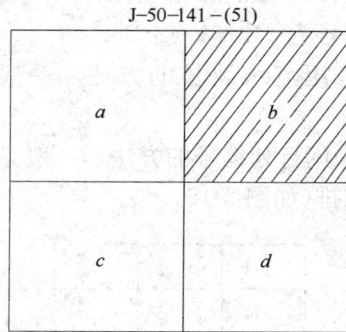

图 2-11

图 2-12

各种比例尺图按经、纬度分幅   表 2-2

比 例 尺	图 幅 大 小		1：100万、1：10万、 1：5万、1：1万 图幅内的分幅数	分幅代号
	纬 差	经 差		
1：100 万	4°	6°	1	行 A, B, C…, V 列 1, 2, 3…, 60
1：50 万	2°	3°	4	A, B, C, D
1：20 万	40′	1°	36	[1], [2], …, [36]
1：10 万	20′	30′	144	1, 2, 3, …, 144
1：10 万	20′	30′		
1：5 万	10′	15′	4	A, B, C, D
1：1 万	2′30″	3′45″	64	(1), (2), …, (64)
1：5 万	10′	15′	1	
1：2.5 万	5′	7′30″	4	1, 2, 3, 4
1：1 万	2′30″	3′45″	1	
1：5000	1′15″	1′52″5	4	a, b, c, d

2.5.2 矩形或正方形分幅和编号

(1) 在城市测量、村镇测量、工程测量中，1：2千、1：1千、1：5百比例尺的地形图，一般采用矩形或正方形按坐标网线分幅。

当采用矩形分幅时，图幅尺寸为 40cm×50cm，采用正方形分幅时，图幅尺寸为 50cm×50cm。一幅 1：2千比例尺地形图图幅分为 4幅 1：1千比例尺地形图图幅，一幅 1：1千比例尺地形图图幅分为 4幅 1：5百比例尺地形图图幅(如图 2-12 所示)。

(2) 图幅编号一般采用西南角坐标公里数编号法、流水号法或行列编号法。

① 采用西南角坐标公里数编号时，以该图幅西南角 x 坐标和 y 坐标的公里数表示该图幅编号，纵坐标 x 在前，横坐标 y 在后，中间用一短划线间隔。1：2千和1：1千比例尺图幅编号，公里数取至 0.1km，如 21.0—43.5。1：5百比例尺地形图图幅编号，公里数取至 0.01km，如

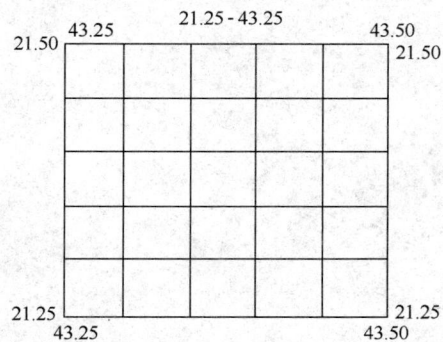

图 2-13

21.25—43.25(如图 2-13 所示)。1：2 千图号为 21.0—43.0，1：1 千图号为 21.0—43.5，1：5 百图号为 21.75—43.25。

②采用流水编号的方法，一般是从左到右，从上到下，用阿拉伯数字编排（如图 2-14）。

③采用行列编号的方法，一般是从左到右为纵行，由上到下为横列，以一定代号先行后列编排（如图 2-15）。

1	2	3
4	5	6
7	8	9

图 2-14

11	12	13
21	22	23
31	32	33

图 2-15

矩形或正方形图幅大小，见表 2-3。

表 2-3

比 例 尺	矩 形 分 幅		正 方 形 分 幅	
	图幅尺寸(cm²)	实地尺寸(km²)	图幅尺寸(cm²)	实地尺寸(km²)
1：2 千	40×50	0.8	50×50	1.0
1：1 千	40×50	0.2	50×50	0.25
1：5 百	40×50	0.05	50×50	0.625

第三章 水准仪及高程测量

要确定地面点的位置，需要进行高程测量。

3.1 高程测量概述

3.1.1 高程测量的概念

在测量工作中，地面点的空间位置是以平面坐标和高程来表达的。要确定地面点的高程，就必须有一个统一的起算标准，测量上规定，以大地水准面作为高程起算面。

大地水准面是经过设立在海边的验潮站长期不间断地观测海水面的高度，取多样观测成果的平均值作为高程零点。通过高程零点的水准面就是大地水准面。它代表了某个时期内大地水准面的高程位置。我国在 1957 年以前采用的大地水准面较多，有吴淞系统、黄河系统、大沽系统等等，不同地区和不同系统采用不同的高程起算面，给资料使用带来很大不方便。1957 年以后，我国统一采用以黄海平均海水面为起算的高程系统，称为 1956 黄海高程系。个别专业部门仍采用历史沿传的高程系统，如水利部门还广泛运用大沽高程系。随着科学技术的进步，我国从 1988 年起，统一改用"1985 国家高程基准"作为我国统一的高程系统。

从地面点到大地水准面的铅垂距离称为地面点的绝对高程，通常习惯称为海拔。如图 3-1 中 H_a 就是 A 点的绝对高程。有时在小面积测量时，点的高程从一个假定的水准面起算，这种高程称为相对高程。如图 3-1 中 H'_a、H'_b 就是地面点 A、B 的相对高程。

地面上两点高程之差称为高差或比高。为了使高差能表明两点的高低，高差总是带有与其观测方向相应的正负号。如图 3-1 中，h 是 A、B 两点间的高差。若测量方向从 A 到 B，则由图可知 h_{ab} 为正，表明 B 点高于 A 点。若测量方向由 B 到 A，则高差 h_{ba} 为负，表明 A 点低于 B 点。

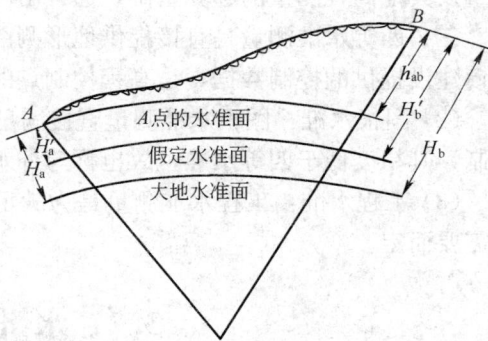

图 3-1

3.1.2 高程测量的方法

目前，我国测定地面点高程的方法，因使用仪器与施测方法不同，通常分为 4 种。

(1) 水准测量：利用水平视线截取两点上竖立的标尺上数值，求得两点间的高差，最后算出点的高程。这种方法称为几何水准测量，简称水准测量。

(2) 三角高程测量：根据倾斜视线的竖直角和两点间的水平距离，应用三角公式算出两点间的高差，然后算出点的高程。这种方法称为三角高程测量或间接高程测量。

（3）气压高程测量：根据高程愈大，大气压力愈小的原理，利用气压计测得大气压力的变化，算出地面点的高程。这种测量方法称为气压高程测量或物理高程测量。

（4）GPS高程测量：GPS是全球卫星定位系统英文缩写，它可以利用观测卫星的数据，经过处理后求得地面的高程。这种方法是近年采用的新技术，称为GPS高程测量。

以上4种地面点高程测量方法中，以水准测量的精度为最高，它是建立高程控制网的主要方法。三角高程测量观测工作简便迅速，主要特点是受地形限制较小，特别适用于山地高程测量，但由于观测时受外界环境和地球曲率、大气折光的影响，其测定高程的精度低于水准测量。气压高程测量，由于受客观条件限制的影响较大，其高程精度较低，一般用于勘察工作。GPS高程测量，由于仪器价格较高，目前尚未普及。

3.1.3 水准测量的分类

为了统一全国的高程系统和满足各种测量的需要，测绘部门在全国各地埋设并测定了很多高程点，这些点称为水准点（Bench Mark），简记为BM。水准测量通常是从水准点引测其他点的高程。

水准测量根据水准点的作用、密度和高程精度及施测目的不同分为国家水准测量（通称为等级水准测量），图根水准测量和工程水准测量。

（1）国家水准测量：国家水准测量的目的，是建立全国统一的高程控制网，为测制各种基本比例尺地形图和城乡建设、工程建设提供高程控制基础，并为科研、国防提供精确的高程数据。它是经济建设和国防建设不可缺少的基础工作。国家水准测量按控制次序和施测精度分为一、二、三、四等水准测量。一等水准路线在全国范围内构成网状布设，是国家高程控制的骨干，同时也是研究地球形状、地壳的垂直运动以及有关科学的主要依据。二等水准路线是在一等水准环线内布设成网状。一、二等水准测量作为三、四等水准测量及其他高程测量的起算基础，通常由国家测绘局直接组织施测，并由国家统一平差计算。三、四等水准测量是直接提供地形测图和各种工程建设所必需的高程控制点，也是为城镇建设提供的控制数据，是高程控制点的进一步加密。

（2）图根水准：图根水准测量直接满足地形测图的需要，也可作为小测区的基本高程控制，其精度低于四等水准，故也称等外水准。

（3）工程水准：工程水准测量是为满足各种工程建设需要而进行的水准测量，其精度按需要而定。

3.2 水准测量原理

3.2.1 中间水准测量

水准测量的基本原理是利用仪器的水平视线来测定两地面点的高差。如图3-2所示，在需要测定高差的A、B两点上，分别竖立水准标尺，在两点中间安置水准仪，当仪器视线水平时，分别在标尺上读得数值a、b。由图可知A、B两点的高差为：$h_{AB}=a-b$

如果测量的方向是从A到B，则称A点为后视点，B点为前视点。读数a称为后视读数，读数b称为前视读数，或简称为后视和前视。如果测量的方向是B到A，则B为后视，A为前视。所以，在水准测量中，不论观测方向怎样，两点间的高差总是等于后视读数减前视读数，即：高差$h=$后视读数$a-$前视读数b。

因此，高差的正、负号已在计算时随之确定，不必另行考虑。

这种把仪器放在两标尺中间的水准测量，称为中间水准测量。

由图 3-2 可知，如果 A 点的高程为 H_A，就可求出 B 点的高程 $H_B = H_A + h_{AB}$

3.2.2 向前水准测量

在水准测量中，也可以不把仪器放在两点之间，而将仪器置于 A 点上，如图 3-3 所示。

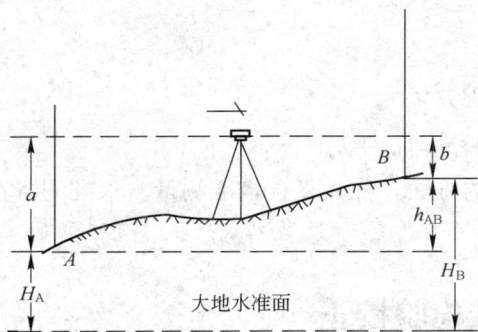 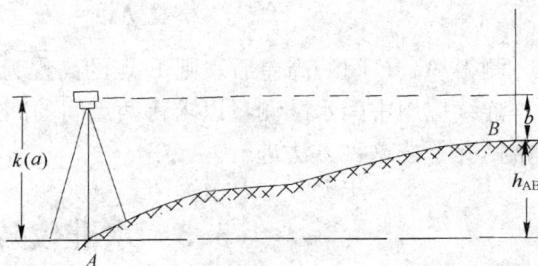

图 3-2   图 3-3

当视线水平时，读取竖立于 B 点上的标尺读数 b，再量出仪器目镜中心至 A 点的垂直距离，即仪器视线高 k，简称仪器高，则两点间的高差为：$h = k - b$

这种以量取仪器高 k 代替后视读数 a 的方法称之为向前水准测量。向前水准主要用于地形碎部高程点测量和某些工程测量。

3.2.3 复合水准测量

水准测量中，往往两点之间的距离较长或高差较大，仅设置一次仪器不可能求得其高差。此时需要在两点之间连续设置若干次仪器和一系列的过渡性的立尺点，以传递高程至另一点。观测时，每安置一次仪器，称为一个测站，各过渡的立尺点称为转点。

如图 3-4 所示，设 A 的高程 H_A 为已知，要测定相距较远的 A、E 两点的高差，以确定 E 点的高程时。必须在 A、E 之间尽可能选择平坦且距离较近的路线上设置若干次仪器。如图，首先将水准仪安置在起始的 S_1 测站上，在 A、B 点上竖立水准标尺，当视线水平时，读得后视读数 a_1 和前视读数 b_1 则 A、B 两点的高差为：$h_1 = a_1 - b_1$。

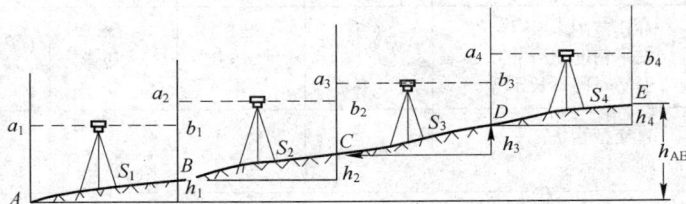

图 3-4

再将水准仪移置到测站 S_2 处，这时转点 B 上的标尺仍不移动，而将 A 点上的标尺移至转点 C 上。若第二测站上两标尺的读数分别为 a_2 和 b_2，则 B、C 两点的高差为：$h_2 =$

a_2-b_2

依同样的方法可测得第三、第四测站的高差为：$h_3=a_3-b_3$　　$h_4=a_4-b_4$

然后求算 4 次高差的总和，即得 A、E 两点间的高差为：

$$h_{AE}=h_1+h_2+h_3+h_4=(a_1+a_2+a_3+a_4)-(b_1+b_2+b_3+b_4)$$

或写成

$$h_{AE}=\sum_{i=1}^{4}h_i$$

如果在 A、E 间安置了 n 次测站，则

$$h_{AE}=h_{AE}=\sum_{i=1}^{n}h_i$$

测得 A、E 间的高差后，则 E 点的高程为：$H_E=H_A+h_{AE}$

连续应用中间水准测量以求得两点间的高差的方法，称为复合水准测量。水准测量在通常情况下按这种方法进行。

3.3　水准仪及其检验校正

3.3.1　水准仪的种类

水准仪是进行高程测量的主要仪器，它的功能是提供水平视线，测定两点间的高差，以便确定点位的高程。水准仪的种类很多，按其构造大致分为普通水准仪和自动安平水准仪；按其精度可分为普通水准仪和精密水准仪。精密水准仪用于国家一、二等水准测量，普通测量一般采用普通水准仪。

水准仪系列标准是按照仪器所能达到的精度指标制定的，精度指标是指仪器观测每公里往返测量高差中数的中误差。国内外生产地水准仪系列见表 3-1。

水准仪系列的分级及基本技术参数　　表 3-1

仪 器 型 号			DS$_{05}$	DS$_1$	DS$_3$	DS$_{10}$
精 度 指 标		mm	±0.5	±1.0	±3.0	±10.0
望远镜	放大倍数不小于	倍	42	38	28	20
	物镜有效孔径不小于	mm	55	47	38	2.8
	最短视距不大于	m	3.0	3.0	2.0	2.0
管水准器角值	符合式	11/2mm	10	10	20	20
自动安平补偿性能	补偿范围	(′)	±8	±8	±8	±10
	安平精度	(″)	±0.1	±0.2	±0.5	±2
	安平时间不长于	s	2	2	2	2
粗水准器角值	直交型管状	1/2mm	2	2	—	—
	圆形		8	8	8	10
测微器	测量范围	mm	5	5	—	—
	最小格值		0.05	0.05	—	—
仪器净重不大于		kg	6.5	6.0	3.0	2.0
主 要 用 途			一等水准	二等水准	三、四等水准	工程水准

相应精度的常用仪器	$K_{oni}002$ Ni004 N_3 H13-2 $Ni-A_3$ S_{550} Ni_1	$K_{oni}007$ Ni2 HA_1 $GNi-A_1$ DS_1	$K_{oni}025$ Ni030 NA_2 N_2 GK_{23} FN_2 DZS_{3-1} DS_{3-2} CZS_{030}	N_{10} Ni4 LG_6 NL_3 S_{24} HG-2 GH_1 DS_{10} DZS_{10}

村镇测量中使用的普通水准仪型号一般为 DS_3 和 DS_{10} 。

3.3.2 普通水准

（1）基本构造

普通水准仪构造大致相同，主要有望远镜、水准器和基座三部分组成。图 3-5 中(a)、(b)为南京(DS_3)型水准仪。

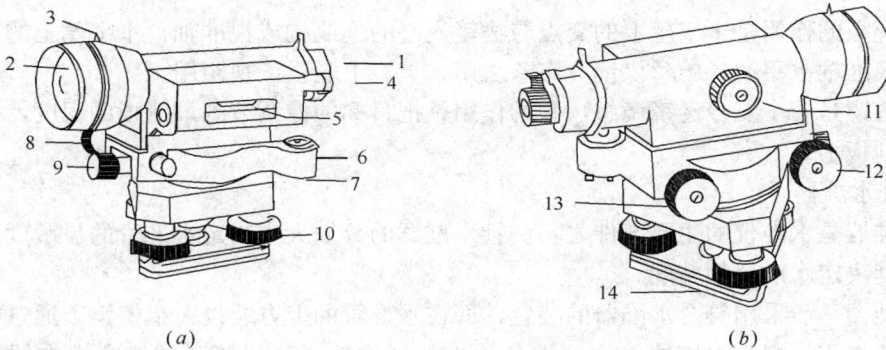

图 3-5

1—目镜；2—物镜；3—准星；4—符合水准器放大镜；5—管水准器；6—圆水准器；
7—圆水准器校正螺旋；8—水平微动螺旋；9—制动螺旋；10—脚螺旋；11—调焦螺旋；
12—水平微动螺旋；13—微倾螺旋；14—三角形底板

在图 3-5 的(a)、(b)中，仪器的上部是固定在一起的望远镜和符合水准器。望远镜物镜的下方装有制动螺旋和微动螺旋，放开制动螺旋，望远镜与符合水准器可水平旋转；固定制动螺旋，则望远镜的水平位置不动，旋转微动螺旋，可使望远镜在水平方向作微小的左右偏转，从而使仪器准确地照准目标。望远镜目镜的左下侧装有圆盒水准器，用以粗略整平仪器。右下侧有一微倾螺旋，转动它可使符合水准器气泡精确居中，使仪器照准轴严格水平。调焦螺旋 11 可调整眼睛和目标远近造成的成像不清，使成像与观测员保持最佳效果。利用准星可从外部使望远镜概略瞄准目标。

用脚螺旋使圆水准器气泡居中后，再转动微倾螺旋，使符合水准器气泡居中，由于望远镜和符合水准器连在一起，从而使平行于水准管轴的照准轴也处于水平状态，因此，就获得了观测时的水平视线。

（2）望远镜

望远镜是水准仪上的主要部件，它是用来放大物像，使观测者能清晰地看到远处的目标，并精确照准。水准仪目前采用的是内对光望远镜，由物镜、目镜、十字丝板和调焦透镜4部分组成，如图3-6。它区别于普通望远镜主要有两点：一是物像的变形极小；二是镜筒内装有照准目标用的十字丝。

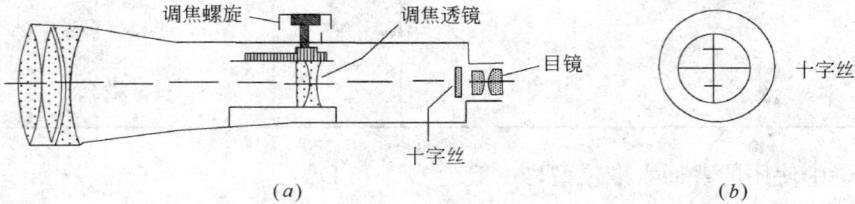

图 3-6

物镜的作用是使远处目标缩小后，在镜筒内成为倒立的实像。

目镜的作用是将镜筒中的十字丝和物镜所形成的实像，根据光学原理放大成倒立的虚像。

十字丝板的作用是十字丝上的交点与物镜光心的连线构成视准轴，十字丝上的三条水平线，当视准轴水平时，中丝供读取高差之用，上、下丝供读视距用。

调焦透镜是一个复合透镜镜组，它的作用是把目标的像调节到最清晰的程度，并落在十字丝分划板上。

（3）管水准器

管水准器是水准仪的主要部件之一。管水准器的分划大小决定水准管的灵敏度，水准器的灵敏度决定水准仪的精度。

管水准器一般采用符合水准器的装置，即在水准管的上方装设一组棱镜，通过棱镜的折光系统的作用，把管水准器气泡两端各一半的影像传递到目镜旁的符合水准器放大镜内，使观测者不移动位置，就能看到水准管气泡两端的符合影像。由于气泡两端影像产生的偏角为实际偏移量的一倍，所以采用符合水准器提高了气泡居中的精度，从而提高测量精度。

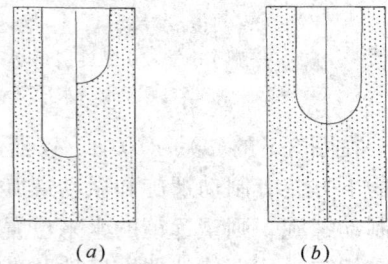

图 3-7 为符合气泡观察情况，若两影像完全符合如图(b)表明气泡居中，视准轴水平状态。若两影像未符合在一起，如图(a)，表明气泡没有居中，视准轴没有严格水平。

图 3-7

3.3.3 普通水准仪的操作方法

（1）安置仪器：首先将仪器的三脚架张开，固定三脚架的两条腿，再移动第三条腿，使圆水准气泡大致居中，随后将脚架踩牢。

（2）粗略整平

用脚螺旋调整圆水准器的气泡，调整时，按图3-8所示的旋转方向转动脚螺旋。一般用右手大拇指和食指同时向相反方向旋转两个脚螺旋，用左手旋转另一个脚螺旋，使气泡以最快速度居中。气泡移动方向与左手大拇指转动脚螺旋时的移动方向相同(与右手大拇指转动脚螺旋时的移动方向相反），故称为"左手大拇指"规则。

圆气泡居中后，即水准仪概略整平。

（3）瞄准目标：旋转望远镜，使缺口（照门）、准星和目标连成一条直线（三点成一线），随后将固定螺旋拧紧。在目镜中观察目标，并用水平微动螺旋使目标位于十字丝上。

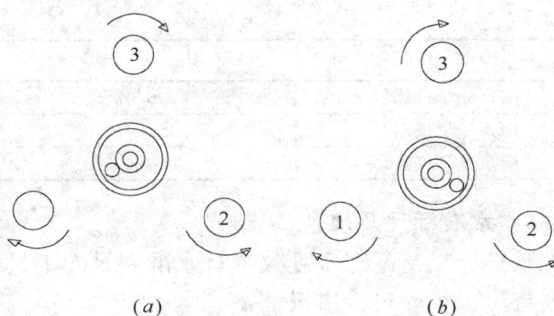

图 3-8

如果望远镜十字丝不清晰，可左右旋动目镜调节器，使十字丝清晰为止。

如果目标成像模糊，可利用望远镜调焦螺旋使成像清晰。

如果观测者的眼睛在目镜前上、下移动，十字丝在目标中也随之上、下晃动，说明焦距未调好，因而产生了视差现象。应继续调整焦距直到消除视差，使目标与十字丝吻合。

（4）读数：转动微倾螺旋，使管水准气泡居中，则望远镜的视线成水平状态。用望远镜十字丝中丝读取视线高，上、下读取距离。

3.3.4 自动安平水准仪

在普通水准仪中，当望远镜发生微小倾斜时，视线就偏离水平位置一个小角度，则在标尺上的读数就相应产生误差，为了求得正确读数，普通水准仪是靠仪器上的管水准气泡居中来获取水平视线，调平的精度要求越高，就要求水准器越灵敏，观测时就要花费更多的时间调整气泡，而且测量过程中观测时间越长，导致气泡居中误差的因素越多，不仅影响观测速度，也降低观测成果的精度。因此，从 20 世纪 40 年代起，开始逐渐研制出称为自动安平的水准仪。

现在自动安平水准仪的类型很多，但其自动安平的原理基本相同。一般是在水准仪的望远镜筒内安设一个称为自动补偿的装置，用它代替管水准器和微倾螺旋。其作用是在测量时只须水准仪上的圆水准气泡居中，这时视准轴虽存在一微小倾角，但通过物镜中心的水平光线，经过补偿装置后仍能到达十字丝的交点，从而使视准轴在一定范围内自动保持水平。由于补偿器的作用，依然可以读出视线水平时的读数，所以称之为自动安平水准仪。

自动安平水准仪省去了精确调整管水准气泡的操作，缩短了观测时间，不仅提高了工作效率，而且在一定程度上减小了仪器与标尺下沉、风力及温度变化等外界环境的影响，提高了观测精度。目前世界各国采用的精密水准仪全部采用自动安平装置，地形测量、工程测量、村镇测量采用的普通水准仪也广泛采用自动安平装置。我国生产的自动安平水准型号及厂家见表(3-2)。

国产自动安平水准仪一览表　　　　　　　　　　　　　表 3-2

生 产 厂 家	水 准 型	精度(mm)	备　注
北京光学仪器厂	DZS$_3$-1	3	带水平度盘
北京光学仪器厂	DSZ$_3$	3	带水平度盘
北京测绘仪器厂	DSZ$_3$-ZD	3	仿 进 口
苏州光学仪器厂	DS$_3$-Z	3	仿 进 口

生 产 厂 家	水 准 型	精度(mm)	备 注
南京光学仪器厂	DS_3-Z	3	普 通
南京光学仪器厂	DS_3-D-Z	3	带 度 盘
南京光学仪器厂	DS_3-Z-1	3	普 通

3.3.5 水准标尺及尺台(尺垫)

水准标尺是配合水准仪进行水准测量的工具之一,按其构造和精度的不同分为:因瓦尺、直尺、折叠尺、塔尺。

因瓦尺的分划印刷在因瓦合金钢带上,长度准确而恒定,主要用于国家精度的一、二等水准测量。直尺、折叠尺、塔尺一般采用伸缩性小、不易弯曲变形、耐腐蚀、质轻而坚硬的木材,经过特别的干燥加工处理而制成,尺面上为1cm宽的区格式分划。为便于识别分划,采取了黑白相间或红白相间,每5个分划组合在一起,尺面上每分米处注有倒写的阿拉伯数字,以便在望远镜中出现正像,字头所对的分划线为数字的起算线。直尺中又有单面分划和双面分划两种主要用于三、四等及图根水准测量;折叠尺和塔尺可以伸缩,便于携带,但精度不高,一般用于地形测量和较低精度的工程测量。如图3-9所示。

水准测量一般采用双面尺。为了防止观测时产生的影像错落,水准标尺通常采用一对,每对双面水准标尺的底部黑面均从"0"起算,而红面则分别从4687(mm)和4786(mm)起算,也有从3015(mm)和3115(mm)起算的。如图3-10所示。

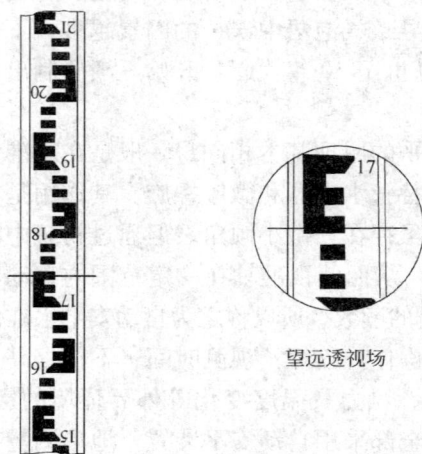

望远透视场

图 3-9

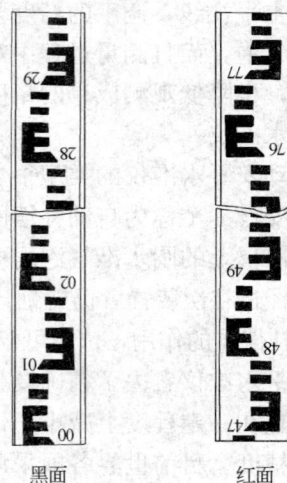

黑面　　　红面

图 3-10

有的水准标尺一侧装有一圆水准气泡,以保证标尺竖立在铅垂线上,但该圆水准器安装在标尺上时应进行检验。水准标尺的圆水准器一般在三、四等水准测量时安置。

在水准测量中,为了使标尺不易下沉和使标尺底部不直接与地面接触,能始终竖立在固定点上,通常采用尺台或尺垫放在转点上。三、四等水准采用尺台,图根水准采用尺垫。如图3-11所示 。

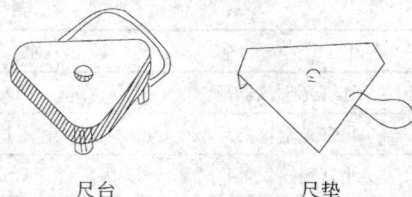

尺台　　　尺垫

图 3-11

作业时，先将尺台(尺垫)在地面踩实，再将标尺放在上面球部顶上，从而减少测量误差，提高观测精度。

3.3.6 水准仪检验校正

(1) 水准仪检查校正的目的

为了保证水准测量达到规定的精度要求，水准仪主要部件的结构及各部件之间的联系，必须满足一定的几何条件。由水准仪的构造可知，水准仪各轴线的关系如图 3-12 所示。

水准测量的关键是使仪器照准轴水平从而获得水平视线，而视准轴是否水平又是以管水准器的水准轴是否水平为标志，所以，水准仪应具备的主要条件是：管水准器轴应与视准轴平行。如果这一条件满足了，则当管水准器的气泡居中时，视准轴也就水平了。除此之外，水准仪还应满足：圆水准器的气泡居中时，其轴线应当与竖轴平行；十字丝的横丝应水平。但是，仪器由于本身结构和外界的影响，并不是经常能满足这些条件。仪器检验校正的目的，就是通过适当的调整使仪器满足必备的条件，以保证观测成果的精度。因此每项测量任务执行前，应对所用仪器进行必要的检校。

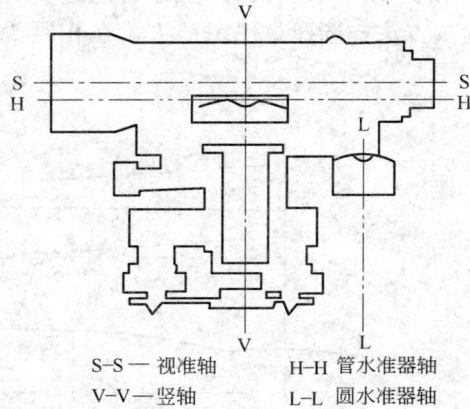

S-S — 视准轴　　　　H-H 管水准器轴
V-V — 竖轴　　　　　L-L 圆水准器轴

图 3-12

(2) 普通水准仪检验校正方法

① 圆水准器轴与竖轴平行

水准仪上的圆水准器用于概略整平仪器，如果这个条件不能满足，就达不到此目的。

检验方法：用脚螺旋使圆水准器的气泡居中，然后旋转仪器 180°，如果气泡仍居中，则表明圆水准器轴与竖轴平行，否则应进行校正。

校正方法：首先用圆水准器的校正螺旋改正气泡偏差的一半，而后再用脚螺旋改正一半，使气泡仍回到中央。

如此反复检校，直到仪器无论转在任何方向气泡都居中为止。

② 十字丝的中丝应水平

水准测量是用水平中丝读取标尺读数，所以当仪器整平后水平中丝应水平，否则用中丝的不同部位读数就有不同的结果，直接影响水准测量的精度。

检验方法：此项检查应在避风的地方进行，在距离仪器 10～20m 处悬挂一垂球线，整平仪器后，观测十字丝的竖丝是否与垂球线重合，若不重合则应校正。

校正方法：松开十字丝环上下相邻校正螺丝，转动十字丝环，直到满足要求为止。改好后将校正螺丝拧紧。

此项校正也可用另一方法：用十字丝的横丝对准墙上一个标志点，旋紧望远镜固定螺旋，然后转动微动螺旋，观察十字丝的横丝是否始终对准此标志。如有偏离，校正方法同前。

为了避免校正不够完善，在进行水准测量时，通常使用水平中丝的中间部分。

③ 视准轴与管水准器轴应平行(通常称 i 角检校)

对于水准仪,满足此项条件,就能够保证仪器精确整平后的视线严格地处于水平位置,这是水准测量的基础。

i 角的检校方法很多,但其检校的基本原理是一致的。即将仪器安置在不同的点上,以测定两固定点间的两次高差来确定是否存在 i 角。若两次求得的高差相等则不存在 i 角误差。对于 S_3 型水准仪的 i 角不应超过 20″否则应进行改正。

检查方法:选择一平坦地方,在相距 100m 处打入 A、B 两点木桩,并竖立水准标尺。如图 3-13 所示。

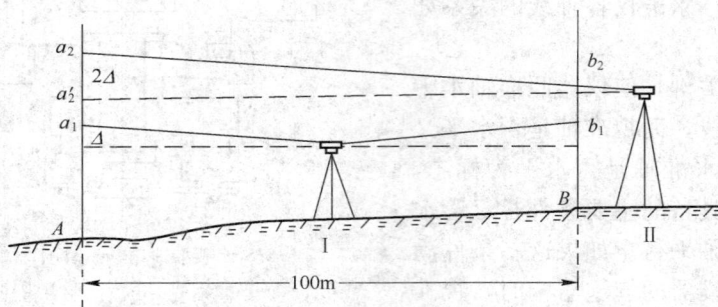

图 3-13

将水准仪置于 A、B 两尺中央,设管水准器气泡居中后,读 A、B 两标尺计数分别为 a_1 和 b_1,则 A、B 两点高差为:$h_1 = a_1 - b_1$

然后,置水准仪于 B 尺(或 A 尺)外附近 2m 处,管水准器气泡居中后,读得 A、B 两标尺数值分别为 a_2 和 b_2,则:$h_2 = a_2 - b_2$

如果视准轴与管水准器轴平行,应 $h_1 = h_2$;若 $h_1 \neq h_2$,说明视准轴不平行于管水准器轴,读数中含有 i 角影响的误差。如图 3-13 所示,在第一次测得的高差 h_1 中,由于仪器至标尺的距离大致相等,已消除了 i 角的影响;在 h_2 中,由于仪器至 B 点标尺很近,读数 b_2 受 i 角的影响很小,可以忽略不计,而读数 a_2 受 i 角影响的误差与距离成正比,于是由图 3-13 可知,不受 i 角影响的正确读数和高差应为:

$$a_2' = a_2 - 2\Delta \qquad h_2 = (a_2 - 2\Delta) - b_2$$

因为 $\qquad\qquad\qquad\qquad h_1 = h_2$

故 $\qquad\qquad\qquad\qquad a_1 - b_1 = a_2 - b_2 - 2\Delta$

即 $\qquad\qquad\qquad\qquad 2\Delta = (a_2 - b_2) - (a_1 - b)$

又因为 $\qquad\qquad\qquad\qquad 2\Delta = i''/\rho'' \cdot D_{AB}$

故 $\qquad i'' = 2\Delta \cdot \rho''/D_{AB} = 2\Delta(\text{mm}) \times 206000''/100000(\text{mm}) = 2\Delta \times 2 = 4\Delta''$

式中 2Δ 为两次测定高差之差,以毫米(mm)计,当 $i'' = 2 \times 2\Delta < \pm 20''$ 时,或 $2\Delta < \pm 10(\text{mm})$ 时,仪器 i 角可不进行改正,否则应进行校正。

校正方法:保持仪器在第二次位置不动,并按下式计算出对 A 尺的正确读数 $a_2' = a_2 - 2\Delta$。

然后用倾斜螺旋将水准仪的中丝对准 a_2',这时水准管气泡将不居中,改动其管水准器校正螺丝使气泡居中。

普通水准仪的上述 3 项检校,必须按此顺序逐项进行,以保证后项检验不破坏前项检验。i 角在校正后,必须重新测定,应确保 i 角小于 20″。

24

（3）自动安平水准仪的检校

① 补偿器性能的检验

自动安平水准仪补偿器的作用是当视准轴在补偿器允许范围内倾斜时，能在十字丝上读得水平视线的读数。检验补偿器性能的一般原则是有意将仪器的旋转轴安置得不竖直，并测定两点间高差，使之与正确高差比较，从而确定补偿器性能是否正常，此项检验仅用于精密水准测量仪器，DS_3 和 DS_{10} 型水准可不进行该项检验。

② 圆水准器轴与竖轴平行

该项检校同普通水准仪。

③ 视准轴位置正确性的检验

自动安平水准仪由于取消了管水准器，借助自动安平补偿器将望远镜的视准轴自动安置水平，所以仪器的 i 角误差不存在。但由于自动安平补偿器受到种种因素的影响，补偿后的视准轴与理想水平线往往存在一个小夹角，这个夹角也称为 i 角。所以自动安平水准仪的检校，也主要是 i 角的检校。

检验方法：在平坦场地，量取 20.6m 长的距离打木桩，并竖立水准标尺。如图 3-14 中 A、B 所示。首先在距 A20.6m 的 I 处架设仪器，经特别仔细地整平仪器后，对 A、B 两标尺中丝读取 4 次，其中数为 a_1、b_1；然后将仪器移至距 B 尺 20.6m 的 II 处，精确整平后，依次读取 A、B 标尺 4 次读数，其中数为 a_2 和 b_2。

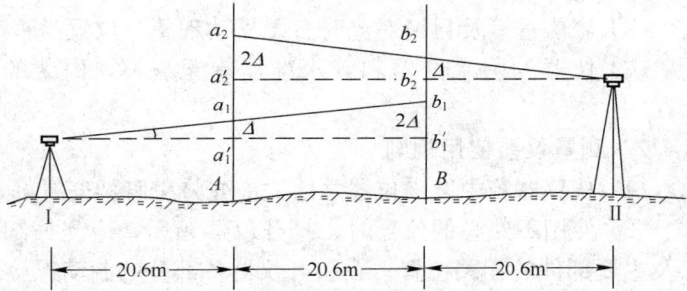

图 3-14

如果仪器没有 i 角影响到，则在 A、B 两标尺上的正确读数为 a_1'、b_1'、a_2'、b_2'。于是有

$$a_1' = a_1 - \Delta$$
$$b_1' = b_1 - 2\Delta$$
$$a_2' = a_2 - 2\Delta$$
$$b_2' = b_2 - \Delta$$

式中　$\Delta = i''/\rho'' \cdot s$

所以 I 处测得的正确高差应为：$h_1 = a_1' - b_1' = a_1 - b_1 + \Delta$

在 II 处测得的正确高差应为：$h_2 = a_2' - b_2' = a_2 - b_2 - \Delta$

因为　　　　　　　　　　　　$h_1 = h_2$

得 $a_1 - b_1 + \Delta = a_2 - b_2 - \Delta$　$2\Delta = (a_2 - b_2) - (a_1 - b_1)$　$\Delta = 1/2[(a_2 - b_2) - (a_1 - b_1)]$

故 $i'' = \Delta/s \cdot \rho'' = \Delta^{mm} \cdot 206000''/20600^{mm} = 10'' \cdot \Delta^{mm}$

当 i 角不大于 20″ 或 Δ 不大于 2mm 时，可不进行校正。

自动安平水准仪也可采用普通水准仪 i 角检验的方法。

校正：一般自动安平水准仪的此项校正应送修理部门进行。

3.4   测量仪器使用须知

3.4.1   测量仪器使用常识

测量仪器是精密仪器，测量成果的精度在一定程度上取决于仪器性能的完好。要保护和正确使用好测量仪器，既要提高认识，从思想上重视，又应具有正常使用和保护仪器的常识，并在工作中严格执行各种使用规则。

测量仪器要经常进行检查，发现故障要及时维修。检查的内容一般有 7 项。

（1）光学部件表面是否清洁，特别是透镜有无油迹、灰尘、擦痕、霉点和斑点。

（2）望远镜视场是否明亮，望远镜和符合水准器成像是否清晰。

（3）十字丝是否清楚，望远镜转动时，十字丝板是否固定。

（4）仪器的机械结构有无松动现象，机械的转动部分如旋转轴、脚螺旋、调焦螺旋、制动及微动螺旋、倾斜螺旋的转动是否灵活、稳当可靠。

（5）仪器的各微动螺旋是否使用中间位置。

（6）调焦透镜及目镜对光时有无晃动现象，位置是否改变。

（7）仪器的圆水准器和管水准器有无裂痕，内装的乙醚液是否正常，即气泡是否存在。

3.4.2   测量仪器使用规则

（1）从仪器箱中取出仪器之前，应先将三脚架安置好，即踩实，固定好伸缩螺旋。

（2）使用不熟悉的仪器时，打开仪器箱后，应先仔细地观察仪器在箱内的安放位置，以及主要部件的相关位置。在松开仪器各部分的制动螺旋及箱中固定仪器的螺旋后，方可取出仪器。

（3）从仪器箱中取出仪器时，应双手握住基座或支架的下部，严禁抓住望远镜取放仪器。取出的仪器应随即放在脚架上，并用中心螺旋固定紧，必须做到谁取仪器谁固定仪器，仪器安置好后，盖好仪器箱。

（4）操作仪器时，应先放松相应的制动螺旋。无论何时，何种情况都不能用大力转动仪器的任何部位。各种制动螺旋、微动螺旋必须用手感体会用力的大小，当转动困难应查找原因，用力过度会损坏仪器。

（5）操作及观测时，不能用手指触摸目镜和物镜。如果镜面上有灰尘，可用软毛刷轻轻拂去。如有脏痕迹，可用洁净的鹿皮或镜头纸擦拭。

（6）仪器的各种零件和附件用毕后，应放回仪器箱的固定位置，不要随意放在其他地方，以免丢失。

（7）在野外观测时，不能让仪器淋雨。仪器潮湿后应放在干燥处晾干，再装入箱内。

（8）仪器不能受撞击或震动，乘汽车应放驾驶室，骑自行车必须背在身上，严禁用自行车直接载仪器。

（9）当仪器安置在三脚架上时，作业员不得离开仪器，尤其在行人较多的街道、工地作业，更应注意。当观测时风力超过 4 级，观测员的左手应适度扶住三脚架。

（10）若仪器短距离搬动或迁移测站时，应按下述方法进行：

① 检查中心固定螺旋是否位置正确，松开制动螺旋固定牢固，并将各部分制动螺旋

拧紧。

② 迁移时，可收拢三脚架，一只胳膊抱住三角架，另一只手托住仪器。

③ 仪器转移路程较长或行走困难时，应将仪器装箱。

(11) 仪器装箱时，应将各微动螺旋转到螺纹的中部位置，并放松制动螺旋。然后一手抓住仪器，一手松开中心螺旋，平稳取下仪器，按设计位置放好仪器，再将各制动螺旋固定。关箱时，一定注意仪器是否放好，切勿硬挤硬压。关箱后应随即搭扣加锁，确认仪器箱关牢固后，才可搬动。若需肩背仪器，一定检查背带是否挂好、牢固，并禁止两条背带的仪器，只用一条背带。

(12) 仪器应放在干燥通风的地方，不能靠近发热的物体(如火炉、暖气片)。当仪器迁移时温差大于 20℃，应等待仪器箱内温度与外界温度大致相同时，再将仪器开箱取出。

(13) 无论在运输过程，还是观测过程中，观测员、记簿员严禁坐仪器箱。

3.5 图根水准测量

3.5.1 图根水准测量的一般要求

图根水准测量的目的是测定图根点的高程，为地形测图提供高程起算数据。因此，图根水准测量应沿解析图根控制点布设，一般是利用图根控点的埋石点或固定地物点，必须时也可根据需要埋设少量的标石或木桩作为图根水准点。

图根水准路线通常布设成闭合环线(起讫于同一已知水准点的水准路线)，或者在两高级水准点之间布设附合路线(从一个已知水准点出发，经过若干站的观测后附合到另一已知水准点的水准路线)，当已知点较远，或高程控制面较大时，可布设具有结点交叉的结点网，必要时也可布设支线水准。如图 3-15 所示。

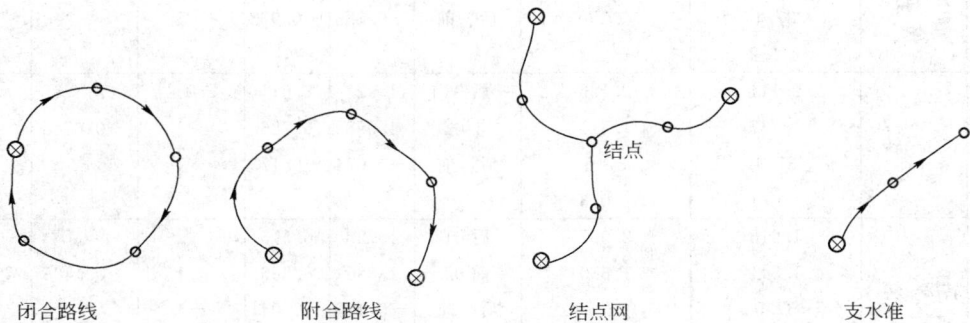

图 3-15

闭合环线和附合路线一般不超过 15km，结点网中结点间一般不超过 8km，支水准长度不超过 5km。支水准须往返测，闭合环及附合路线，结点网可采用单程观测。

图根水准使用不低于 DS$_{10}$ 级水准仪，i 角应小于 $20''$，水准标尺应具有厘米分划的双面木质标尺。

图根水准测量采用水平中丝读取后、前视黑、红面标尺读数，估读至毫米。用上、下丝直接读出距离。仪器至标尺距离最长一般不超过 100m，成像特别清晰时可放宽至

150m，前后视距应大致相等，每测站后、前视距差不大于 10m，全路线视距累积差不超过 50m。同一标尺黑、红面读数之差不大于 4mm，同一测站黑红面高差之差不大于 6mm。

附合路线或闭合路线闭合差不得超过 $\pm 40\sqrt{L}$(mm)，其中 L 为路线长度，以 km 为单位；在山地每公里超过 16 站时，闭合差不应超过 $\pm 12\sqrt{n}$(mm)，n 为测站数。图根水准计算可简单配赋闭合差，高程取至厘米。

3.5.2 测站上观测程序与手簿记录

在每一测站上，观测员安置水准仪的同时，记录者应按要求填写好手簿的施测日期及时间等有关项目。图根水准的记录格式见表 3-3。

水准测量观测手簿

测段：$A \sim B$　　　　　日期：1993 年 5 月 10 日　　　　仪器：上光 60252
开始：7 时 05 分　　　　天气：晴、微风　　　　　　观测者：李　明
结束：8 时 07 分　　　　成像：清晰稳定　　　　　　记录者：肖　钢　　**表 3-3**

测站编号	点号	后尺	下丝	前尺	下丝	方向及尺号	中丝水准尺读数		K+黑一红	平均高差	备注
			上丝		上丝		黑色面	红色面			
		后视距离		前视距离							
		前后视距差		累积差							
		(1)		(4)		后	(3)	(8)	(14)		
		(2)		(5)		前	(6)	(7)	(13)		
		(9)		(10)		后一前	(15)	(16)	(17)	(18)	
		(11)		(12)							
1	$A\sim$转1	1.587		0.755		后	1.400	6.187	0		
		1.213		0.379		前	0.567	5.255	-1	$+0.8325$	
		37.4		37.6		后一前	$+0.833$	$+0.932$	$+1$		
		-0.2		-0.2							
2	转1～转2	2.111		2.186		后02	1.924	6.611	0		
		1.737		1.811		前02	1.998	6.786	-1	-0.0745	
		37.4		37.5		后一前	-0.074	-0.175	$+1$		
		-0.1		-0.3							
3	转2～转3	1.916		2.057		后01	1.728	6.515	0		
		1.541		1.680		前02	1.868	6.556	-1	-0.1405	
		37.5		37.7		后一前	-0.140	-0.041	$+1$		
		-0.2		-0.5							
4	转3～转4	1.945		2.121		后02	1.812	6.499	0		
		1.680		1.854		前01	1.987	6.773	$+1$	-0.1745	
		26.5		26.7		后一前	-0.175	-0.274	-1		
		-0.2		-0.7							
5	转4～B	0.675		2.902		后01	0.466	5.254	-1		
		0.237		2.466		前02	2.684	7.371	0	-2.2175	
		43.8		43.6		后一前	-2.218	-2.117	-1		
		$+0.2$		-0.5							

测站上的观测与记录，具体操作程序是：

① 安置好仪器，整平圆气泡。记簿者填写测站编号及后视点等；

② 照准后视尺黑面，读取下、上丝读数(1)、(2)，再转动倾斜螺旋，使符合水准气泡严格居中，按十字丝中丝在标尺上读数，记录在手簿中(3)处；

③ 照准前视尺黑面，读取下、上、中丝读数(4)、(5)、(6)；

④ 照准前视尺红面，按中丝读出前视标尺红面读数，记在手簿中(7)处；

⑤ 照准后视尺红面，按中丝读出后视标尺红面读数，记在手簿中(8)处。

上述观测方法可简称为：后—前—前—后。

观测时也可采用程序：后—后—前—前。

观测过程中，需要特别注意的是：

① 每次中丝读数前，必须用微倾螺旋使符合水准气泡严格居中。

② 读数要仔细、准确，数字一次读完，不能随便更改厘米以下的数字。

③ 记录者应将观测者所报数字复诵一次后再记录，以避免差错。

④ 尺垫安放时必须踩实，观测过程中不能碰动尺垫。每一测站观测完毕，记录员发出迁移信号后，后视标尺才可移动尺垫。

⑤ 主尺员应将标尺垂直竖立在尺垫上，尽量保持稳定。前尺和后尺在同一条路线中不得调换使用。

表中各次中丝读数(3)、(6)、(7)、(8)是用来计算高差的。

3.5.3 测站的计算、检核与限差

(1) 视距计算

后视距离：(9)＝(1)－(2)。

前视距离：(10)＝(4)－(5)。

前、后视距差：(11)＝(9)－(10)，大于10m时，应移动前尺位置。

前、后视距累积差：本站(12)＝前站(12)＋本站(11)。记录者应注意积累差的大小，提醒观测员或扶尺员，随时调整距离，使视距累积差经常保持在一个较小值上。

(2) 同一水准尺黑、红面读数差

前尺：(13)＝(6)＋K_1－(7)，应小于4

后尺：(14)＝(3)＋K_2－(8)，应小于4

K_1、K_2 分别为前尺、后尺的红、黑面常数差。

同一标尺黑、红面面读数之检核，从理论上讲，同一标尺黑、红面读数之差，应等于标尺黑、红面注记的常数差4687或4787。

因野外记簿要求准确、迅速，且又多用心算因此将上式作适当变换，即得出简便算式：(13)＝(6)两位尾数－[(7)两位尾数＋13]

或(13)＝[(6)两位尾数－13]－(7)两位尾数

(14)＝(3)两位尾数－[(8)两位尾数＋13]

或(14)＝[(3)两位尾数－13]－(8)两位尾数

测量人员在长期实践工作，按上述公式总结为口诀：大于13减13，小于13加87。即在黑面标尺读数上观察，读数的两位尾数大于"13"减去"13"或小于"13"加上"87"，就是红面读数的理论数值，这样，在观测员一读出红面数值后，就能迅速判断正确

与否。

至于检核读数的前两位数字(米和分米)是否正确,只须在黑面读数的前两位数字中加上 47 或 48 后,等于相应的红面读数的前两位数字即可。

(3) 高差计算

黑面高差:(15)=(3)-(6)

红面高差:(16)=(8)-(7)

黑、红面高差之差应小于 6mm。

检核计算:(17)=(14)-(13)=(15)-(16)±0.100。

高差中数:(18)$=\frac{1}{2}\{(15)+[(16)±0.100]\}$。

上述各项记录、计算见表 3-3。观测时,若发现本测站某项限差超限,应立即重测,只有各项限差均检查无误后,方可迁站。

(4) 每页计算的总检核

校核计算:

$$\Sigma(9)-\Sigma(10)=182.6-183.1=-0.5=末站(12)$$

$$\frac{1}{2}[\Sigma(15)+\Sigma(16)±0.100]=\frac{1}{2}[(-1.774)+(-1.675)-0.100]=-1.7745=\Sigma(18)$$

在每测站检核的基础上,应进行每页计算的检核。

$$\Sigma(15)=\Sigma(3)-\Sigma(6)$$
$$\Sigma(16)=\Sigma(8)-\Sigma(7)$$
$$\Sigma(9)-\Sigma(10)=本页末站(12)-前页末站(12)$$

测站数为偶数时:

$$\Sigma(18)=\frac{1}{2}[\Sigma(15)+\Sigma(16)]$$

测站数为奇数时:

$$\Sigma(18)=\frac{1}{2}[\Sigma(15)+\Sigma(16)±0.100]$$

3.5.4 手簿记录的一般要求

(1) 外业观测手簿。记录员应逐项仔细填写路线首页记录的页头内容,每天观测收站的结束观测时间等内容。

(2) 观测数据应直接记录在手簿上,记录中不得无故留下空页,不得任意撕毁手簿的任何一页。

(3) 一切外业原始观测数值和记事项目,必须在观测现场用铅笔直接记录在手簿中,不得转抄。记录数字和文字,应力求端正清晰,书写整齐,不得潦草。

(4) 外业手簿中记录和计算的数字的更改及删去的观测结果禁止擦拭,涂改和刮补,当更改一个字时应以斜线、两个字以上时以横线将须改正的字划去,然后在其上方写出正确的数字。手簿中的任何修改和划改,都应实地在备考栏内注明原因或重测于何页。重测结果须注"重测"二字。

(5) 在同一测站上观测的读数不得有两个相关数字的连环更改。如更改了标尺的黑面读数后,又更改同一标尺的红面读数。

对于每一读数的后两位数字，即厘米和毫米，不论是什么原因都不允许更改原始读数，而应将该测站观测结果删去，进行重新观测。各种计算数字可以更改。

3.5.5 图根水准路线的高程计算

水准测量外业观测结束后，应计算路线上各点的高程。计算前必须由第二人对观测手簿进行认真地、全面的检查，看记录计算有否错误，是否完整，有无违反规范要求的情况等。在确认无误后，按下述步骤进行计算。

(1) 绘制路线略图并摘录观测数据

根据高级水准点及各所求水准点的位置，先绘制水准路线略图。如图 3-16，注写上路线的起点、终点名称及沿线所求点点号，标明观测方向。然后根据观测手簿资料，摘录相邻水准点间的距离、高差，分别注写在路线略图相应位置的上方和下方。数据必须准确无误，摘录时应加强校对。

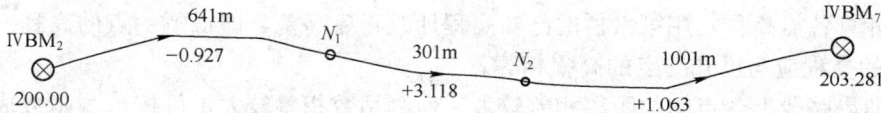

图 3-16

(2) 根据水准路线略图，填写高程误差配赋表，见表 3-4

表 3-4

点　　号	距离 m	观测高差 m	改正数 mm	改正后高差 m	点之高程 m
(1)	(2)	(3)	(4)	(5)	(6)
ⅣBM$_2$	641	−0.927	−8	−0.935	200.00
N_1	301	+3.118	−4	+3.114	199.065
N_2	1001	+1.063	−15	+1.048	202.179
ⅣBM$_7$					203.227
Σ	1943	+3.254	−27	+3.227	+3.227
辅助计算	$f_h=3.254-(203.227-200.00)=+27$mm　$f_{h容}=40\sqrt{L}=\pm40\sqrt{1.943}=\pm56$mm　$f_h\leqslant f_{h容}$				

点名、点号填在表 3-4 中的(1)处，相邻点的距离填写在(2)处，高差填写在(3)处，然后根据各点间距离及高差计算出全路线的距离及高差，分别填写在相应栏下部位置。

(3) 计算高差理论值 h、闭合差 f_h 及允许闭合差 $f_{h容}$。附合路线的高差理论值按下式计算。

$$\Sigma h_{理}=终点高程-起点高程=H_{终}-H_{起}$$

路线闭合差的计算：$f_h=$高差观测值−高差理论值

$$=\Sigma h_{测}-\Sigma h_{理}$$

$$=\Sigma h_{测}-(H_{终}-H_{起})$$

路线闭合差允许值 $f_{h容}=\pm40\sqrt{L}$mm

式中 L 为路线总长，以公里为单位。

(4) 如果路线闭合差超过允许闭合差，则应首先检查已知高程及各点间观测高差是否

31

抄错，各项计算有无错误。在确保无误情况下，根据各点位置及距离回忆观测过程，沿线地形起伏等情况，分析可能产生错误的测段，进行重测。重测成果必须记录在原测成果的后面页数上，并在原手簿备考栏中注明重测原因，重测页数，同时将不合格成果划去。

（5）计算高差改正数及改正后高差

如果闭合差在允许范围内，则可按距离分配闭合差，各高差改正数按下式计算：高差改正数 V_{hi} ＝－闭合差 f_h/路线总长 D×两点间距离 D_i，例如表 3-4 中 Ⅳ BM$_2$ 至 N_1 的改正数为：V＝－27/1943×641＝－8mm

将各点间的改正数计算出后填在第 4 栏，改正数的总和应与闭合差绝对值等，符号相反。

原观测高差加改正数，得改正后高差填在第 5 栏，即：

$$改正后高差＝观测高差＋改正数$$

改正后的总高差应等于高差理论值。

（6）计算各点高程，用第六栏的已知高程加改正后高差，即得下一点的高程。推算至最后一点的高程应与已知终点的高程相等。

（7）如果路线上各点间的距离相差较大，而测站数相差较大，可按与测站数成正比配赋闭合差。即：

$$两点间高差改正数＝－W/测站总数×两点间测站数。$$

如果路线上各点间距离相差不大，且测站数也相差不大，在闭合差不大的情况下，也可按测段平均配赋闭合差。

3.6　影响水准测量精度的因素

3.6.1　水准测量中的粗差

水准测量中由于观测员、记录员、扶尺员操作疏忽或工作中的粗心大意，往往造成水准成果的错误，通常称为"粗差"。粗差大致有下列几种情况。

（1）读错，如读错 1m 或 1dm 或 5dm、5cm、1cm，还有记错整米等。

（2）读错丝，如把视距丝的上丝或下丝，读为中丝读数而造成。

（3）标尺数据读反，如在望远镜视场内，中丝读数应从上往下读 1913，却误读成 2087。此种情况还有时由于扶尺员标尺立反，将标尺末端放在地面，而造成错误。

（4）在进行中丝读数时，忘记调整管水准气泡。

（5）扶尺员碰动了尺垫或观测员碰动了仪器而未发现。

凡属粗差均属人为的因素造成，只要加强责任心，工作中认真负责，严格按操作规程作业，是可以避免产生的。

3.6.2　仪器的误差

水准测量是通过水平视线进行，要求视准轴与管水准轴严格平行。由于仪器本身的构造影响，往往水准气泡居中，而视准轴与管水准轴仍产生一个小角，称为 i 角误差，使读数受到影响。如图 3-17 所示，当视准轴与水准轴不平行产生 i 角，设后视为 i_1，前视为 i_2，视线长度分别为 D_1 和 D_2，中丝读数为 a 和 b，受 i 角影响的读数差为 δ_1 和 δ_2。

则两标尺点的高差为：

$$h = (a - \delta_1) - (b - \delta_2)$$
$$= (a - b) + (\delta_2 - \delta_1)$$

因 $\delta_1 = i_1 / \rho \cdot D_1$；$\delta_2 = i_2 / \rho \cdot D_2$

故 $h = (a - b) + (i_2 / \rho \cdot D_2 - i_1 / \rho \cdot D_1)$

若要使 $(i_2 / \rho \cdot D_2 - i_1 / \rho \cdot D_1) = 0$，

就必须满足 $i_1 = i_2$ 和 $D_1 = D_2$。

实践证明，仪器 i 角在观测中，随温度的变化而变化，当温度变化 1℃，i 角

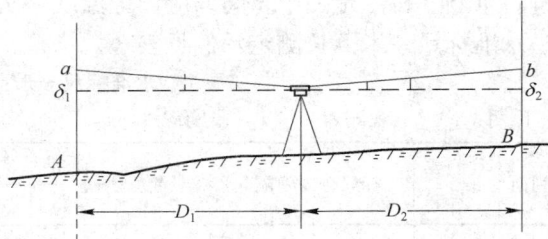

图 3-17

可变化 $1''$ 至 $2''$。当观测时避免阳光照射，保持仪器温度相对稳定，可基本保证 $i_1 = i_2$。在 i 角保持不变的情况下，使 $D_1 = D_2$ 可清除 i 角的影响，这就是要求仪器至前、后标尺距离应尽量相等的理论根据。

3.6.3 气泡居中和标尺估读的误差

（1）气泡居中误差

水准仪的精确整平，主要通过人眼直接观察水准气泡的符合程度来衡量。由于生理条件的限制，人眼睛一般不能准确判定气泡严格居中的位置，再者，调整管水准器气泡是借助于管内液体的流动使气泡移动。这样在微倾螺旋停止转动的一瞬间，看到的气泡居中，往往不等于此一瞬间的水准轴水平。气泡居中的最大误差一般为 $0.1\tau \sim 0.5\tau$。虽然采用符合水准器，此误差减小一半，但仍然是影响读数的主要因素。因此，在每次标尺中丝读数前应随时观察气泡的居中情况，及时调整，从而进一步减弱气泡居中误差的影响。

（2）标尺读数误差

水准测量的标尺读数，其毫米数值是经过望远镜放大后的十字丝中丝在厘米分格内估读的，必然带有误差。从直接因素讲，估读误差的大小与标尺厘米分格的宽度及十字丝的粗细有关，实质上是与望远镜的放大率和观测视线长度有关。为减小标尺读数误差的影响，各级水准测量对望远镜的放大倍率及观测的视线长度均有相应的要求。

3.6.4 水准标尺的误差

水准标尺的误差来源很多，总的可分为两部分。

（1）水准标尺本身的误差，标尺本身存有尺长误差、尺子弯曲误差、分划误差、标尺零点差等。这些误差属于系统误差，直接影响水准测量成果的精度。为了减小这些误差的影响，观测前应对标尺进行检验，图根水准一般只在地形起伏较大地区，进行一米真长的测定。如果水准标尺的一米名义长度与实际长度之差超过 0.06mm 时，须在最后高差中进行改正。

水准标尺分划面每米分划间隔真长的测定方法。

对于区格式木质双面刻划的标尺，每一标尺的黑面与红面均须测定，并须进行往返测。往测时，黑面测定 0.25～1.25m、0.85～1.85m、1.45～2.45m 3 个米间隔；红面测定 5.10～6.10m、5.70～6.70m、6.30～7.30m 3 个米间隔。返测时，黑面测定 2.75～1.75m、2.15～1.15m、1.55～0.55m 3 个米间隔；红面测定 7.60～8.60m、7.00～8.00m、6.40～7.40m 3 个米间隔。测定时，采用一级线纹米尺为标准尺，由两人分别注视标准尺的两端，同时读定所测定的间隔的 2 个分划线的标准尺上的读数（估读至 0.02mm）。略为移动标准尺后，再读一次。两次读得距离之差不大于 0.06mm，否则应立

即进行重测。每测定一个米间隔应读记温度一次。

水准标尺一米真长测定示例见表 3-5。

水准标尺一米真长测定 表 3-5

日期：____ 观测者：____ 记录者：____

分划面	往测或返测	标尺分划间隔	温度	标准尺读数		右-左		检查尺尺长与温度改正	分化面一米间隔的真长
				左端	右端	右-左	中数		
黑面	往测	(m)(m)	℃	1.20	1001.60	1000.40	(mm)	(mm)	(mm)
		0.25-1.25	25.0	1.40	1001.78	1000.38	1000.39	+0.022	1000.412
		0.85-1.85	25.0	0.40	1000.70	1001.30	1000.27	+0.022	1000.292
				1.14	1001.38	1000.24			
		1.45-2.45	25.0	2.06	1003.10	1001.04	1001.04	+0.022	1001.062
				0.76	1001.80	1001.04			
	返测	2.75-1.75	25.0	3.22	1004.36	1001.14	1001.15	+0.022	1001.172
				1.00	1002.16	1001.14			
		2.15-1.15	25.0	1.04	1001.42	1000.33	1000.39	+0.022	1000.412
				1.00	1001.42	1000.33			
		1.55-0.55	25.0	1.34	1001.44	1000.10	1000.12	+0.022	1000.142
				0.08	1001.44	1000.10			
									1000.582
红面	往测	5.10-6.10	25.0	0.42	1000.70	1000.28	1000.29	+0.022	1000.312
				1.52	1001.82	1000.30			
		5.70-6.70	25.1	0.74	1000.90	1000.16	1000.15	+0.024	1000.714
				2.94	1003.08	1000.14			
		6.30-7.30	25.1	0.24	1000.30	1000.06	1000.05	+0.024	1000.074
				0.58	1000.62	1000.04			
	返测	7.60-6.60	25.1	1.82	1001.84	1000.02	1000.03	+0.024	1000.054
				0.68	1000.72	1000.04			
		7.00-6.00	25.1	0.36	1000.40	1000.04	1000.04	+0.024	1000.064
				1.74	1001.78	1000.04			
		6.40-5.40	25.1	0.24	1000.46	1000.22	1000.21	+0.024	1000.234
				1.22	1001.42	1000.20			
									1000.152
一根标尺一米间隔的平均真长						1000.367			

标尺：区格式木质标尺 025

标准尺：一级线纹米尺 N_0 1119

$$L=(1000-0.07)\text{mm}+18.5\times10^{-3}(t-20°)\text{mm}$$

（2）观测中由水准标尺引起的误差

水准测量时，若竖立在尺垫上的标尺倾斜，则倾斜标尺上的读数总是比直立的标尺读数增大，由此产生标尺倾斜误差。此误差对图根水准影响不大，如果使用安装圆水准器的水准标尺，则更减小影响。

标尺立在尺垫上，还产生下沉误差的影响，观测时尺垫下沉与观测时间成正比，与土质软硬成正比。每站观测时间越长，尺垫下地质越松软则产生的此项误差越大。观测熟练、迅速，选择坚硬的地面放尺垫立尺，可以减小该误差的影响。

3.6.5 大气折光的影响

如图 3-18 所示。用水平视线代替大地水准面在尺上读数产生的误差为 C。

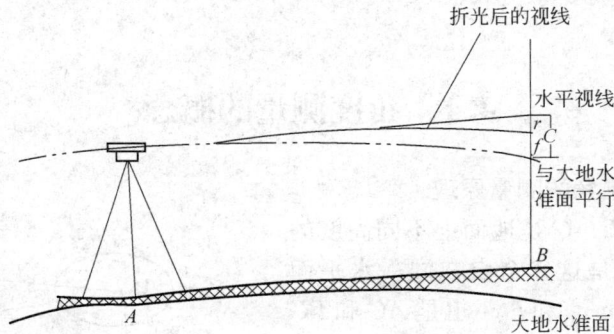

图 3-18 地球曲率和大气折光对水准测量的影响

大气折光是由于地面大气密度不均匀产生的，在受地面辐射影响的情况下，根据光线折射原理，视线通过大气层时并不是一条直线，而是向上弯曲的曲线。

大气折光差使标尺上的读数增大。在平坦地区，由于前、后视线离开地面的高度基本相同，其视线的弯曲程度也大致相同，如果前、后视距相等，则每站折光差的影响，就可在高差中得到消除。如果前、后视距不等，视线弯曲度就不相同，所以产生的折光影响也不同，地面起伏不平，前后视线离地面的高度不同，其视线弯曲度也不相同。特别是晴天，靠近地面的辐射温度较高，空气密度上稀下密，视线离地面愈近折射也愈大。所以，观测时视线一般应离开地面 0.3m 高，并选择观测时间，可以减少大气折光的影响。

第四章 经纬仪及角度测量

为了测定地面控制点的平面位置，首先要测定水平角和垂直角，然后根据三角学等原理计算出控制点的坐标。角度测量的主要仪器是经纬仪，本章着重介绍经纬仪的构造及使用。

4.1 角度测量的概念

4.1.1 水平角和水平角的测量原理

图 4-1 中，A、B、C 是地面上不同高度的任意点，a_1、b_1、c_1 是这三个点在同一水平面 P 上的投影。因此，a_1c_1 和 b_1c_1 也是 AC 和 BC 在水平面 p 上的投影，a_1c_1 和 b_1c_1 的夹角 β 就叫做 C 点上由 A、B 两方向构成的水平角。所以空间两直线的交角在水平面上的垂直投影称为水平角。

如果通过 AC、BC 各作一垂直面 M、N，图 4-1 所示，它们与水平面 P 的交线 a_1c_1、b_1c_1 夹的角为水平角 β，而 M、N 的交线 C_1C_2 即通过 C 点的铅垂线。所以，地面上任意两方向的水平角也就是通过这两个方向的垂直面所夹的二面角。因此，只要过角顶 C 点的铅垂线上任一点作一水平面，它和两垂直面的交线所夹的角也一定等于 β。即在 C 点的铅垂线 C_1C_2 上任意一点都可以测量出 AC、BC 两方向之间的水平角。

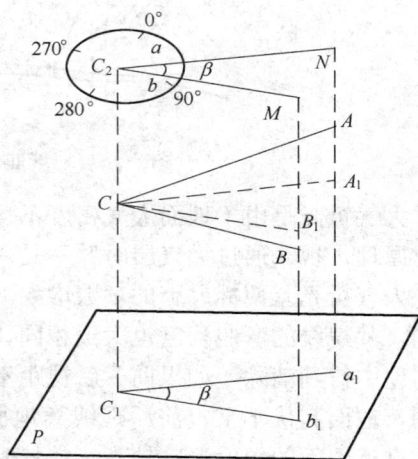

图 4-1

设在 C_2 处安置一个有角度分划的水平度盘，圆心是 C_2；则垂面 MN 所夹的圆心角 $\angle ac_2b$ 就是水平角 β。因此，只要在度盘上读出 c_2b 及 c_2a 两个方向值，则水平角 β 的值就是这两个方向值 ab 的差，即 $\beta = b - a$ 这就是水平角测量的原理。

为了测量圆心角的值，需要一个能安置成水平位置的水平度盘，此外还要一个不仅能上、下转动形成一个垂直面，而且能绕铅垂线 C_1C_2 在水平方向转动的照准望远镜。经纬仪就是根据这个原理设计制造的。

4.1.2 垂直角和垂直角测量的原理

在图 4-1 中，空间直线 CA 和在同一垂面上的水平线 CA_1 的交角 ACA_1 就是 C 到 A 的垂直角 α_1 或称倾斜角。同理，α_2 就是 C 到 B 的垂直角。

当望远镜照准目标时，照准轴与同一垂面中水平线的夹角就是目标的垂直角。目标在水平线之上，称为仰角，符号为正(＋)；目标在水平线之下，称为俯角，符号为负(－)。

为了测量垂直角，在望远镜旋转轴的一端固定一个与旋转轴垂直的垂直度盘，它和望远镜一起旋转，且圆心在望远镜的旋转轴上，度盘的零分划线和照准轴平行。另外，垂直度盘的读数指标和水准器连在一起，并可同时转动，当水准管气泡居中时，指标处于某一固定位置。因此，在水准管气泡居中且照准轴水平时的度盘读数与照准目标的度盘读数之差，即为垂直角。

4.2 经纬仪的使用及其检校

4.2.1 经纬仪的分类

经纬仪是角度测量的主要仪器，它被广泛应用于各种测量工作中，经纬仪的类型和式样很多。按仪器的构造不同，经纬仪分为游标经纬仪、光学经纬仪和电子经纬仪。游标经纬仪只有望远镜是应用光学原理设计制造，而采用游标来读取度盘分划的角度值，这种仪器已基本被淘汰。光学经纬仪不仅望远镜应用光学原理设计制造，其读数系统也采用了光学结构。光学经纬仪体积小、重量轻、密封性好、读数精度高，目前用于测量的主要是光学经纬仪。电子经纬仪是利用光电转换原理和微处理器自动测量度盘的读数并将测量结果显示在仪器显示窗上，如将其与电子手簿连接，可以自动储存测量结果。本章只介绍光学经纬仪，电子经纬仪将在第十四章介绍。

光学经纬仪按精度不同，分为普通经纬仪和高精度经纬仪。经纬仪的精度划分是依据一测回方向中误差的大小来区分等级。我国标准分为 J_{07}、J_1、J_2、J_6、J_{15} 等几个型号。J_{07}、J_1、J_2 为高精度仪器用于 4 等以上角度测量，J_6、J_{15} 一般用于地形测量和村镇测量。见表 4-1。

光学经纬仪系列的分类与基本技术参数　　　　　　表 4-1

等　级		J_{07}	J_1	J_2	J_6	J_{15}
室内一测回水平方向中误差不大于($''$)		±0.6	±0.9	±1.6	±4.0	±8
望远镜放大倍数		30 * 45 * 55 *	24 * 30 * 45 *	28 *	20 *	20 *
望远镜物镜有效孔径(mm)		65	60	40	40	30
望远镜最短视距(m)		3	3	2	2	1
水准器角值 ($''$/2mm)	照准部	4	6	20	20	30
	垂直度盘指标	10	10	—	—	—
	望远镜	—	—	—	—	30
	圆水准器($'$/2mm)	8	8	8	8	8
垂直度盘指标自动补偿器	工作范围	—	—	±2$'$	±2$'$	—
	安平中误差	—	—	±0.3$''$	±1$''$	—
刻划直径 (mm)	水平刻度	≥150	≥130	90	94	80
	垂直刻度	90	90	70	76	60
水平读数最小格值		0.2$''$	0.2$''$	1$''$	1$'$	1$'$

仪器净重(kg)	≤18	≤13	≤6	≤4.5	≤3.5
主要用途	国家一等三角和天文测量	二等三角测量及精密工程测量	三、四等三角、等级导线测量	大比例尺地形测量及一般工程测量	一般工程测量
相应精度常用仪器	T_4、TP_r Theo003 TT2″/6″ DJ_{07-1}	T_3 DKM_{3A}、D_3 OT-02 Theo002 DJ_1	T_2 DKM_2、Theo010 TE-(3) OTC、TH_2 ST200 TDJ_2	T_1 Theo020 Theo030 DKM_1、TE-D_1 T_{16}、TG_{2b} TDJ_6、TKJ_6	T_0 DK_1 TH_4 TE-E_6 CJY-1

4.2.2 J₆型光学经纬仪

（1）J₆型经纬仪的构造

J₆型光学经纬仪是目前地形测量与城市、村镇测量的主要仪器。它的一测回水平方向中误差不大于±6秒。一般J₆经纬仪的外形可分为两大部分，下面是固定仪器的基础部分；上面为可转动的照准部。照准部又可分为望远镜、轴承、水准器、度盘等。J₆型经纬仪生产的厂家较多，仪器各有不同，但基本结构是一致的。图4-2是一般J₆型光学经纬仪。

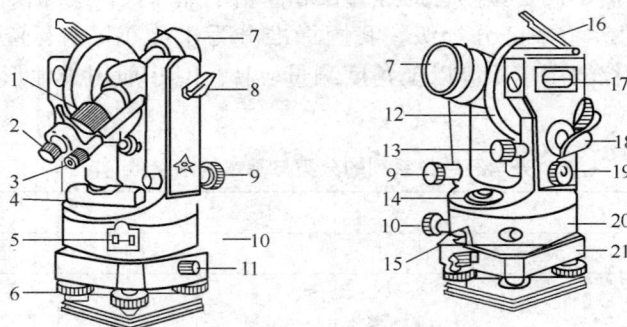

图 4-2

1—望远镜调焦螺旋；2—望远镜目镜；3—读数显微镜目镜；4—管水准器；5—度盘变换器；
6—脚螺旋；7—望远镜物镜；8—望远镜制动扳手；9—望远镜微动螺旋；10—水平微动螺旋；
11—底座固定螺旋；12—垂直度盘；13—垂直度盘指标水准器微动螺旋；14—圆水准器；
15—水平制动扳手；16—指标水准器反光镜；17—垂直度盘指标水准器；18—照明反光镜；
19—测微轮；20—水平度盘；21—基座

基座包括三角座板，座板中心有一螺孔，可与脚架的中心螺旋相接，使仪器固定在脚架上。脚螺旋的作用是将仪器整平。圆水准器使仪器概略整平。度盘变换器可使水平度盘转换到所需要的任意读数位置，观测时为了防止水平度盘被带动，应将变换器护盖盖好。底座固定螺旋可将仪器照准部从基座中取出，平时必须将此螺旋拧紧，以防仪器从基座中脱出。

水平度盘安装在照准部的金属罩内，它不能同照准部一起转动。管水准器用于仪器严格整平，它随照准部一起旋转。水平制动手柄松开后，照准部可以水平旋转，拧紧后照准部即被固定。水平微动螺旋可在照准部固定后，使其作微小的水平面转动，以便精确照准目标。照明反光镜通过调整角度，可以使光线反射入仪器内，照亮度盘，以便读数。垂直度盘在望远镜左侧，随水平轴转动，随望远镜纵向转动。垂直度盘读数指标水准器，当其气泡居中时，方可读取垂直角观测值。读数指标反光镜可以在盘左或盘右（垂直度盘在照准部的位置）时，随时观察指标水准器是否居中。垂直度盘水准器微动螺旋，可在望远镜照准部不动的情况下，调节指标水准器气泡居中。

望远镜制动手柄松开，望远镜即可进行纵向旋转，拧紧手柄后望远镜即被固定。此时，可用望远镜微动螺旋，使望远镜在垂直面中作微小转动，以便精确对准目标。

经纬仪因其旋转部件较多，较水准仪的构造复杂，但其主要轴线与水准仪相同。如图 4-3 所示。

图中 LL 为水准轴，HH 为水平轴，ZZ 为视准轴，VV 为垂直轴。水准轴是使仪器保持水平。水平轴也叫横轴或叫望远镜旋转轴，它的作用是维持望远镜在垂直平面内旋转。照准轴也称视准轴，它的作用是用来精确照准目标。垂直轴也称竖轴，即照准部旋转的中心轴，它的作用是维持仪器照准部作水平旋转。

J_6 型经纬仪必须满 3 个几何条件：①即水平轴必须垂直于仪器的垂直轴；②照准轴必须垂直于水平轴；③垂直轴必须垂直于水准轴。

（2）J_6 型经纬仪的读数

J_6 经纬仪的读数装置包括水平度盘、垂直度盘、光学系统等。其作用是当望远镜照准目标时，读取水平度盘和垂直度盘的读数，从而求得水平角和垂直角的角度值。

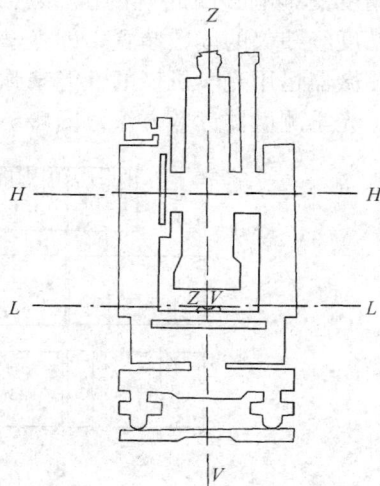

图 4-3

J_6 级经纬仪的水平度盘和垂直度盘是由质量较好的玻璃研磨而成，把整个圆周分 $360°$，每隔 $1°$ 有一分划。水平度盘套在竖轴的外面，但不连同竖轴一起转动，垂直度盘与水平轴固连在一起，而且互相垂直，垂直度盘 $90°$ 和 $270°$ 分划线的连线与仪器视准轴方向平行。

在度盘读数时，由于度盘的分划线很细密，需要放大一定的倍数才能看得清楚和读得准确。光学经纬仪通常利用读数显微镜进行读数。显微镜的成像原理与望远镜基本一样，所不同的是，显微镜的物镜把物体的成像放大，物像再经目镜放大，使放大率增高。

我国统一设计的 J_6 级光学经纬仪的读数系统，在读数显微镜中能同时反映出两个度盘的读数，读数显微镜视场内所见到的度盘和分划尺的影像如图 4-4 所示，上面注有"水平"的窗口为水平度盘读数窗，下面注有"垂直"的窗口为垂直度盘的读数窗。其中长线和大号数字是度盘上的分划线及其注记，短线和小号数字为分划尺的分划线及其注记。每个读数窗内的分划尺分成 60 小格，每个小格代表 $1'$，每 10 小格注有数字，表示 $10'$ 的倍数，因此，在分划尺可直接读到 $1'$，估读到 $0.1'$（即 $6''$）。这里需要注意的是分划尺上的 0 分划线是指标线，它所指度盘上的位置就是应读数的地方。例如垂直度盘的读数窗中，分划尺的 0 分划线已过 94°，这时垂直度盘的读数一定是 94°至 95°之间，所多于 94°的数值，要看分划尺上 0 分划到度盘 94°分划线之间有多少小格来确定。由图 4-4 可知，分划尺的读数为 56.2′，因此，垂直度盘的整个读数为 94°56.2′，即 94°56′12″。同理，水平度盘的读数窗中，分划尺的 0 分划线已过 214°，整个读数应是 214°03′，即 214°03′00″。

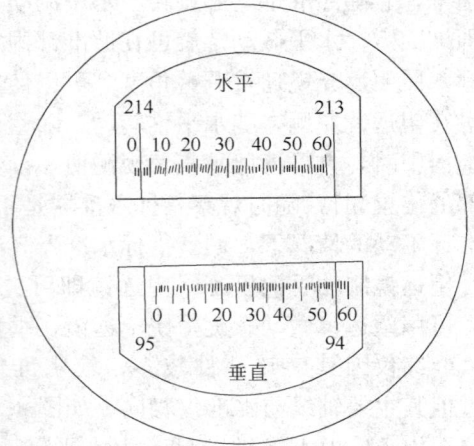

图 4-4

由于人眼的鉴别力有限，直接在度盘上读数精度受影响。因此有的 J$_6$ 级经纬仪也采用高精度经纬仪的读数装置，即光学测微器。光学测微器运用光学机械的性能来弥补人眼的缺陷。光学测微器读数方法以图 4-5 为例。

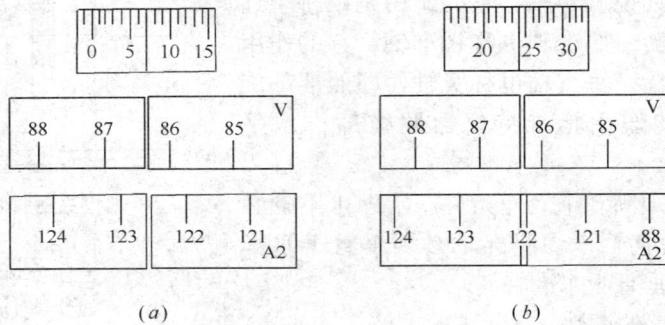

(a)　　　　　　　　　　(b)

图 4-5

图 4-5 是光学测微器经纬仪读数显微镜视场内的度盘和测微片上分划的影像。最上面小窗内是微片上分划的影像。注有 V 的窗口是垂直度盘影像；注有 A2 的窗口是水平度盘影像。上面小窗内的单长线和下面两窗内的双长线，是固定不变的读数指标线。

当仪器上的测微轮借助机械和光学的作用，使度盘分划和测微片上分划的影像同时移动。当度盘影像移动 1°时，测微片移动 60 格，测微片上每 1 小格的格值为 1′。

图 4-5(a)中，测微片处在任意位置，当读取水平度盘读数时，转动测微轮，使水平度盘上的一条分划线移到双指标线内，并平分双指标线(只有一条度盘分划线能够移到双指标线内)。如图 4-5(b)，122°的分划线移到双指标线中间，这时的读数就是 122°。然后，在小窗内按单指标线读取小数 24 格，即 24′06″，整个读数则为 122°24′06″。若读取垂直度盘读数，则可转动测微轮，使垂直度盘分划线移到双指标线中间，用同样方法读数。

4.2.3　J$_6$ 型光学经纬仪的检校

(1) 照准部水准器的水准轴应垂直于垂直轴。

检验方法：先将仪器大致整平，然后使水准管和任意两个脚螺旋的连线平行，相对旋动两个脚螺旋使水准管气泡精密居中。将照准部旋转 180°，如果气泡偏离中心在一个分划以内，表示合格，否则应进行校正。

校正方法：先用水准管校正螺丝改正气泡偏差的一半，再用与水准管平行的脚螺旋使气泡居中，这样反复进行几次，直至符合要求为止。

（2）十字丝纵丝应垂直于水平轴

检验方法：整平仪器，照准远处一明细点，使望远镜上下微动。如果纵丝始终照准该点，则条件满足，否则需进行校正。

校正方法：打开十字丝防护罩，拧松目镜座与望远镜筒联接的 4 个螺丝，转动目镜座使十字丝纵丝垂直后，再拧紧螺丝，并装好护罩。

（3）视准轴应垂直于水平轴

检验方法：先整平仪器，然后使望远镜大致水平，照准远处一目标，固定照准部，读取水平度盘读数，纵转望远镜，再照准原目标读得读数。如果条件满足，则正倒镜 2 次读数相差应为 180°，否则即表示视准轴与水平轴不垂直，其交角与 90°之差称为视准轴误差，通常以 C 表示。

$2C$＝盘左读数－盘右读数±180°

若 $2C$ 绝对值大于 $2'$，则应加校正。

校正方法：校正前先算出盘左、盘右的正确读数。例如：盘左读数为 $29°14'30''$，盘右读数为 $209°17'12''$，则：

$$2C=209°17'12''-29°14'30''-180°=+2'42''$$
$$C=+1'21''$$

所以：盘左正确读数＝$29°14'30''+1'21''=29°15'51''$

盘右正确读数＝$209°17'12''-1'21''=209°15'51''$

然后，旋转水平微动螺旋使度盘读数对准计算得的正确读数。此时，十字丝纵丝必偏离原来目标。然后拧下十字丝片护罩，进退十字丝片左右两个校正螺丝，使十字丝纵丝左右移动，精确照准目标。此项改正需反复进行。

（4）水平轴应垂直于垂直轴

检查方法：在离墙 25m 左右处安置仪器。用望远镜照准墙上高处任意一明显点，固定照准部后，将望远镜下俯至水平位置，并依十字丝中心在墙上作一标志。然后纵转望远镜，用同样方法在墙上作出第二点，若两点重合，则说明水平轴垂直于垂直轴，如果不重合，则说明水平轴不水平，倾斜了一个 i 角。i 角的计算公式为：$i''=103·\Delta·ctg\alpha/s$

式中：Δ 为两次照准点之差，α 为仪器至高处点的垂直角，s 为仪器至墙的距离。

如果 i 角大于 $30''$ 则应送修理部门校正。

（5）垂直度盘指标差应接近于 $0'$。

检验方法：照准远方一明显目标，用中丝法观测垂直角一测回，按仪器相应的指标差计算公式，算出指标差 i。若 i 角的绝对值大于 $1'$，则应校正。

校正方法：先用盘右读数减去指标差 i，或盘左读数减指标差，计算出盘右（或盘左）的正确读数，然后旋动垂直度盘指标水准器微动螺旋，使度盘读数对在正确读数上，再用水准管校正螺丝使气泡居中，如此反复进行至合乎要求为止。

4.2.4 光学经纬仪的维护

光学经纬仪属精密光学仪器，为延长仪器的使用寿命，提高观测精度，充分发挥仪器的最大作用，必须掌握仪器的正确使用、保养及维护的方法。

（1）开箱、装箱

开箱取出仪器时，应记清仪器各部件的位置，以便装箱时按原来位置放进去。从箱中取出仪器，应双手握住支架，或一手抓住支架，另一手托住基座，不要提望远镜。仪器使用完毕，要用毛刷掸去灰尘，再装箱。

仪器上如果落有雨点或汗珠，要用软布擦去，且应将仪器放干后再盖箱盖。镜头上的灰尘，要用镜头纸擦拭，禁止用手或其他物品擦拭。

仪器装箱时，松开制动螺旋，关闭仪器箱时，切不可强压，若关不上盖，应查明原因。仪器箱要随手锁好，应做到谁装仪器谁锁箱。

（2）使用

经纬仪观测时，在测站上应将脚架大致对中，并放稳后，再取出仪器。取仪器要轻拿、轻放，严防失手落地，仪器放在脚架上要及时旋紧中心螺丝。

各个制动手柄，不要旋得过紧，以防损坏仪器，制动手柄未松开，不能用力过猛，以防带动划板，而使十字丝产生歪斜。各微动螺旋尽量使用中间位置。

（3）运输

仪器搬站时，要直立抱持，长距离搬站，仪器要装箱。骑自行车搬站，仪器一定要背在身上，切勿由自行车驮载，以免震坏光学部件。

（4）存放

仪器存放要注意防潮、防热，宜放在凉爽、干燥通风良好的地方，每一仪器箱内都应放置一干燥剂。

仪器冬天不要放置在暖气片管道旁。

4.3 水平角观测

4.3.1 经纬仪的整置

用经纬仪观测角度时，首先必须安置仪器，即按照水平角观测原理，使仪器处于正确位置。仪器的整置包括对中、整平两项工作。

（1）经纬仪的对中

对中的目的是使仪器水平度盘中心与测站点的位置在同一铅垂线上。对中的方法有垂球对中和光学对中两种，由于光学对中过程是与整平同时进行，所以我们将光学对中放在整平后介绍。

① 垂球对中的方法：进行对中时，先打开三角架，将它安置在测站上，并使脚架顶大致水平，目估或用垂球使脚架中心对准测站点中心，踩紧脚架后，将仪器放在三脚架上，拧上中心固定螺旋。然后将仪器放在脚架顶面徐徐移动，直到地面点标志与垂球尖准确重合，再将中心螺旋拧紧。

② 对中的注意事项

a. 三脚架架设时，先要了解测站上所要观测的方向，避免观测者的两脚跨在脚架上进行观测，以免碰动脚架。

b. 在有坡度的地方设站观测时，三脚架的两个腿应放在下坡，第三个腿放在上坡。为保持脚架面水平，可调整脚架腿的长度。

c. 一般情况下三脚架抽出的长度要适当，且要拧紧架腿固定螺旋，三脚应大致成等边三角形，踩牢。

d. 在坚硬地面观测时，脚架应用绳子绑好或用石块等物顶住，防止脚架滑动。

e. 对中后要再次检查中心螺旋是否拧紧。

（2）经纬仪的整平

所谓整平就是用脚螺旋使照准部的管水准气泡居中，从而使横轴和水平度盘处于水平位置，竖轴和竖盘处于铅垂位置。

① 整平方法：先用圆水准器将仪器大致整平，然后使管水准器与任意两脚螺旋的连线平行，相对或相背旋动两个脚螺旋使气泡居中，如图 4-6(*a*)。再将照准部转动 90°，使管水准器与前两个脚螺旋连线垂直，旋动第 3 个脚螺旋使气泡居中，如图 4-6(*b*)。如此反复进行，直至照准部转到任意位置时，气泡偏离中央不超过 1 格为止。

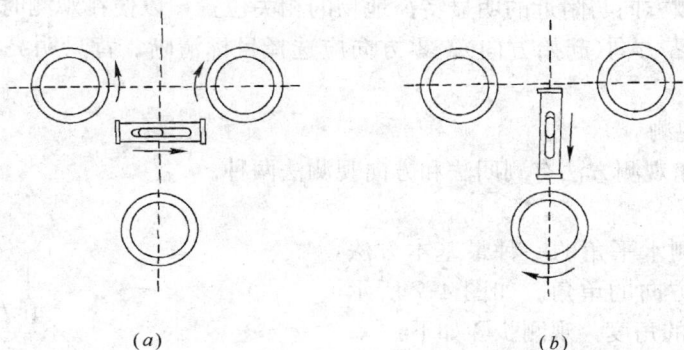

图 4-6

② 整平的注意事项

a. 整平前 3 个脚螺旋高低位置应适中。当脚螺旋已到极限而气泡仍未居中时，不得用力转动，应重新调整脚架顶水平，并将脚螺旋调整到中间部位。

b. 当仪器旋转 90°后，在旋转第 3 个脚螺旋时，不能再去旋转前两个脚螺旋。

c. 当设站时间较长，由于各种原因，气泡不居中了，这时应在两测回的间隙中按操作过程重新整平。不能在观测过程中一发现气泡偏离，就任意旋转某一脚螺旋来调整气泡。

（3）经纬仪采用光学对点器对中

用光学对点器整置仪器时，对中、整平两项工作要交替进行，放开脚架置于测站上，使脚架顶大致水平，并使脚架顶中心与地面点大致在同一铅垂线上。装上仪器拧紧中心螺旋，将光学对点器调焦后，用对点器观察地面点标志，如与对点器中心偏离较多，可调整脚架或转动脚螺旋，使地面点标志与对点器中心重合，然后伸缩架腿使圆气泡居中，如此反复进行，使地面点标志偏离对点器中心很小时，可稍微放松中心螺旋，使仪器在脚架顶上做微量平移，直至地面标志与对点器中心完全重合，再拧紧中心螺旋，并用脚螺旋使管水准器气泡居中，重复操作至满足整置要求为止。

采用光学对点器时，应对其对点精度进行检校。光学对点器的检校方法如下：

① 将仪器在平坦地面严格整平。

② 在仪器脚架顶上用铅笔沿基座三角板绘出基座位置，并将一绘有十字线的纸放在

地面，使纸上的十字丝与对点器中心严格重合。

③ 依次将仪器转动120°，每次转动后使基座严格放在铅笔绘制的基座线内，观察对点器是否与原地面纸上的十字丝重合。重合则可用于观测，否则应用校正针调整对点器改正螺旋，使对点器中心在脚架顶的3个不同位置时保持不变为止。

④ 此项改正应反复进行。

4.3.2 水平角观测与记簿

（1）观测前的准备工作

① 将作业日期、测站和观测点的点号和名称，使用仪器型号及号码，观测者的姓名，一并填入水平角观测手簿中。

② 找目标。根据作业计划组成的图形，按方向用仪器望远镜对将要观测的目标逐一找到，并记住观测方向与附近的明显特征地物的相关位置，以便在观测时尽快瞄准目标。

③ 确定观测零方向（起始方向）。零方向应选择目标清晰、背景明亮、距离适中、易于照准的目标。

（2）水平角观测

常用的水平角观测方法有测回法和方向观测法两种。

① 测回法

测回法是观测水平角的一种最基本方法，常用以观测两个方向的单角。如图4-7所示，为了测出∠BAC的角度，观测步骤如下：

第一步：在测站A点安置仪器，对中、整平；

第二步：用盘左位置（竖盘在望远镜左侧）瞄准目标B，读取水平读盘读数a_1，设为$0°12'18''$；

第三步：松开水平制动螺旋，顺时针转动照准部，瞄准目标C，读取水平读盘读数b_1，设为$60°12'18''$；以上称上半测回，角值为右目标读数减左目标读数，即：

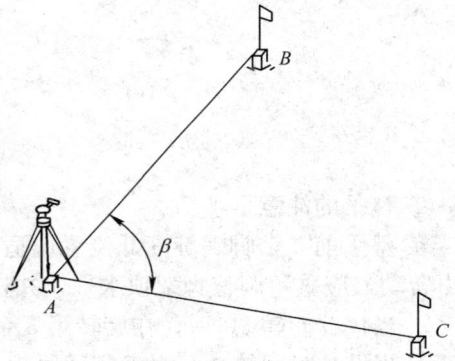

图4-7 测回法测水平角

$$\beta_1 = b_1 - a_1 = 60°12'18'' - 0°12'18'' = 60°00'00''$$

第四步：纵转望远镜成盘右位置（竖直度盘在望远镜右侧），瞄准C目标，读取读数b_2，设为$240°12'24''$；

第五步：逆时针方向旋转照准部再次瞄准A目标，读取读数a_2设为$180°12'30''$。

同法计算水平角，即：

$$\beta_2 = b_2 - a_2 = 240°12'24'' - 180°12'30'' = 59°59'54''$$

上下半测回合称为一测回。一测回的角值为两半测回角值的平均数。即：

$$\beta = \frac{1}{2}(\beta_1 + \beta_2) = 59°59'57''$$

记录计算见表4-2。

44

测 站	度 盘 位 置	目 标	水平度盘读数 ° ′ ″			半测回水平角 ° ′ ″			一测回水平角 ° ′ ″			备 注
A	盘 左	B	0	12	18	60	00	00				
		C	60	12	18				59	59	57	
	盘 右	B	180	12	30	59	59	54				
		C	240	12	24							

测回法用盘左、盘右观测，可以消除仪器某些系统误差对测角的影响，校核结果和提高观测成果的精度。对于 DJ₆ 型仪器，上下半测回角值之差不得超过 ±40″，若超过次限，应重新观测。

当测角精度要求较高时，可观测多个测回，取其平均值作为最后结果。为减少读盘刻划不均匀误差对水平角的影响，各测回应利用仪器的复测装置或度盘变换手轮按 $180°/n$（n 为测回数）变换水平度盘位置。如果观测 3 测回，则每个测回的起始方向读数度盘变换值为 60°，即第一测回起始方向读数度盘位置为 $0°00′00″$ 左右，第二测回起始方向读数度盘位置为 $60°00′00″$ 左右，第三测回起始方向读数度盘位置为 $120°00′00″$ 左右。为读记方便每次起始方向读数度盘位置一般大于零秒。

② 方向观测法

当测站上的方向观测数在 3 个或 3 个以上时，一般采用方向观测法，也称全圆测回法。现以图 4-8 为例介绍如下：

第一步：安置仪器于 O 点，选定起始方向 A，用盘左位置，将水平度盘置于略大于 0″ 的数值，瞄准 A，读数，并记入表 4-3 第 4 栏；

第二步：顺时针方向依次瞄准 B、C、D 点，读数并记录；

第三步：继续顺时针转动照准部，再次瞄准 A，读数并记录。此操作称为归零 A 方向两次读数差称为半测回归零差。对于 DJ₆ 经纬仪，归零差不应超过 18″（见表 4-4），否则应重新观测，上述观测称为上半测回。

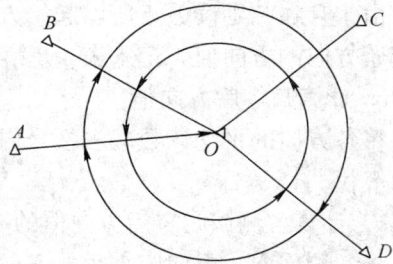

图 4-8　方向法测水平角

第四步：纵转望远镜成盘在位置，逆时针方向依次观测 A、D、C、B、A 点，此为下半测回。

上、下半侧回合称为一测回。如需观测多个测回，各测回仍按 $180°/n$ 变换水平盘位置。

以 A 点方向为零方向的记录计算表格见表 4-3。

第五步：方向观测法计算。

a. 计算两倍照准误差 2C：

$$2C＝盘左读数－（盘右读数±180″）$$

将各方向 2C 值填入表 4-3 第 6 栏，各方向 2C 值互差不得大于表 4-4 中的规定。

方向观测法记录计算表　　　表4-3

测站	测回数	目标	水平度盘读数 盘左 °　′　″	盘右 °　′　″	2c=左-(右±180°)	平均读数=[左+(右)±180°)]	归零后方向值	各测回归零后方向平均值
1	2	3	4	5	6	7	8	9
0	1					(0　01　03)		
		A	0　01　12	180　01　00	+12	0　01　06	0　00　0	0　00　00
		B	41　18　18	221　18　00	+18	41　18　09	41　17　06	41　17　02
		C	124　27　36	304　27　30	+6	124　27　33	124　26　30	124　26　34
		D	160　25　18	340　25　00	+18	160　25　09	160　24　06	160　24　06
		A	0　01　06	180　00　54	+12	0　01　00		
	2					(90　03　09)		
		A	90　03　18	270　03　12	+6	90　03　15	0　00　00	
		B	131　20　12	311　20　00	+12	131　20　06	41　16　57	
		C	214　29　54	34　29　42	+12	214　29　48	124　26　39	
		D	250　27　24	70　27　06	+18	250　27　15	160　24　06	
		A	90　03　06	270　03　00	+6	90　03　03		

b. 计算各方向的平均读数

平均读数=1/2[盘左读数+(盘右读数±180°)]

由于存在归零读数，所以起始方向 A 有 2 个平均值，将这 2 个平均值再取平均值作为起始方向的方向值，记入表 4-3 第 7 栏括号内。

c. 计算归零后方向值

将各方向的平均读数减去括号内的起始方向平均值，即得各方向归零后的方向值，记入第 8 栏。

d. 计算各测回归零后方向值的平均值

将各测回同一方向归零后的方向值取平均数，作为各方向的最后结果，即如第 9 栏。同一方向值各测回互差应满足表 4-4 的规定。

表4-4

经纬仪型号	半测回归零差 ″	测回内2C互差 ″	同一方向值各测回互差 ″
DJ$_2$	8	13	9
DJ$_6$	18		24

4.3.3　水平角观测注意事项

（1）每次照准应尽量照准目标根部，在观测中一定要防止碰动度盘变换器。

（2）使用水平微动螺旋精确对准目标时，要按微动螺旋的旋进方向转动，以减少仪器的隙动差影响。

（3）刮风天气观测时，测旗往往平整展开，应辨清楚风向，避免照准旗的展开部。

（4）观测结束后，应随即进行手簿计算，并检查各项观测误差是否在限差内。

4.4 垂直角观测

4.4.1 经纬仪的垂直度盘

（1）垂直度盘又称竖盘。它固定在望远镜横轴上，当望远镜上、下转动时，垂直度盘被带着一起转动。在横轴的支架上装有垂直度盘的读数指标，它不随望远镜转动，而与竖盘水准器固连在一起，如果转动垂直度盘水准器微动螺旋，则垂直度盘指标和垂直度盘水准器一起能做微小转动；当水准器气泡居中时，则指标就处于正确位置，便可读出目标方向值。

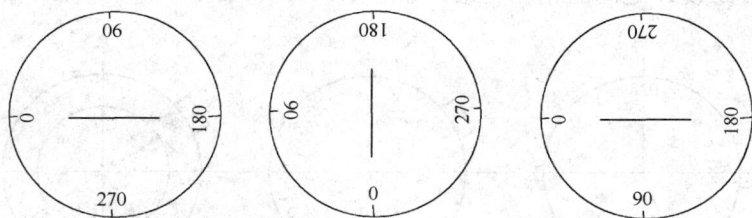

图 4-9

垂直读盘的注记形式很多，因而由垂直读盘读数和计算垂直角的公式也不相同，但其原理是一样的。常见的注记形式为全圆注记，按顺时针或逆时针方向刻记，如图 4-9 所示。

（2）垂直角及指标差的计算

当望远镜的视准轴水平时，垂直度盘的读数应为 90°的整倍数。但是，由于指标安置和校正不完全准确，因而视准轴水平时，垂直读盘的读数不为 90°的整倍数，偏差了一个小角，这个小角度称为指标差。用符号"i"表示，如图 4-10(a)所示。

设从仪器至某一观测目标的垂直角为 α、该仪器的指标差为 i、盘左、盘右的读数分别为 L、R。它们之间的相互关系如图 4-10(b)、(c)所示。

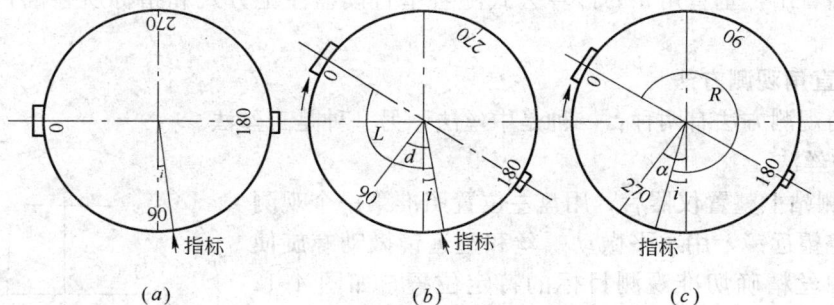

图 4-10

从图上可以看出：

$$\alpha = L - 90° - i$$
$$\alpha = 270° - R + i$$

47

将上述两式相加或相减后，分别得：

$$\alpha=1/2(L-R+180°)$$
$$i=1/2(L+R-360°)$$

上两式是竖盘逆时针刻划时经纬仪计算垂直角和指标差的公式。在指标差求得后，当盘左读数 L 大于 90°时（即仰角），垂直角用

$$\alpha=L-90°-i$$

当盘左读数 L 小于 90°时（即俯角），用下式计算垂直角较方便。

$$\alpha=270°-R+i。$$

图 4-11 是竖盘顺时针刻划时经纬仪的垂直读盘的刻划注记。垂直角 α、指标差 i、盘左读数 L、盘右读数 R 之间的相互关系，如图 4-11(b)、(c)所示。

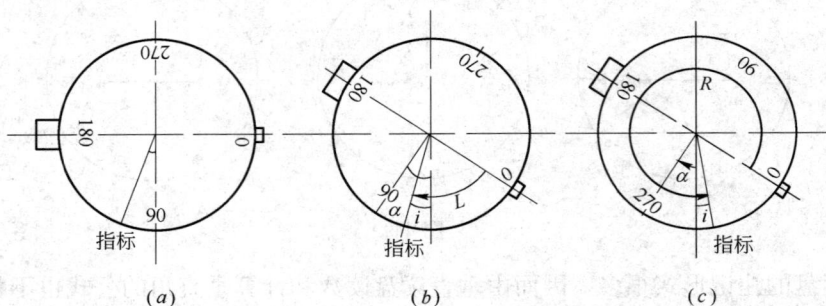

图 4-11

由图可知：

$$\alpha=90°-L+i$$
$$\alpha=R-270°-i$$

将上述两式相加或相减得：

$$\alpha=1/2(R-L-180°)$$
$$i=1/2(L+R-360°)$$

从上面看出，垂直角 α 的计算公式随着垂直读盘注记方式和指标所在的位置不同而不同。

4.4.2 垂直角观测方法

垂直角观测方法有两种：一种是中丝法，另一种是三丝法。

（1）中丝法

① 在测站上整置仪器后，用盘左位置照准第一个观测目标，固定望远镜，用水平微动螺丝和望远镜微动螺旋使十字丝的中丝精确切准观测目标的特定位置。如图 4-12 所示。

② 旋转竖盘水准器微动螺旋，使竖盘指标水准器气泡严格居中，再检查十字丝是否切准目标，然后进行读数，记入垂直角观测手簿中。

③ 纵转望远镜，照准目标同一部位，同样的方法读数

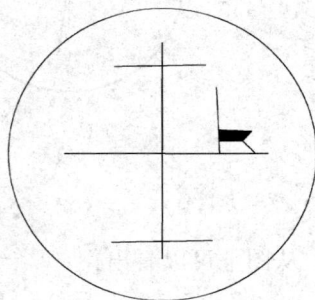

图 4-12

和记簿，即完成垂直角观测一测回。中丝法观测的记簿格式见表 4-5。

垂直角观测记录 表 4-5

测站	觇点	盘左读数 ° ′ ″	盘右读数 ° ′ ″	指标差 ″	垂直角 ° ′ ″	仪器高 m	觇标高 m	照准觇标位置
长山	N1	88 05 24	271 54 54	+09	+01 54 45	1.42	3.62	旗 顶
	N2	89 40 06	270 19 54	0	+0 19 54		5.01	旗 顶

（2）三丝法

三丝法观测垂直角的方法与中丝法大致相同，所不同的是：当用盘左或盘右观测时，均须依次用望远镜内的上、中、下根横丝来分别照准目标顶部并读数，如图 4-13 所示。

记簿顺序是：盘左由上向下记录，盘右则由下向上记。表 4-6 是三丝法一测回的记录格式。

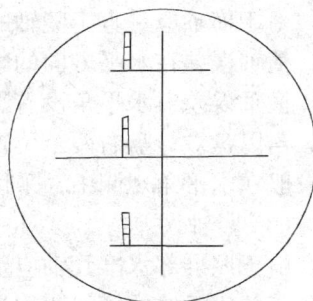

图 4-13

4.4.3 垂直角观测的注意事项

（1）观测时，照准目标位置必须一致。

（2）盘左、盘右照准目标时，要使目标影像位于垂直丝两侧附近的对称位置，这样可使望远镜纵转前后所用的部位基本一致。

垂直角观测记录 表 4-6

作业日期：1993 年 4 月 2 日　　观测者：张军　　记录者：李伟

测 站	目 标	盘左读数	盘右读数	指标差	垂直角	仪器高	视标高	照准视标位置
A₃	A₅	94°06′42″	265°19′06″	−17′06″	−4°23′48″	1.37ᵐ	2.50ᵐ	花杆顶
		94 23 48	265 36 18	+0 03	−4 23 45			
		94 41 06	265 53 54	+17 30	−4 23 36			

（3）每一测站应量取仪器高和觇标高。

（4）观测垂直角一般在中午前后较为有利，测出的精度较好。

（5）每次读数前须检查气泡是否严格居中。

4.4.4 垂直度盘自动安平装置

近年生产的光学经纬仪，大部分垂直度盘采用自动补偿装置。即当经纬仪稍有微量倾斜时，这种装置就会自动地调整光路，使垂直度盘读数相应于指标水准器气泡居中时的数值。从理论上讲，这时的指标差应为零，故指标自动补偿装置也称为自动归零装置。

一般这种补偿装置的工作范围为±2′，安平误差不大于±0.5″。自动补偿装置的经纬仪，也须检查有无指标差，若发现指标差超限，则应送专业部门校正。

4.5　角度测量的误差及削减

角度测量的误差是由仪器误差、观测误差和外界误差三个方面因素而产生的。

4.5.1　仪器误差及消减

仪器误差有两类：一类是仪器检、校不完善而残留的误差；另一类是由于仪器制造加

49

工不完善而引起的误差。

（1）视准轴误差

由于仪器的视准轴应垂直于横轴校正的不够完善，其残余误差，称为视准轴误差。

在水平角观测中，盘左、盘右两个位置观测同一目标时，视准轴误差的大小相等，符号相反。所以，采用盘左、盘右观测的平均值作为水平角观测值，可以消除视准误差的影响。

（2）横轴误差

由于横轴应垂直于竖轴的校正不够完善而存有的残余误差称为横轴误差。

横轴误差在水平方向的影响与垂直角度有关，当观测的目标为水平时，即垂直角为零时，横轴误差对水平角没有影响。相反，当垂直角越大，横轴误差影响越大。

当以盘左、盘右两个位置观测同一目标时，横轴误差出现的大小相等、符号相反。所以一般在水平角观测中，采用盘左、盘右进行观测，可以消除横轴误差的影响。

（3）竖轴误差

由于照准部水准管轴应垂直于竖轴的校正不完善，当水准管气泡居中时，竖轴并非竖直，其与铅垂线的倾斜角称为竖轴误差。

竖轴除校正不完善的原因外，还存有仪器制造不完善而引起的水平度盘不垂直于竖轴的因素，但这种误差的影响较小，可以忽略不计。

竖轴倾斜误差对水平方向观测的影响，不仅与竖轴倾斜角有关，还随着照准目标的垂直角和观测方向的方位不同而异。但对同一目标进行盘左盘右观测时，将不能消除竖轴误差的影响。

因此，在水平角观测前，务必对照准部水准管轴进行严格的检验与校正，尽量减小竖轴的倾斜角。即观测时应精确整平仪器，特别在竖直角比较大的地区，整平工作更加重要，在观测过程中应随时注意气泡居中情况，在测回间及时整置仪器，尽量减小竖轴倾斜误差的影响。

（4）度盘偏心差

由于经纬仪照准部旋转中心与水平度盘刻划中心制造上的不完善，使指标所指度盘读数产生误差，该误差称为照准部偏心差。

J₆ 型单指标读数的仪器，观测时取盘左盘右的平均值，即可消除照准部偏心差对方向值的影响。

对于仪器的竖盘偏心差，则因其盘左、盘右读数不是相差 180°，故取其平均值不能消除竖盘偏心差影响。

（5）度盘刻划误差

度盘刻划误差在现代光学经纬仪中，此项误差一般都很小。在不同的测回采用变换度盘位置的方法，可以减小其影响。

4.5.2 观测误差及消减

观测误差一般是指观测者在观测角度的操作中所产生的误差。

（1）对中误差

经纬仪的对中误差，又称测站偏心差，它是仪器中心没有对准测站点所引起的误差。

仪器对中误差对水平角的影响与对中误差成正比，而与边长成反比，并与水平角的大小有关。因此，在测水平角时中误差应控制在 3mm 以内，特别对于观测边较短时，应更加注意。

（2）目标偏心误差

观测时，照准部十字丝竖丝照准的目标中心偏离标志实际中心引起的误差，称为目标偏心误差。目标偏心对角度观测的影响较大，当边长短于 100m 时，应架设垂球对准标志，观测时瞄准垂球线，以减小目标偏心误差。

（3）照准误差与读数误差

这两项误差纯属观测者本身的行为误差。影响照准精度的主要因素有：望远镜的放大率；人眼的分辨能力；照准标志的形状、颜色与周围环境及背景的影响。

读数误差主要取决于仪器的读数设备和观测者的经验。J_6 型光学经纬仪，仪器本身读数的最大误差不超过 6″，若观测者不认真或经验不足，读数误差还将增大。因此，在观测时，应根据目标的大小及远近，采用仪器十字丝中丝或双丝进行；读数时一个测站应由一名观测员观测，以减小照准误差及读数误差的影响。

4.5.3　外界误差及消减

外界误差主要是自然环境的影响产生造成的误差，如太阳照射与气温变化会使仪器变形，气泡不稳；刮风会使仪器晃动，目标摇摆；大气密度的变化会使目标成像跳动等。这些因素将直接影响测角的精度。同时，地形的变化，如视线跨越水面或离建筑物较近等，都会使视线产生旁折光，影响观测成果精度。

上述外界因素造成的误差，完全避免是不可能的，但可以选择有利的观测时间，避开不利的观测条件，使外界误差的影响减小到最低程度。如阴天无风时观测，中午不观测水平角；晴天时须撑伞，以防止仪器曝晒，这些都可减小外界误差造成的影响。

第五章 距 离 测 量

两点在水平面上投影的长度，称为该两点间的水平距离。确定两点间水平距离的工作，称为距离测量，距离测量是测量的基本工作之一。由于距离测量采用的测量工具和测量方法不同，距离测量的精确度也不同。

5.1 距 离 测 量 概 述

距离测量包括标定地面点和直线定线，量距工具和量距方法的选择，以及对量距成果的精确度要求和数据的处理等工作。

5.1.1 确定地面上的点、线

（1）标定地面点

距离测量首先要把待测量的距离的两端点用地面标志确定下来。地面标志的种类很多，常用的有木桩、铁桩、混凝土标石等。采用哪种标志须根据需要而定。长期保存、长期使用的点位，其点位的稳定性要求也高，应采用混凝土标石。如果使用期限较短时，可采用长 20cm～30cm，一端削尖的小木桩打入土中作为临时标志。每一标志的顶端须钉一小钉或刻一"十"字，以标志点位的正确位置。

为了便于看到点位，还须在点的上方垂直地竖立各种形式的觇标。觇标的种类较多，分为临时性觇标和永久性觇标。觇标中心应与标志中心在同一铅垂线上。对于距离测量，使用的一般为临时性觇标，临时性觇标有标杆、旗杆、视距尺、测距棱镜等。标杆也称花杆，如图 5-1（a）所示，通常长 2～3m，直径 3～4cm，杆上每 20cm 用红白漆相间涂漆，以易于在明亮背景和阴暗背景均易于看清，杆的下端装有尖铁角，以便插入土内。为便于在稍远距离上寻找标杆，在标杆上部用一红白两色的旗作标记。通常为稳定标杆，可用人扶或用标杆架固定，也可用绳索或铁丝固定如图 5-1（b）所示。对于须长期保存的观测标志，须用木质或金属觇标标示，图 5-1（c）为木质三角锥标。

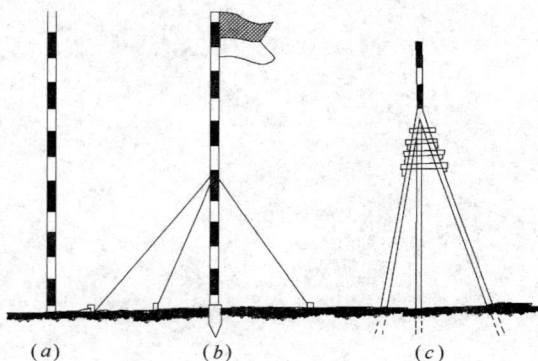

图 5-1

（2）直线定线

进行距离测量，不管采用什么方法，点和点之间都必须通视。如果两点间有障碍不能通视，或虽通视却一尺段无法丈量完时，则要进行定线。当两点间不通视时，应在点之间设置过渡点，使过渡点同两端点在同一直线上，这项工作就叫直线定线。直线定线分为目估定线和经纬仪定线。一般钢尺量距采用目估定线，精密钢尺量距采用经纬仪定线。

目估定线的方法如图 5-2，首先在待测距离两个端点 A、B 上竖立标杆，一个作业员立于端点 A 后 1～2m 处，瞄 A、B，并指挥另一位持杆作业员左右移动标杆 2，直到 3 个标杆在一条直线上。然后将标杆竖直插下。直线定线一般由远至近进行。

图 5-2 直线定线

经纬仪定线如图 5-3，精密量距前首先要清理场地，然后安置仪器于 A 点上，瞄准 B 点，用经纬仪定线，并用钢尺进行概量，以便在视线上依次定出比钢尺一整尺长略短的尺段，打下木桩，桩顶高出地面 3～5cm。桩上画十字作为标记，十字纵向（沿直线方向）由经纬仪定出，横向与纵向垂直。

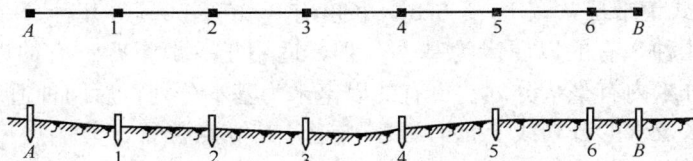

图 5-3 经纬仪定线

如 A、B 两点为山岗所阻，互不通视，这时可以采用逐渐趋近法定直线。如图 5-4 所示，在 AB 两点竖立标杆，甲、乙两人各持标杆分别站在 C_1 和 D_1 处，甲站在可以看到 B 点处，乙站在可以看到 A 点处。先由站在 C_1 处的甲指挥乙移动至 BC_1 直线上的 D_1 处，然后由站在 D_1 处的乙指挥甲移动至 AD_1 直线上的 C_2 处，接着再由站在 C_2 处的甲指挥乙移动至 D_2 处，这样逐渐趋近，直到 C、D、B 在同一直线上，同时 A、C、D 也在同一直线上，说明 A、C、D、B 在同一直线上。

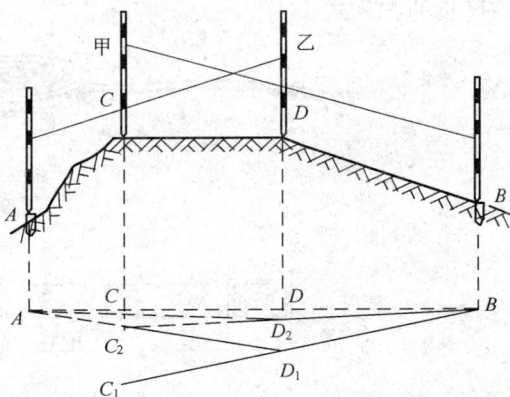

图 5-4

5.1.2 距离测量的工具和方法

距离测量的方法有直接量距法、视距法和测距法。每种测量方法使用的工具也不同。直接量距法使用的工具为钢尺、皮尺、测绳等。视距法使用的是视距仪和视距尺。测距法使用的是光电测距仪和反光镜。

5.1.3 对距离测量的精度要求

距离测量的精确程度是根据实际需要而确定的。譬如量一块空地精确到 0.1m 就可以了，量一栋房子则需精确到 0.01m，而高精度的量距必须精确度到 0.001m。

由于距离测量的精确度不同，测量的要求和对测得的数据处理不同。对于一般的量距，从操作方法上和对量距的结果没有过高的要求。精密的距离测量，从测量的准备工作开始，到数据的改正，每个环节上都有严格的要求。

5.2 距离测量仪器和工具

距离测量仪器的选择是根据距离测量的精度来决定的，低精度的仪器不能进行高精度的距离测量，而高精度的仪器一般也不用于低精度的距离测量。

5.2.1 直接丈量距离的工具

直接丈量距离的工具主要有钢尺、皮尺和测绳。钢尺用于精度较高的量距，钢尺量距的精度一般可达到 1/1000～1/5000，若用较严密的方法量距并按较严密的方法处理数据，其精度可达 1/10000～1/30000。精度较低的量距可使用皮尺或测绳进行。

钢尺亦称钢卷尺，如图 5-5 所示，图(a)为有盒的钢尺，长度有 20m、30m 及 50m 等几种。图(b)为架式钢带尺，宽 1～1.5cm，长度有 30m 及 50m 等几种，一般较前者稍厚。钢尺的分划也有几种，有的以厘米为基本分划，适用于一般量距；有的以厘米为基本分划，但尺端第一分米内有毫米分划；更有的以毫米为基本分划，后两种适用于较精密的量距。钢尺的各分米及米的分划线上都有数字注记，其零点位置，分端点尺(如图 5-6a)和刻线尺(图 5-6b)两种，刻线尺可得较高的丈量精度。较精密的钢尺制造时有规定的温度及拉力，如在尺端刻"30m、20℃、10kg"字样，这是表明该钢尺的检定时温度为摄氏 20℃，检定时拉力为 10kg，在这样的条件下其长度为 30m。钢尺出厂时一般经过检定得出该尺长的方程式。

(a)　　　　　　　　(b)

图 5-5

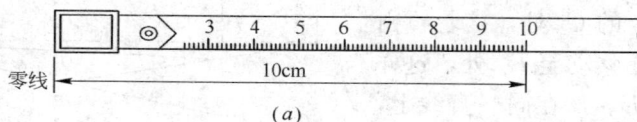

(a)

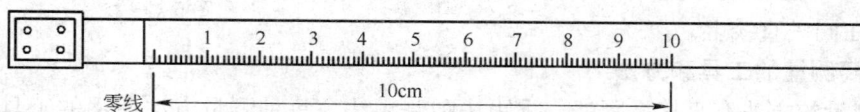

(b)

图 5-6

配合钢尺量距的其他工具有测钎、垂球、标杆等，较精密的量距还需弹簧称及温度计。温度计通常用水银温度计，使用时在钢尺邻近测定温度。

皮尺是用麻和金属丝编织成的布带，外型与有盒的钢尺差不多，整个尺收卷在一个皮盒中。长度有 20m、30m、50m 等，属端点尺一类。由于布带受拉力的影响较大，所以皮尺是在精度要求不高时才使用的。

测绳是用麻质纤维编成的量距工具，中间织有细钢丝，绳上每隔 1m 包有铜皮，并刻上数字。测绳可以长达 100m，由于它容易收缩，因而量距的精确度较差。

5.2.2 视距法测距的仪器

视距测量是利用有视距装置的测量仪器，配合视距尺，间接地同时测定地面上两点间的水平距离和高差的一种方法。视距仪和视距尺虽然有许多种，然而，直到目前为止，仍在广泛使用的只有普通视距仪和普通视距尺。

如图 5-7 所示，在经纬仪、水准仪及大平板仪的望远镜十字丝分划板上，十字丝横丝上、下对称地各刻一条短横线，该两条短横线称为视距丝。这样经纬仪、水准仪和大平板仪就成了普通视距仪。而水准标尺就是普通视距尺。视距测量有操作简便、迅速、且不受地形起伏限制等优点，虽然精度较低，但仍广泛应用于精度要求不高的测量工作之中。

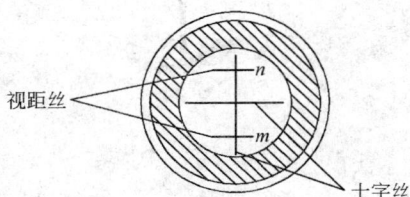

图 5-7

对经纬仪、水准仪、大平板仪在有关章节进行了详细介绍，这里不再赘述。

5.2.3 光电测距仪

20 世纪 60 年代以来，随着近代光学、电子学的发展和各种新颖光源（激光、红外光等）的出现，电磁波测距技术得到了迅速的发展，出现了以激光、红外光和其他光源为载波的光电测距仪以及用微波为载波的微波测距仪。因为光波和微波都属于电磁波范畴，故又把这类测距仪统称为电磁波测距仪。

光电测距仪，尤其短程光电测距仪具有轻便、迅速、精度高等优点，被广泛应用于地形测量和工程测量中。在最近几年，随着光电测距的广泛应用和精度的提高，光电三角高程可代替三、四等的几何水准测量，光电测距仪的构造及使用方法将在另节介绍。

5.3 钢 尺 量 距

钢尺量距是直接丈量的主要方法，这种方法直观而且有较高的精度，广泛地应用在各种测量工作中。

5.3.1 平坦地区水平量距

在平坦地区量距时，钢卷尺可沿地面整尺段丈量。如果丈量的距离较长，丈量前应先进行定线，当丈量的距离较短时，则可边定线边丈量。

丈量时，先在直线的两端点设立标杆，后尺员持钢尺的零端立于 A 点，前尺员持钢尺末端，标杆和测钎沿 B 方向前进，并伸展钢尺，至一整尺处的 1 点，如图 5-8 所示。按后尺员的指挥，前尺员将标杆插在 AB 方向线上。然后两人将钢尺抖动一下，再沿直线方

55

向平贴在地面上。后尺员将钢尺起端零分划线对准 A 点，两人同时以均匀的拉力将钢尺拉紧拉直。前尺员将测钎对准末端分划线垂直插入土中（土质允许时），前后尺员同时向前移动，在后尺员走至插测钎的 1 点处停下来。按上法继续丈量，直至 B 点。每量一整尺后，后尺员依次拔出前尺员所插的测钎，最后一段不足一整尺，由前尺员按终点 B 在钢卷尺上所对准的分划线，读出尾数，读好后，由后尺员拔出测钎。直线 AB 的全长为：

图 5-8

$$D = 钢尺长 \times 整尺段数（测钎数）+ 尾数$$

如钢尺长 50m，后尺员手中的测钎有 6 根，前尺员读得的尾数为 17.17m，则：

$$D = 50 \times 6 + 17.17 = 317.17m$$

为了发现错误和提高丈量的精度，从 A 点丈量到 B 点后，还应从 B 点再丈量到 A 点，合起来称为往返测。往返测数值的较差与直线全长的比值，应不超过一定的限度，一般不应超过 1/2000，在限差以内，取往返测的平均数作为丈量的最后结果。

5.3.2 起伏地区量距

（1）在倾斜不大的地区或丘陵地区量距

一般采用抬高尺子一端或两端成水平以求得直线的水平距离，如图 5-9 所示，在丈量时，使尺子一端对准地面标志点，将另一端抬高且估成水平。拉紧后，用垂球线对准尺上分划，此时垂球尖端所指示的地面位置，即为该分划的水平投影位置。如此丈量下去直至 B 点，即为 AB 直线的水平距离。当地面倾斜较大时，可多分几段，

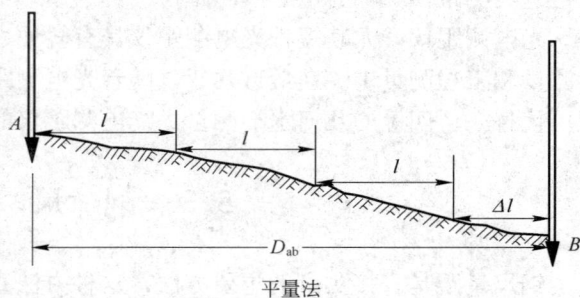

平量法

图 5-9

不必搞整尺段丈量，以便于钢尺水平。一般采用从高处向低处丈量的方法，这样可收到较好的效果。

（2）等倾斜面的量距

当地面倾斜比较均匀，基本形成一等倾斜地面时，可以沿倾斜地面量出斜距 L，测出地面倾斜角 α 或测出 AB 两点间的高差 h，再通过公式求出水平距离。由图 5-10 可知水平距离为：

$$D=L\cdot\cos\alpha，\text{测出 } h \text{ 则：} D=\sqrt{s^2-h^2}$$

5.3.3 较精确的距离丈量

直接量距的精度要求较高时，如要求 1/10000～1/40000时，则要采用一些必要的措施来保证量距的精确性。从丈量工作开始，各项工作就必须用严格的方法进行。

量距开始前，先清理现场，然后用仪器定线，沿此方向用钢尺先概略地量一下，每隔一整尺段略短一点（一般为 0.1m）钉一木桩，木

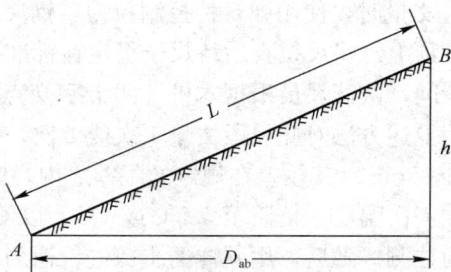

斜量法

图 5-10

桩稍高出地面，在木桩顶上作一十字线，表示点的位置。量距可由 5 人联合完成，2 人拉尺，2 人读数，1 人记录并测定温度。记录格式如表 5-1。

钢 尺 量 距 手 簿　　　　　　　　　　　　　　　　　　　　表 5-1

日期：2000-5-6　　　　　　前读尺：张武剑　　　　　　记录：王强

天气：晴 风向：偏南风　　　后读尺：高云飞　　　　　　检查：王刚

线段	尺段号		读数(m)				中数(m)	高差(m)	温度(℃)	备 注
			第一次	第二次	第三次	第四次				
A	A	前	29.435	29.451	29.402					30/7841 号
		后	0.048	0.060	0.010					钢尺的尺长方程式
	1	前一后	29.387	29.391	29.392		29.390	+0.86	10	为：
	1	前	23.403	23.912	23.846					$30+0.005+1.2\times$
		后	0.014	0.520	0.456					$10^{-5}\times30(t-20℃)$
	2	前一后	23.389	23.392	23.390		23.390	+1.28	11	
	2	前	28.054	27.933	28.214					
		后	0.372	0.253	0.530					
	3	前一后	27.682	27.680	27.684		27.682	0.14	11	
	3	前	28.777	28.597	28.874					
		后	0.239	0.057	0.338					
	4	前一后	28.538	28.540	28.536		28.538	-1.03	12	
	4	前	17.912	18.094	18.342					
		后	0.014	0.194	0.443					
B	B	前一后	17.898	17.900	17.899		17.899	-0.94	13	以上为往测
B	B	前	25.345	26.035	25.828					
		后	0.045	0.733	0.530					
	1	前一后	25.300	25.302	25.298		25.300	+0.86	13	
	1	前	23.929	24.085	24.120					
		后	0.009	0.163	0.196					
	2	前一后	23.920	23.922	23.924		23.922	+1.14	13	
	2	前	25.166	25.308	25.835					
		后	0.098	0.238	0.763					
	3	前一后	25.068	25.070	25.072		25.070	+0.13	11	
	3	前	28.601	28.589	28.789					
		后	0.018	0.009	0.208					
	4	前一后	28.583	28.580	28.581		28.581	-1.10	10	
	4	前	24.315	24.085	24.113					
		后	0.265	0.033	0.065					
A	A	前一后	24.050	24.052	24.048		24.050	-1.18	10	以上为返测

丈量时，使用弹簧秤控制拉力，钢尺零端在前，末端在后，两人将尺子置于待测尺段的木桩顶上，将尺拉直后待尺子稳定在标准拉力的情况下，前尺员喊"预备"，后尺员喊"好"的瞬间，两读尺员根据木桩上两十字交点同时读数，估读至 0.5mm，由记录员记录。然后再用上述方法对此尺段丈量 1 次或 2 次，每一尺段 2 次或 3 次所测得的尺段之差，一般不超过 2~5mm，其较差在规定的限差之内，取中数为最后结果，若超出限差则应重测。每尺段需测一次温度，估读至 0.5℃ 或 1℃，以便于进行温度改正。用同样的方法依次丈量到终点，称为往测。随后，用同样的步骤进行返测。相邻木桩顶间的高差可用水准仪进行测定。

5.3.4　精确量距的数据处理

精密量距应使用检定后的钢尺施测，并对丈量的长度进行尺长改正、温度改正和倾斜改正，使其更为精确。以上几项改正按尺段进行，最后进行全长的计算。

（1）尺长改正

钢尺在标准拉力和标准温度下检定的长度为 L'，而尺面刻划注记的长度为 L_0，则尺段在该条件下的尺长改正数 ΔL 尺为：

$$\Delta L_尺 = L' - L_0 \quad \Delta L_尺 / L_0 \text{ 即为每米改正数}$$

对于非整尺段 S 的尺长改正数为：

$$\Delta D_D = S \cdot \Delta L / L_0$$

（2）温度改正

丈量时的温度与钢尺检定时的温度不一致，钢尺的长度发生一定的变化，设其线膨胀系数为 α，检定温度为 t_0，丈量时温度为 t，则温度改正数 ΔD_t 为：

$$\Delta D_t = S \cdot \alpha (t - t_0)$$

（3）倾斜改正

量得一尺段的斜距为 S，高差为 h，由图 5-11 可知

$$h^2 = S^2 - D^2 = (S - D)(S + D)$$

若取 $S + D = 2S$ 就已能满足计算倾斜改正的精度要求，上式可写为：

$$S - D = h^2 / 2S$$

一测段的倾斜改正数为：$\Delta D_h = -h^2 / 2S$

改正后的直线的水平距离为：

$$D = S + \Delta D_D + \Delta D_t + \Delta D_h$$

直线长度计算可按表 5-2 进行。

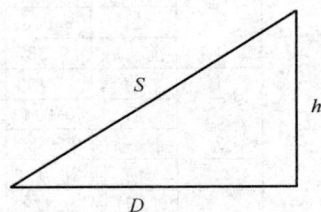

图 5-11

直 线 长 度 计 算　　　　　　　　　　　　　　表 5-2

计算者：王强　　　　　　　　　　校核者：李刚

线段	尺段	距离 (m)	温度 (℃)	高差 (mm)	尺长改正 ΔD_D(mm)	温度改正 ΔD_t(mm)	倾斜改正 ΔD_t(mm)	水平距离 (m)	备　注
A	A	27.199	17	+1100	+7.3	−1.0	−22.2	27.183	
	1								
	1	29.084	16	−760	+7.8	−1.4	−9.9	29.080	
B	2								
	2	25.110	17	−940	+6.7	−0.9	−17.6	25.098	
	B								
								81.361	

58

线段	尺段	距离(m)	温度(℃)	高差(mm)	尺长改正 ΔD_D(mm)	温度改正 ΔD_t(mm)	倾斜改正 ΔD_t(mm)	水平距离(m)	备 注
B	B	25.114	17	+940	+6.7	−0.9	−17.6	25.102	
	2								
	2	29.078	15	+760	7.8	−1.8	9.9	29.074	相对精度 0.009/81.356＝1/9039 距离平均值＝81.356
	1								
A	1	27.193	16	−1100	+7.3	−1.4	22.2	27.176	
	A								
								81.352	

5.4 视 距 测 量

测量工作中，直接丈量长度是一项比较繁重的工作，由于地形的影响，有时丈量工作无法进行。因此，在测量精度较低的情况下，也可采用视距测量法。通过视距仪在标尺上读数，可以同时测定两点间的水平距离及高差。在地形测量中，视距测量是经常使用的。

5.4.1 等角视距仪及通用公式

如图 5-12，在等腰三角形中，如果底边 l 和顶角 ε 已知，那么，距离 D 就可计算出来。即：$D=l/2 \cdot \mathrm{ctg}\varepsilon/2$

根据底边 l 和顶角 ε 不同的关系，视距仪可分为 2 种，其中一种的特点是 ε 角值为一常数，而底边 l 是变数，所以这种视距仪称为等角视距仪。用等角视距仪测量距离时，距离 D 随读数 l 而变化，依 l 即可确定 D。等角视距仪构

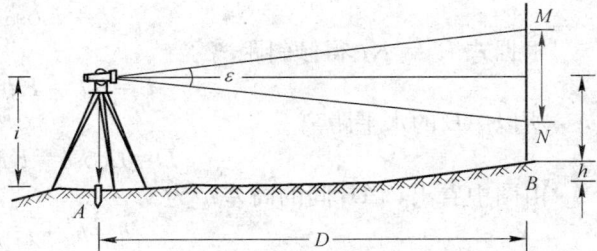

图 5-12

造比较简单，故广泛采用。另一种视距仪是定基线视距仪，用的较少，不再介绍。

定角视距仪主要是在视距仪的望远镜的十字丝平面上刻两条与十字丝横丝平行、间隔相等的上下两根横丝，作为视距丝。在经纬仪、水准仪、大平板仪的望远镜里都有视距丝装置。

视距丝间隔在标尺上截取的距离与实际距离是怎样的关系呢？设实际距离为 D，在标尺上截取的距离为 l，令 $D=Kl$，那么 D 就是 l 的 K 倍，为了计算方便，在仪器制造时将 K 值定为 100，所以用视距丝读出的视距间隔 l 即上下丝在标尺上读取的读数之差，乘以 100 就得到待测验距离了。视距测量时要求视距尺处于竖直位置，而仪器的视准轴处于水平位置，以满足视准轴垂直于视距尺这一基本条件。

在起伏较大的地区，进行视距测量，往往需要使视准轴倾斜才能照准水准尺。如图 5-13 所示。

如果能将视距间隔 MN 换算为与视线垂直的视距间隔 $M'N'$，这样就可以按公式 $L=Kl'$ 计算倾斜距离 L，再根据 L 和竖直角 α 算出水平距离 D 及其高差 h。因此解决这个问

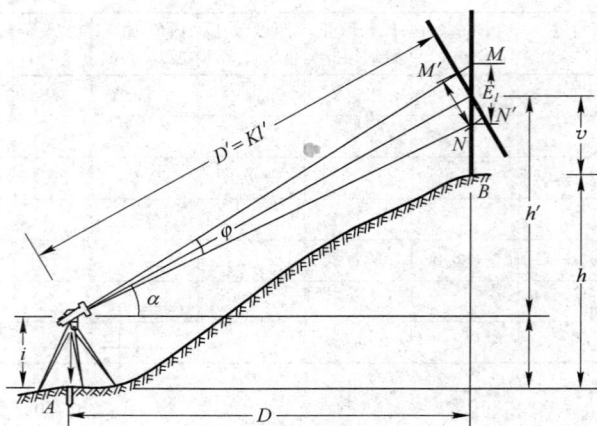

图 5-13

题的关键在于求出 MN 与 $M'N'$ 之间的关系。

图 5-13 中 φ 角很小，故可把 $\angle GM'M$ 和 $\angle GN'N$ 近似地视为直角，而 $\angle M'GM = \angle GN' = \alpha$，因此由图可看出 MN 与 $M'N'$ 的关系如下：

$$M'N'=M'G+GN'=MG\cos\alpha + GN\cos\alpha=(MG+GN)\cos\alpha=MN\cos\alpha$$

设 $M'N'$ 为 l'，则

$$l'=l\cos\alpha$$

根据式 $L = Kl'$ 得倾斜距离

$$L=Kl'=Kl\cos\alpha$$

所以 AB 的水平距离

$$D=L\cos\alpha=Kl\cos^2\alpha$$

由图中看出，AB 间的高差 h 为

$$h=h'+i-v$$

式中 h' 为初算高差，可按下式计算

$$h'=L\sin\alpha=Kl\cos\alpha\sin\alpha=1/2kl\sin2\alpha$$

根据 $D=L\cos\alpha=Kl\cos^2\alpha$ 计算出 AB 间的水平距离 D 后，高差 h 也可按式 $h=D\tan\alpha+i-v$ 计算。

在实际工作中，应尽可能使瞄准高 v 等于仪器高 i，以简化高差 h 的计算。

5.4.2　视距乘常数的测定

前边已谈到乘常数 K 值定为 100，假设 K 值实际上为 99，那么，在观测成果中就含有了 1/100 的误差，这么大的误差是不允许的，所以在作业前应认真地测定仪器的乘常数。

常用的视距仪为内对光仪器，乘常数的测定方法为在平坦地区选择一段直线 AB，在端点 A 上整置仪器，并沿 AB 直线方向用钢尺精确地量出 25m、50m、100m、150m、200m 等段距离，并在各段点上分别打上木桩或标记，分别表示为 P_1、P_2、P_3、P_4、P_5。然后测定各点的视距，测定的方法是依往返测按盘左、盘右位置进行。往测时依次在 P_1、P_2……P_5 点上垂直竖立视距尺，使望远镜概略水平地依次照准各视距尺，当每次照准各点上的视距尺时，即按盘左、盘右位置分别进行上、下丝读数。返测时依次在 P_5、

P_4……P_1 上立尺，按往测的方法进行读数。这样每个段点上可取得 4 次视距间隔读数。再取 4 次间隔数的平均值，便得到各段点的视距读数 L_1、L_2、L_3、L_4、L_5。然后将 L_i 分别代入公式 $K_i = D_i/L_i$，可解出按不同距离所测定的 K 值。最后取各 K 值的平均值作为测定的视距乘常数。

测定视距乘常数的观测记录及算例列于表 5-3 中。

视距乘常数测定 表 5-3

距离 Dt	视距丝	标 尺 读 数				中数 L_i	$Kt = D_i/L_i$	中 数
		往 测		返 测				
		盘 左	盘 右	盘 左	盘 右			
25	下	1.575	1.576	1.576	1.575	0.2502	99.91	
	上	1.325	1.326	1.325	1.325			
	下—上	0.250	0.250	0.251	0.250			
50	下	1.702	1.700	1.702	1.700	0.5010	99.80	
	上	1.200	1.200	1.201	1.199			
	下—上	0.502	0.500	0.501	0.501			
100	下	1.950	1.953	1.951	1.950	1.0010	99.90	99.88
	上	0.950	0.951	0.950	0.949			
	下—上	1.000	1.002	1.001	1.001			
150	下	2.201	2.202	2.199	2.200	1.5012	99.92	
	上	0.700	0.700	0.698	0.399			
	下—上	1.501	1.502	1.501	1.501			
200	下	2.450	2.453	2.454	2.452	2.0028	99.86	
	上	0.450	0.450	0.450	0.448			
	下—上	2.000	2.003	2.004	2.004			

当视距乘常数 $K \neq 100$ 时，这样计算水平距离和高差就不方便。解决的方法有 2 个，一个是将仪器的 K 值调校成 100；如果不能校正的仪器则可采用制作视距尺的方法。

5.4.3 视距测量的方法

采用视距测量方法测定 AB 两点间的水平距离和高差，可按如下步骤进行：

(1) 在 A 点上安置经纬仪，对中整平并量取仪器高，仪器高由地面量至仪器横轴。

(2) 在 B 点上竖立标尺。

(3) 用盘左位置照准标尺，直接读出视距(上、下丝在标尺上截取的间隔乘以100)。

(4) 使指标水准管气泡居中，读取竖盘读数和中丝读数。

(5) 根据通用公式计算水平距离和高差。

为了保证视距的精度，应注意标尺一定要竖直，视线长度不可过长。

5.5 距离测量的误差及削减

距离测量不论是量距法还是视距法都存在着一定的误差，对于误差应采用一定的措施来进行削减，保证距离测量的成果达到预期的精度要求。

5.5.1 钢尺量距的误差及其削减

钢尺量距产生误差的因素很多，来源各不相同，下面仅从主要方面进行分析。

（1）钢尺长度的误差

经过检定的钢卷尺，由于在检定时可能产生 0.5mm 或更大一些的检定误差，这部分误差一直影响着量距结果，但这种影响很小，可以忽略不计。

（2）温度变化引起的误差

钢尺受到温度变化的影响，当量距时的温度与钢尺检定时的温度相差 4℃时，长度为 20m 的钢尺产生 1mm 的误差。进行较精确的量距时，测定钢尺温度进行钢尺的温度改正。由于钢尺各部分的温度不尽相同，很难准确地测出钢尺的温度，所以此项误差只能通过测钢尺温度进行削减。

（3）定线误差

定线误差是由于丈量时钢尺端点偏离方向线引起的。若保证定线误差不超过 1/10000，则 30m 钢尺方向偏差不应超过 0.42m。用目估定线也是容易达到的。如果要量距的两点不通视，定线就要注意了，防止定线误差过大。

（4）拉力变化引起的误差

钢卷尺是有弹性的，如果量距时的拉力不同于检定钢尺时的拉力，当拉力改变 3～5kg 时，30m 的钢尺的尺长误差将有 1～1.8mm。要保持固定的拉力是困难的，拉力的变化在 3kg 以内，可以满足一般精度的量距。对于高精度的量距，削减此项误差的方法是在钢尺上拉上弹簧称，用钢尺检定时的拉力来拉钢尺。

（5）钢尺不水平的误差

钢尺不水平引起的误差，同倾斜改正具有类似的性质。由于钢尺倾斜使量距产生了增长的误差。当尺子两端的高差为 0.4m 时，30m 的距离增长约为 3mm。对于距离产生的误差不大于 1/10000，钢尺两端的高差应限制在 0.4m 以内。高精度的量距则应进行倾斜改正。

（6）钢尺垂曲的误差

钢尺悬空量距时，由于钢尺本身的重量中间下垂而引起的误差即为垂曲误差。对于此项误差的削减方法为：一般的量距，可以适当拉紧尺子或在中间加支撑点。高精度的量距，最好在检定钢尺时考虑到悬空与水平两种量距的形式，求出悬空量距的尺长方程式，根据悬空量距的尺长方程式进行尺长改正，基本上消除垂曲误差的影响。

（7）丈量时的错误

此项误差是一种综合性的误差。如对点误差，钢尺对地面点或测钎等不够准确引起的；读数误差，对尺子的估读舍入引起的。这些误差具有偶然性，在最后结果中相互抵消了一部分，只要认真操作，便可削弱此项误差。

5.5.2 视距仪的误差及其消弱

以定角视距仪，用有厘米刻划的视距尺配合，测定距离的精度，根据理论上的分析，当望远镜的放大率分别为 20 倍、25 倍、30 倍时，其测定距离的最大误差分别为 1/490、1/620、1/740。由于一些其他原因，精度可能还要低。

影响视距仪测量视距的误差是多方面的。

（1）视距线读数的误差

视距线太粗，在 100m 远的视距尺上读数时，视距线可能遮盖视距尺上 0.2cm，误差达 0.2m。因此在读视距间隔时，应读两视距线的上边缘或下边缘。

（2）视距尺的误差

视距尺刻度不准的误差和视距尺竖立不垂直的误差。视距尺刻度不准，可在作业前对尺子进行检测，达到了作业精度的才使用。而视距尺竖立不直引起的误差是主要的，在平坦地区此种误差影响可达到距离的 0.2%，在山区影响更大，消减此项误差的方法是在视距尺上安装一圆形水准器，通过圆水准器居中可使尺子竖直。

（3）外界影响的误差

外界环境的影响主要是大气折光的影响，由于视线通过不同的空气层时产生不同的垂直折光差，愈近地面折光差愈大。经验证明，在 100m 远的视距尺上读数，其接近地面的垂直折光差影响可达 1.5m。用此视距时，下丝截尺位置应在 1m 以上高度。

由于阳光照射，空气对流使视距尺在望远镜里的成像跳动不稳，所以应避免在接近中午炎热的情况下进行视距测量。

第六章 小地区控制测量

控制测量是各项测量工作的基础，起着控制全局的作用，控制测量的精度要求和施测方法限制了测量误差的传播和积累。

6.1 控制测量概述

测量工作遵循的原则是从整体到局部。控制测量就是从整体出发，为地形测量和工程测量提供测绘的依据。

6.1.1 控制测量的任务和方法

控制测量的任务是在整个测量范围内，选定一些具有控制作用的点，即控制点，按照一定的要求把它们组成图形，即控制网。然后用较精密的仪器和较精确方法，去确定这些控制点的空间位置，即点的平面位置和高程。

由于确定一个点的空间位置，需确定它的平面位置和高程，所以控制测量也就分为平面控制测量和高程控制测量两部分。平面控制测量是测定控制点的平面位置(x、y)，采用的测量方法可以是导线测量、三角测量和三边测量。高程控制测量是测定控制点的高程，采用的测量方法可以是水准测量和三角高程测量。

随着科学技术的飞速发展，一种新的控制测量方法逐步发展起来，即建立 GPS 控制网(GPS 即全球定位系统)，建立 GPS 控制网是通过观测人造卫星来确定地面点的平面位置的，GPS 点的相对精度很高，能够为地形测量和工程测量提供高精度的依据。

6.1.2 国家平面控制网

国家基本平面控制网主要是用三角测量方法建立的。由于我国地域辽阔，地形复杂，因此平面控制网采用的是分级布网的方法，按由高级到低级逐级控制的原则进行布设的。国家三角网按其精度要求的不同，分为四个等级，低一级的受高一级的控制。

一等三角网是由纵横交错的三角锁构成的，各三角锁尽量沿经纬方向布设，并在纵横交错处设置基线。每个锁段长度在 200km 左右，三角形的边长平均 25km。一等三角网的精度最高，是平面控制网的骨干，它不仅是低等级的平面控制网的基础，且为研究地球形状和大小提供重要的科学资料。

二等三角形网布设在一等三角锁的空白地区，构成全面的三角网，四周与一等锁衔接，作为一等三角锁的加密，同时又是扩展三、四等三角网的基础。一、二等三角网形成了国家控制网的全面基础。如图 6-1。

三、四等三角测量为一、二等锁网的进一步加密，是为地形测量和工程测量提供依据的控制网。网的布设可以采用插点或插网的方法进行布设。

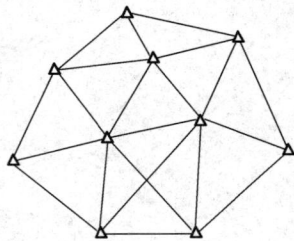

图 6-1 三角网

6.1.3 国家高程控制网

国家的基本高程控制网，主要是采用水准测量方法建立的，称为国家水准网。与平面控制网一样，也是分为4个等级，由高级到低级逐级控制。

一等水准测量是国家高程控制网的骨干，同时也是研究地壳和地面垂直运动及有关科学问题的主要依据。一般沿地质构造稳定、交通不太繁忙、路面坡度平缓的交通路线布设，构成网状，其环形周长约为1500km。

二等水准测量布设在一等水准环内，是国家高程控制的全面基础，尽量沿公路、铁路及河流布设，并构成网状，其环线周长约为500～750km。一、二等水准测量采用精密水准仪施测，称为精密水准测量。

三、四等水准测量除了加密一、二等水准网外，又是直接提供地形测图和各种工程建设所必须的高程控制点。

6.1.4 小地区控制网

以上介绍了国家控制测量，国家控制网是由国家测绘部门的专业人员进行测量的。对于小范围的测量工作来讲，应尽可能以国家控制点为基础进行连测，这些国家控制点统称为坚强点或高级点，它们的已知数据，应作为小测区的起算和校核数据。如果测区内或附近无高级点不便于连测时，则根据测区大小和精度要求，建立独立控制网或为工程建设服务的专用控制网。

6.2 平面控制测量

6.2.1 直线定向与坐标正反算

（1）直线定向

① 直线定向的概念

直线定向是指确定直线与标准方向间的关系。测量中常用的标准方向有真子午线方向、磁子午线方向和坐标纵轴方向。

真子午线方向：通过地球表面某点的真子午线的切线方向，称为该点的真子午线方向。真子午线方向是用天文方法或用陀螺经纬仪测定。

磁子午线方向：磁子午线方向是磁针在地球磁场的作用下，磁针自由静止时其轴线所指的方向。磁子午线方向可用罗盘仪测定。

坐标纵轴方向：我国采用高斯平面直角坐标系，以每一分带的中央子午线作为坐标纵轴，因此，该带内的直线定向，就用该带的坐标纵轴方向作为标准方向。

② 方位角

测量中常用方位角表示直线的方向。从标准方向的北端起，顺时针方向量到直线的水平夹角，称为该直线的方位角。因标准方向选择不同，方位角分为真方位角、磁方位角和坐标方位角。工程上常用坐标方位角（如图6-2所示）表示直线的方向。

③ 正、反坐标方位角

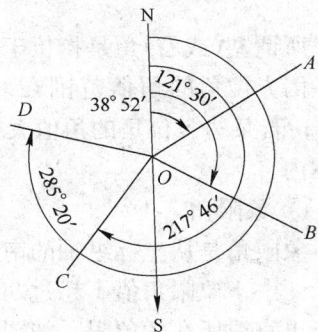

图 6-2

测量工作中的直线都具有一定的方向。如图 6-3 通过直线起点 1 的坐标纵轴方向与直线 1-2 所夹的坐标方位角 α_{12} 称为直线 1-2 的正坐标方位角。过终点 2 的坐标纵轴方向与直线 2-1 所夹的坐标方位角 α_{21} 为直线 1-2 的反坐标方位角（也是直线 2-1 的正坐标方位角）。正、反坐标方位角相差 180°，即

$$\alpha_{12} = \alpha_{21} - 180° \qquad (6\text{-}1)$$

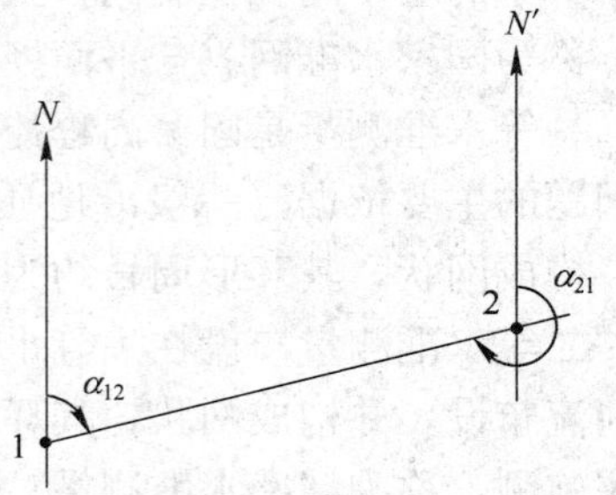

④ 坐标方位角的推算

在测量工作中，为了使测量成果坐标统一，并保证测量精度，常将线段首尾连接组成折线，并与已知边相连。若 AB 边的坐标方位角 α_{AB} 已知，又测定了 AB 边和 B1 边所夹的水平角（也称连接角）和各点的转折角 β_1、β_2、β_3，可以推算折线上其他各边的坐标方位角。如图 6-4 所示。

图 6-3　正反坐标方位角

$$
\begin{aligned}
\alpha_{B1} &= \alpha_{AB} + \beta_b - 180° \\
\alpha_{12} &= \alpha_{B1} + \beta_1 - 180° = \alpha_{AB} + \beta_b + \beta_1 - 2 \times 180° \\
\alpha_{23} &= \alpha_{12} + \beta_2 - 180° = \alpha_{AB} + \beta_b + \beta_1 + \beta_3 - 3 \times 180° \\
&\cdots\cdots \\
\alpha_{ij} &= \alpha_{AB} + \Sigma\beta_{iL} - n \times 180°
\end{aligned}
\qquad (6\text{-}2)
$$

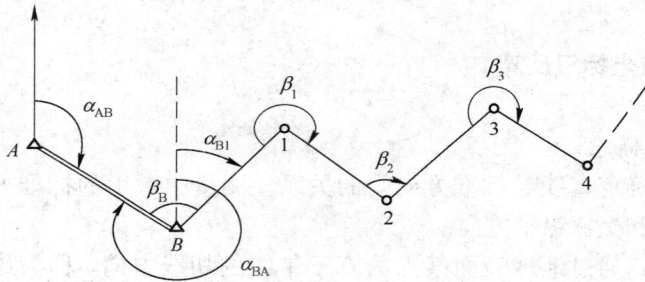

图 6-4　坐标方位角的推算

如果用右角推算坐标方位角，则推算公式为：

$$\alpha_{ij} = \alpha_{AB} - \Sigma\beta_{iR} + n \times 180° \qquad (6\text{-}3)$$

所谓左（或右）角是指位于以编号顺序为前进方向的左（或右）边的角度。

因方位角的角值范围在 0°～360°，推算中，若某边方位角的角值小于 0°，应加上 360°；若某边方位角的角值大于 360°，应减去 360°，总之，将各边方位角归算在 0°～360° 范围内。

⑤ 象限角

象限角是从坐标纵轴的南端或北端方向开始，顺时针或逆时针量到直线的锐角，以 R 表示。由于象限角值不超过 90°，所以在使用象限角时，不但要说明角值的大小，而且还要指出直线所在的象限。如图 6-5 所示，以 $R = 30°$ 为例说明。

直线 OA 的象限角记为：北东 30°

66

直线 OB 的象限角记为：南东 $30°$

直线 OC 的象限角记为：南西 $30°$

直线 OD 的象限角记为：北西 $30°$

任一直线其象限角与坐标方位角间存在着换算关系，表 6-1 即为象限角与坐标方位角间的换算关系。

象限角与坐标方位角的关系 表 6-1

象 限	由方位角换算象限角	由象限角换算方位角
象限角Ⅰ	$R=\alpha$	$\alpha=R$
象限角Ⅱ	$R=180°-\alpha$	$\alpha=180°-R$
象限角Ⅲ	$R=\alpha-180°$	$\alpha=180°+R$
象限角Ⅳ	$R=360°-\alpha$	$\alpha=360°-R$

（2）坐标的正算与反算

① 坐标正算

如图 6-6 所示，设 1 为已知点，2 为未知点，当 1 点的坐标 x_1，y_1，边长 D_{12} 和坐标方位角 α_{12} 均为已知时，则可求得 2 点的坐标 $x_2 y_2$。

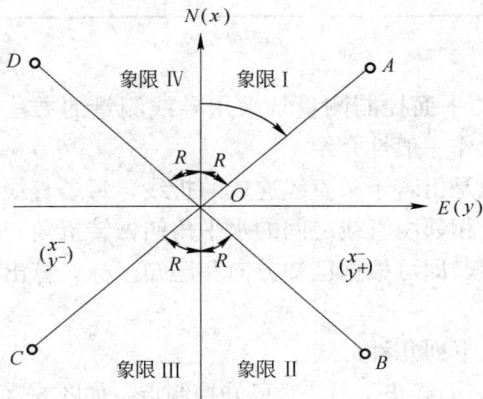

图 6-5

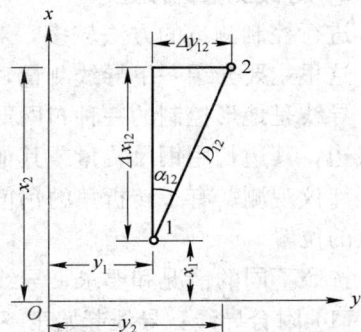

图 6-6

由图可知：

$$x_2=x_1+\Delta x_{12} \qquad y_2=y_1+\Delta y_{12} \qquad (6-4)$$

其中：

$$\Delta x_{12}=D_{12}\cdot\cos\alpha_{12} \qquad \Delta y_{12}=D_{12}\cdot\sin\alpha_{12} \qquad (6-5)$$

所以（6-4）式又可写成

$$x_2=x_1+D_{12}\cdot\cos\alpha_{12} \qquad y_2=y_1+D_{12}\cdot\sin\alpha_{12} \qquad (6-6)$$

② 坐标反算

根据两点的坐标反算边长和坐标方位角叫做坐标反算。如图（6-6）所示，设 1、2 两点已知，其坐标分别为 x_1，y_1 和 x_2，y_2，则可得：

$$\mathrm{tg}\alpha_{12}=\Delta y_{12}/\Delta x_{12} \tag{6-7}$$

$$D_{12}=\Delta y_{12}/\sin\alpha_{12}=\Delta x_{12}/\cos\alpha_{12} \tag{6-8}$$

上两式中 $\Delta x_{12}=x_2-x_1$，$\Delta y_{12}=y_2-y_1$

由(6-7)式可求得 α_{12}，又可由（6-8）式算出两个 D_{12} 并做相互校核。

例：已知 A、B 两点的坐标 $x_A=100.00\mathrm{m}$，$y_A=100.00\mathrm{m}$；$x_B=246.24\mathrm{m}$，$y_B=134.91\mathrm{m}$。求 AB 边的坐标方位角 α_{AB} 和边长 D_{AB}。计算如下表。

点名 B 点名 A		点名 B 点名 A	
y_B	134.91	$\mathrm{tg}\alpha_{AB}$	0.23872
y_A	100.00	α_{AB}	13°25′36″
x_B	246.24	$D_{AB}=(y_B-y_A)/\sin\alpha_{AB}$	150.34
x_A	100.00	$D_{AB}=(x_B-x_A)/\cos\alpha_{AB}$	150.35
y_B-y_A	34.91	S_{AB}中数	150.34
x_B-x_A	146.24		

6.2.2 导线测量的概述

进行控制测量的方法较多，对于小地区的平面控制测量常采用导线测量的方法，因此，这里主要介绍一下导线测量，别的方法只作一般性介绍。

导线是地形控制的一种布网形式。导线就是由若干条直线连成的折线，每条直线叫做导线边，其边长用钢尺丈量或其他方法测定，相邻两直线之间的水平角叫做转折角，通常用经纬仪观测。有了转折角的角值与边长之后，即可根据已知方向和已知坐标，算出各导线点的位置。

按照不同的情况和要求，导线可以布设成下列几种形式。

（1）附合导线：导线起始于一已知控制点，而终止于另一个已知控制点。如图 6-7(*a*)。

（2）闭合导线：由一已知控制点出发，最后仍旧回到这一点。整个闭合导线中也可能没有已知控制点，而是假定一点做为已知点。如图 6-7(*b*)。

（3）支导线：从一个已知点出发，既不附合到另一个已知控制点，也不回到原来的控制点，成自由伸展形。支导线没有检核条件，测量中只在测图时少量使用，且限制其边数一般不超过 3 条。如图 6-7(*c*)。

（4）单结点：从 3 个或更多的已知控制点开始，几条导线集合于一个结点。如图 6-7(*d*)。

（5）结点导线网：两个结点以上构成的结点网和两个闭合环以上构成的导线网。如图 6-7(*e*)、6-7(*f*)。

导线测量主要的优点是布设方便，在隐蔽地区及城镇的建成区布设导线更显示出其优越性来，采用电磁波测距仪测距后，导线的应用就更为广泛了。

6.2.3 导线测量的外业工作

导线测量的外业工作包括：选点、测角、量边及定向。

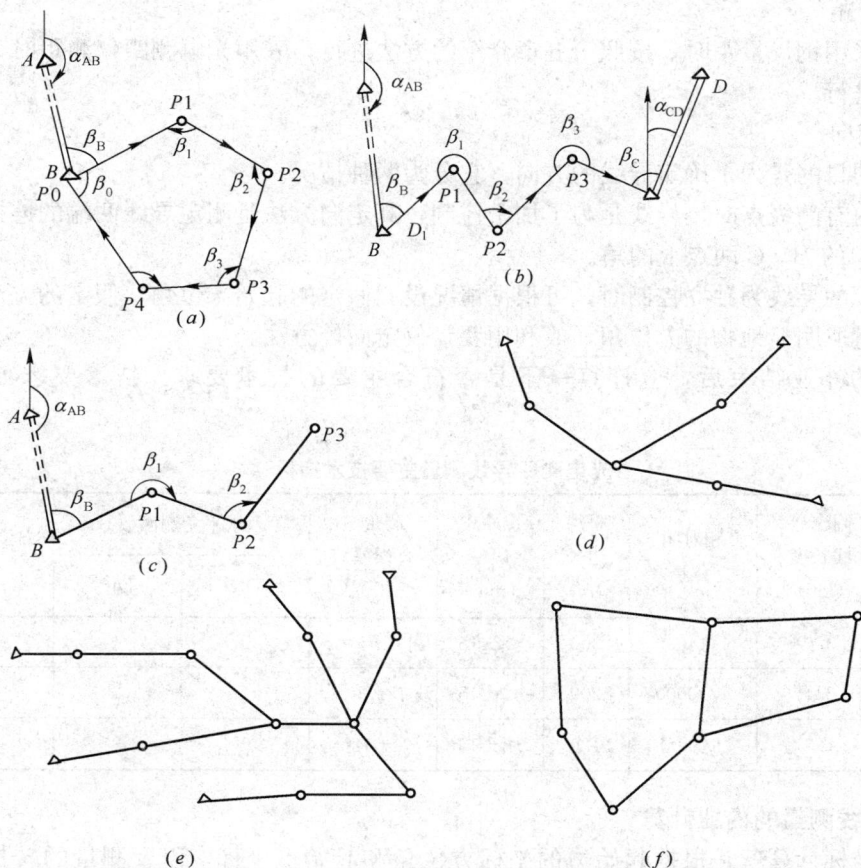

图 6-7

（1）选点

选点就是在测区内选定控制点的位置。选点工作是一项带全局性的重要工作，点位选得合理，不仅便于控制测量，提高控制精度，而且还对加密控制和碎部测量有利。因此，要综合考虑高级点的位置、测区的范围、地形条件、交通情况及对控制点的密度要求等进行选点。其具体要求可归纳为以下几点。

① 导线点应选在地势较高，视野开阔之处，便于扩展加密控制和施测碎部。

② 相邻两点间应通视良好，便于测角和测距（若量距还须地面平坦）。

③ 导线点应选在土质坚实之处，便于保存和安置仪器。

④ 为保证测角精度，相邻边长不应相差太悬殊，一般不超过 1：3。

（2）测角

导线中两相邻导线边构成的转折角，可用经纬仪观测。为了计算方便，所观测的角度一般是导线前进方向的左角，对于闭合导线，转折角的顺序按反时针方向进行编号，这样所观测的角度既是左角又是内角，方便计算。

为了减弱对中误差对测角的影响，导线宜采用三联脚架法测角。在角度观测外业结束后，必须对外业成果作仔细的检查，以便发现错误，及时观测精度是否符合要求。

（3）量距

量距采用钢尺量距时，按照第五章介绍的方法进行，采用光电测距仪测距时，一般与测角同时进行。

（4）定向

定向的目的是为了确定导线的方向，它分为两种情况。

测区内有高级点时，导线是为了加密控制，其定向方法是测定导线两端的连接角，如图 6-7(a) 中的 B、C 两点上的角。

当布设的导线为独立控制时，可根据情况设一假定的起始方位角，假定的方法可以采用从图上量取明显地物的方位角，或利用罗盘仪定向等方法。

导线的外业结束后，应计算一下是否符合主要的技术要求。技术要求如 6-2 表所示。

光电测距导线测量主要技术指标 表 6-2

等级	附合导线长度（km）	相对闭合差	平均边长（m）	测距中误差（mm）	测角中误差（"）	水平角测回数		方位角闭合差（"）
						DJ2	DJ6	
一级	3.6	1/14000	300	≤±15	±5	2	4	$\pm10\sqrt{n}$
二级	2.4	1/10000	200	≤±15	±8	1	3	$\pm16\sqrt{n}$
三级	1.5	1/6000	120	≤±15	±12	1	2	$\pm24\sqrt{n}$

6.2.4　导线测量的内业计算

导线坐标计算就是根据起始边的坐标方位角和起始点坐标，以及测量的转折角和边长，计算各导线点的坐标。

计算之前应全面检查导线测量外业记录，数据是否齐全，有无记错、算错，成果是否符合精度要求，起算数据是否准确。然后绘制导线略图，把各项数据注于图上相应位置，如图 6-8 所示。

内业计算中数字的取位，对于四等以下的小三角级导线角值取至秒，边长、坐标增量及坐标取至毫米，对于图根三角锁及图根导线，角值取至秒，边长坐标增量及坐标取至厘米。

（1）附合导线计算

现以图 6-8 中的实测数据为例，说明附合导线坐标计算的步骤。

① 角度闭合差及其分配

如图 6-8 所示，在高级点上分别观测了连接角 β_{II}、β_1、β_2、β_3、β_{III}，连接角的一条边是指向另一高级点的，由于高级点的坐标都是已知的，所以坐标方位角 $\alpha_{I\,II}$、$\alpha_{III\,IV}$ 都是已知的。现由 $\alpha_{I\,II}$ 开始依次按观测角 β 推算各导线边的方位角：

$$\alpha_{II1}=\alpha_{I\,II}+\beta_{II}-180°$$

$$\alpha_{12}=\alpha_{II1}+\beta_1-180°$$

$$\alpha'_{III\,IV}=\alpha_{I\,II}+\Sigma\beta-n\cdot180°$$

由于角度观测的误差，推算出的 $\alpha'_{III\,IV}$ 与已知的 $\alpha_{III\,IV}$ 之间存在一差值，此差值即为附合

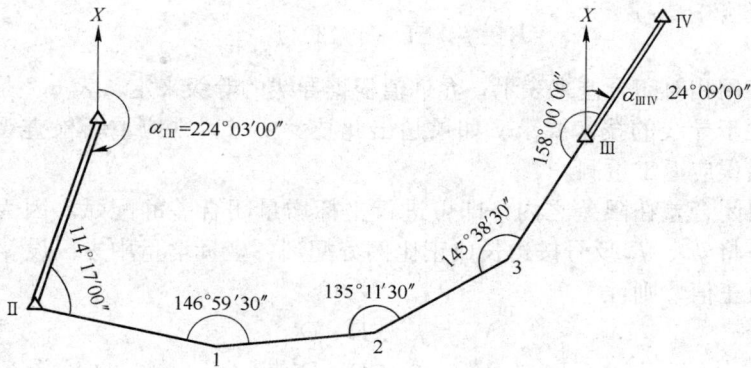

图 6-8

导线的角度闭合差 f_β，即：

$$f_\beta = \alpha'_{\text{III IV}} - \alpha_{\text{III IV}}$$

将 $\alpha'_{\text{III IV}}$ 代入上式

$$f_\beta = \alpha_{\text{I II}} - \alpha_{\text{III IV}} + \Sigma\beta - n \cdot 180° \tag{6-9}$$

f_β 小于《规范》要求时，即可进行角度闭合差的配赋，否则称为超限，超限时应分析原因进行返工。

角度是在相同精度下进行观测的，所以角度闭合差的配赋，采用平均分配的原则，包括连接角在内的平均分配。将 f_β 反号平均配赋在各个观测角中，以 v_β 表示改正数：

$$v_\beta = -f_\beta/n$$

改正数取位至秒，上式不能整除时，将余数分配到短边的邻角上。

根据起始坐标方位角和改正后的角值，按照(6-2)式推算各导线边的坐标方位角。

② 坐标增量闭合差及其分配

用边长和坐标方位角算出各边的坐标增量 Δx，Δy 后，按(6-4)式自 II 点依次计算各点的坐标如下：

$$x_1 = x_{\text{II}} + \Delta x_{\text{II}1} \qquad y = y_{\text{II}} + \Delta y_{\text{II}1}$$
$$x_2 = x_1 + \Delta x_{12} \qquad y_2 = y_1 + \Delta y_{12}$$
$$x'_{\text{III}} = x_{\text{II}} + \Sigma\Delta x \qquad y'_{\text{III}} = y_{\text{II}} + \Sigma\Delta y \tag{a}$$

由于测角和量距误差的影响，x'_{III} 和已知的 x_{III} 以及 y'_{III} 和已知的 y_{III} 之间有一差值，此差值即为坐标增量闭合差，以公式表示：

$$f_x = x'_{\text{III}} - x_{\text{III}} \qquad f_y = y'_{\text{III}} - y_{\text{III}} \tag{b}$$

将(a)式代入(b)式：

$$f_x = \Sigma\Delta x - (x_{\text{III}} - x_{\text{II}})$$
$$f_y = \Sigma\Delta y - (y_{\text{III}} \ y_{\text{II}}) \tag{6-10}$$

由于坐标增量闭合差的存在，由起点 II 推算到终点 III 时，与原有的已知点 III 位置不重合，其位置为 III′，这两个点之间距离为 III III′，III III′ 称为全长闭合差，通常以 f_D 表示。

$$f_D = \sqrt{f_x^2 + f_y^2} \tag{6-11}$$

将 f_D 除以全长则得相对闭合差。此相对闭合差通常用分子为1的分数表示，以 K 表示此分数值，则：

$$K = f_D / \Sigma D = 1 / \Sigma D / f_D \qquad (6\text{-}12)$$

导线的精度用相对闭合差来表示，允许值根据导线的等级来定，表6-2是现行的《城市测量规范》关于导线的技术要求。如果超出此技术要求，则应重新检查观测记录、计算，检查不出错误应返工重测。

导线的相对闭合差在限差之内，即可进行坐标增量闭合差的配赋。因为是同精度观测，配赋原则是将 f_x、f_y 反号按边长成正比例分配到各坐标增量中去。设 V_x 和 V_y 为分配坐标增量的改正值，则：

$$V_{xi} = f_x / \Sigma D \cdot D_i$$
$$V_{yi} = f_y / \Sigma D \cdot D_i \qquad (6\text{-}13)$$

式中 i 为边长序号

导线各边坐标增量改正后，按(6-4)式依次计算各导线点的坐标，当计算到Ⅲ点时，应与原来的坐标一致。

③ 附合导线算例

本算例用一般函数计算器即可计算，计算顺序如下：a. 绘制计算略图，填写各测站名称，抄录已知数据；并观测数据；b. 进行角度闭合差的计算及配赋；c. 根据起始边坐标方位角和改正后的转折角推算各边的坐标方位角；d. 根据各边的边长坐标方位角计算坐标增量；e. 计算坐标增量闭合差、全长闭合差及相对闭合差，并进行坐标增量闭合差的配赋；f. 根据起始点坐标和改正后的坐标增量依次计算各点的坐标。如表6-3。

附合导线计算表   表6-3

点号	观测角 β (° ′ ″)	改正数 (°)	坐标方位角 α (° ′ ″)	边长 S (m)	坐标增量				纵坐标 x (m)	横坐标 y (m)	点号
					Δx (m)	改正数 (cm)	Δy (m)	改正数 (cm)			
1	2	3	4	5	6	7	8	9	10	11	12
Ⅰ			<u>224 03 00</u>								
Ⅱ	114 17 00	−6							<u>640.93</u>	<u>+1068.44</u>	Ⅰ
			158 19 54	82.18	−76.37	+1	+30.34	+2			
1	146 59 30	−6							+564.57	+1098.80	1
			125 19 18	77.27	−44.67	0	+63.05	+1			
2	135 11 30	−6							+519.90	+1161.88	2
			80 30 42	89.64	+14.78	0	+88.41	+2			
3	145 38 30	−6							+534.68	+1250.29	3
			46 09 06	79.81	+55.29	+2	+57.56	+2			
Ⅲ	158 00 00	−6							<u>589.97</u>	<u>1307.87</u>	Ⅱ
Ⅳ			<u>24 09 00</u>								
				328.90	−50.97	+1	+239.36	+7			
Σ	700 06 30										

备注	$f = \alpha - \alpha + \Sigma\beta - n \cdot 180° = +30''$ $f\beta = 40''\sqrt{n} = \pm 1'28''$ $\sigma\beta = -\dfrac{30''}{5} = -6''$	$f = \Sigma\Delta x - (x_Ⅲ - x_Ⅱ) = -1\text{cm}$ $f = \Sigma\Delta y - (y_Ⅲ y_Ⅱ) = -7\text{cm}$ $f_D = \sqrt{f_x^2 + f_y^2} = 7\text{cm}$ $K = \dfrac{7}{32890} = \dfrac{1}{4600}$

（2）闭合导线的计算

闭合导线与附合导线的计算方法基本相同，仅在计算闭合差的公式上稍有差别。闭合导线的角度闭合差公式为：

$$f_\beta = \Sigma\beta - (n-2) \cdot 180°$$ (6-14)

因为闭合导线是附合导线的特例，已知坐标方位角 $\alpha_0 = \alpha_n$

闭合导线的坐标增量闭合差为：

$$f_x = \Sigma\Delta x$$
$$f_y = \Sigma\Delta y$$ (6-15)

6.2.5 其他控制方法简介

作为测区首级控制的方法还有小三角测量、小三角边测量以及加密控制的插点法。

（1）小三角测量

三角测量是建立平面控制的主要方法，由控制点构成一个个连续的三角形，形成三角锁或三角网的形式。无论何种图形，都需有一定的起算数据，即至少有一条起始边边长和方位角，有一个起算点的坐标，并且观测所有三角形的内角，角度经过平差后，便可用正弦定理依次推算出所有三角形的边长，最后按坐标正算公式计算各三角点的坐标。与导线测量比较，其特点是量距工作量少，控制范围大，但要求地势开阔，通视方向多，它比较适合丘陵区和山区。小三角测量的精度低于国家等级三角测量，它应用于小的测区。

小三角网的布设形式根据测区的地形条件、工程要求、原有控制等因素，可以布设成以下几种形式。

① 小三角锁

由若干单三角形连接组成的带状三角锁，在一端设置基线者为单基线锁，如图 6-9(a)。在两端设置基线者为双基线锁，如图 6-9(b)。这种形式适用于带状测区的独立控制。

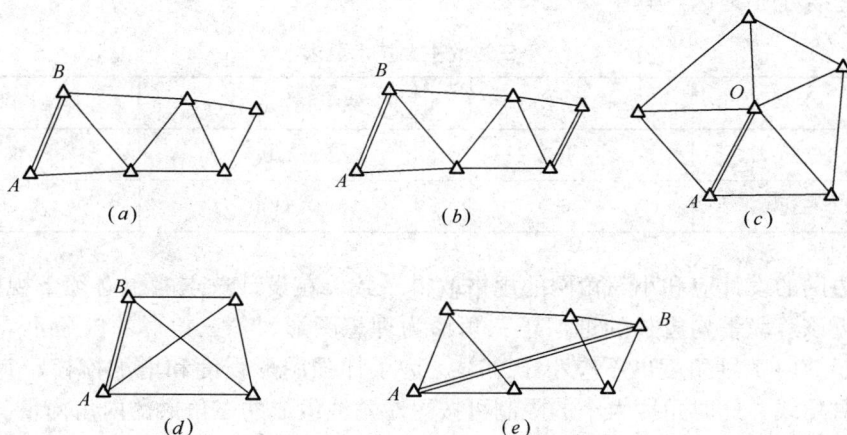

图 6-9

② 中点多边形

由若干个三角形共一个顶点组成的中心多边形，如图 6-9(c)，其中 OA 为基线，多

73

用于开阔测区的独立首级控制。

③ 四边形

在两个相邻三角形中加测对角线，形成对角四边形，如图 6-9(d)，其中 AB 为基线，这种形式较两个单三角形精度高。

④ 线形三角锁

附合在两个高级点之间的三角锁，如图 6-9(e)，其最大特点是不需要丈量基线，观测连接角 φ_1、φ_2 和三角形内角即可解算各点坐标。

根据测区面积、精度要求不同，小三角测量可分为一级和二级两个级别。它们可作为三、四等三角网的进一步加密控制，又可作为独立地区的首级控制。

各级小三角的主要技术要求如表 6-4 所示。

小三角技术指标　　　　　　　　　　　表 6-4

小三角等级	平均边长（km）	测角中误差（"）	起始边边长相对中误差	最弱边边长相对中误差	测　回　数		三角形闭合差
					DJ$_2$	DJ$_6$	
一级	1.0	≤±5	1/40000	1/20000	2	6	≤15"
二级	0.5	≤±10	1/20000	1/10000	1	2	≤10"

（2）小三边测量

三边测量的布设形式与图形结构和三角测量基本相同，它是用测距仪直接测定各三角形的边长，而不需观测水平角。根据三角学原理由三角形的边长可以推算三角形的内角，从而计算各边的方位角和各点的坐标。由测边组成的三角网称为测边网，其必要的起算数据有 3 个，即一个点的纵、横坐标和一条边的方位角，如果没有起算数据，可假定一个点的坐标和一条边的方位角，那么这个网称为独立测边网。小三边测量的精度较国家等级三边网低，适合于小地区，其主要技术要求如表 6-5 所示。

小三边的主要技术要求　　　　　　　　　表 6-5

等　　　级	平均边长（m）	测距中误差（mm）	测距相对中误差
一级小三边	1000	±16	1/60000
二级小三边	500	±16	1/30000

小三边网的设计应和小三角网的规格取得一致，在设计选点时也必须重视图形结构，以边长接近该等级平均边长的近似正三角形为理想图形。各三角形的内角不应大于 100° 和不宜小于 30°（个别角度也不应小于 25°）。为了加强图形强度和增加检核，宜在适当图形中增测对角线，此时角度大小的限制可按短对角线组成的三角形的内角衡量。

三边测量中，三条边都作必要观测，三边形中不存在条件，只有四边形和中点多边形中各有一个多余观测，存在一个图形闭合条件。

三边形的各内角根据余弦定理求得，余弦定理公式为：

$$\cos A = (b^2 + c^2 - a^2)/2bc$$

存在图形条件的图形，其图形条件按角度闭合差建立条件式。其基本思想是，首先用边观测值计算三边网中某些应该满足角度闭合条件的角值，由于边长观测的误差，致使算得的角值不满足角度闭合条件，而产生图形条件闭合差。然后引入角度改正值，使之满足角度闭合条件。

（3）插点法

插点法是在高级控制网中加密一个或几个低等级的控制点，构成插点图形，其优点是形式多样、布设灵活。

插点一般采用交会法施测，交会法只须测角，也有量边交会的方法。这里只介绍测角交会的几种方法。

前方交会：在已知点 A、B 上设站，观测 $\angle A$、$\angle B$ 即可算出未知点 $\angle P$ 的坐标。但没有检核条件，一般规范上规定要布设有 3 个已知点的前方交会，如图 6-10。

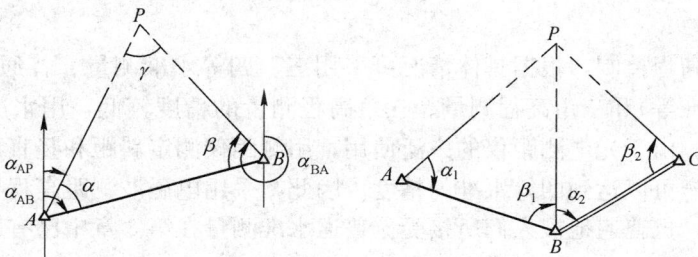

图 6-10

侧方交会：不测定 $\angle A$ 和 $\angle B$，而是测定 $\angle A$ 和 $\angle P$ 或 $\angle B$ 和 $\angle P$，同样可以计算出未知点 $\angle P$ 上再观测一个已知点 C，计算方位角 α_{PC} 和 α_{PB} 的角值和观测值之差 ε 如图 6-11。

后方交会：只在未知点 P 上设站，观测已知点 A、B、C。测得水平角 α、β，即可求得 P 点的坐标。其检核方法同侧方交会，在未知点 e 再观测另一已知点 D，如图 6-12。

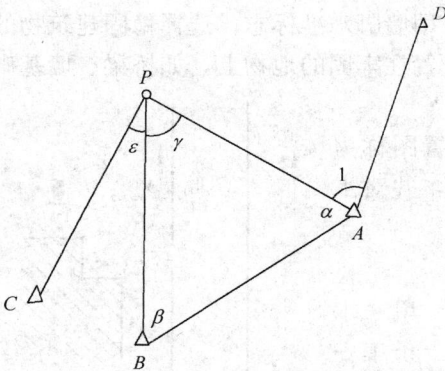

图 6-11

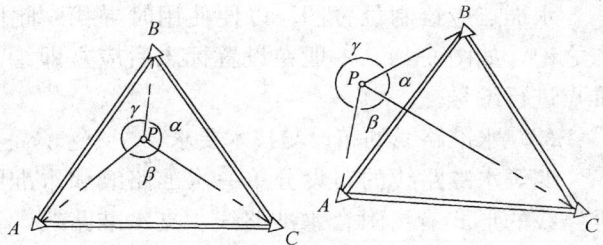

图 6-12

以上 3 种交会方法统称为测角交会法，由于图形结构简单，外业工作比较简易，是经常采用的加密控制点的方法。

利用交会法求未知点坐标，与未知点通视的已知点需要不少于 3 个。在未知点上与 3 个以上已知点通视有困难时，也可以采用单三角形的方法测定未知点，其布设方式如图 6-13。

它是分别在已知点 A、B 和未知点 P 上设站测得 $α$、$β$、$γ$，三角形的三个内角实测，其内角和与理论值 180° 有一个差值，此差值称为三角形闭合差，此闭合差不超过限差要求。还可将其平均配赋在 3 个内角上，使之等于 180°，然后便可计算了，否则重新施测。

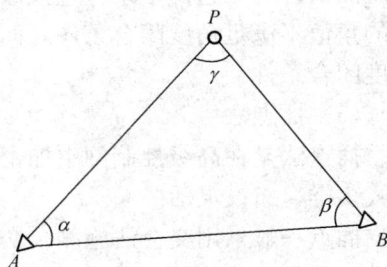

图 6-13

6.3 高程控制测量

在小地区的高程控制，根据具体情况可采用三、四等水准测量、普通水准测量（即等外水准、测图水准等）和三角高程测量。三角高程测量的精度较低，用水准测量的方法联测困难时才采用。由于光电测距仪的广泛使用，用测距仪测定斜距和竖直角进行三角高程测量的精度，完全可以达到四等水准的精度。因此，采用电磁波测距高程导线来测定控制点的高程的方法，也普遍地被人们所接受。普通水准测量在第 3 章中已有所介绍，这里仅介绍常用的四等水准和电磁波测距高程导线。

6.3.1 四等水准

四等水准测量的精度要求比普通水准测量的精度高，因此，对使用的水准仪、观测程序、操作方法、视线长度及读数等都有一定的要求。

（1）水准点的布设

在进行水准测量之前，在测区内须先布置一定密度的水准点。水准点分为永久性和临时性两种，在国家水准点测区内需长久保存，长久使用的水准点为永久性水准点。永久性水准点应设置永久性标志，永久性标志应埋设混凝土标石，标石顶端浇筑有半球形的金属标志，此标石应埋在地下一定深度。也可以将金属标志直接安置于坚硬的岩石上或坚固的建筑物上。在城镇及厂矿区，为了使用方便，常常采用墙脚水准标志，选择稳固建筑物的墙角，在一定高度安置水准标志。临时性水准点可设置在牢固的地物上，如桥梁、墙基础上，也可以使用木桩打入地下作为临时水准点。

水准点应绘制位置图，以便使用时寻找。此位置图称为点之记，如图 6-14。一般在设置标志后应立即绘制，并对水准点进行编号。

（2）水准路线的布设与技术要求

四等水准路线的布设分单一水准路线和水准网。单一水准路线的形式有：附合水准路线、支水准路线。若干条单一水准路线相互连接构成网状称为水准网。

在加密国家控制网时，一般布置为附合水准路线、结点网的形式，如图 6-15(a)。在独立测区作为首级高程控制时，则布设成闭合水准路线、水准网的形式，如图 6-15(b)。在带状工程区或狭长区域可布设

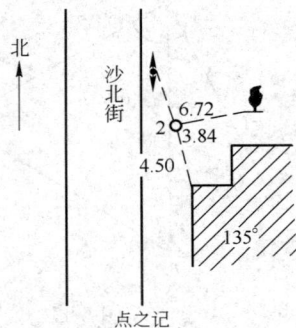

图 6-14

支水准路线，如图 6-15(c)。

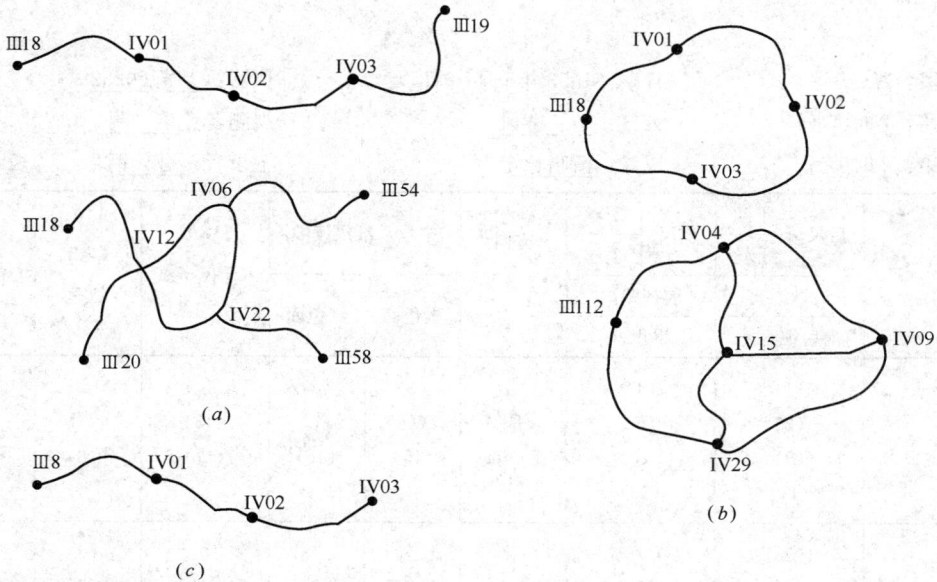

(a)

(b)

(c)

图 6-15

当两端点为高级水准点时或自成闭合环时的四等水准测量，四等支水准路线则必须进行往返测。每一测段的往测与返测，其测站数均应为偶数，以提高其精度。

四等水准的主要技术要求为：附合路线长度不大于 16km，每公里高差全中误差不大于 ±10mm，附合路线或环线闭合差不大于 $\pm20\sqrt{L}$（L 为附合路线或环线的长度，单位为 km）。

（3）水准测量的外业施测

四等水准测量对水准仪、水准标尺及测站观测的要求如下：

表 6-6

仪器类型	水准尺	视线长度（m）	前后视距差（m）	前后视距累积差（m）	红黑面读数差（mm）	黑红面高差之差（mm）	视线高度
DS₃	双面单面	≤80	≤5.0	≤10.0	≤3	≤5	三丝能读数
DS₁	因瓦	≤100					

在作业过程中应对仪器 i 角经常检验，i 角不得大于 $20''$。

四等水准测量的观测顺序为：

后尺黑面，读取上丝、下丝及中丝的读数；

后尺红面，读取中丝读数；

前尺黑面，读取上丝、下丝及中丝读数；

前尺红面，读取中丝读数。这种观测顺序简称为：后—后—前—前。

观测的结果如果超出表 6-6 的要求均应进行重测。

四等水准测量的记录格式如表 6-7 所示，表中（　）中的数字，表示读数与计算的次序。

测段：_A～B_　　　　　　日期：_1993_ 年 _5_ 月 _10_ 日　　　　　仪器：上光 60252

开始：_7_ 时 _05_ 分　　　　天气：晴、微风　　　　　　　　观测者：李　明

结束：_8_ 时 _07_ 分　　　　成像：清晰稳定　　　　　　　　记录者：肖　钢　　　**表 6-7**

测站编号	点　号	后尺	下丝	前尺	下丝	方向及尺号	中丝水准尺读数		K+黑-红	平均高差	备　注
			上丝		上丝		黑色面	红色面			
		后视距离		前视距离							
		前后视距差		累积差							
		(1)		(4)		后	(3)	(8)	(14)		
		(2)		(5)		前	(6)	(7)	(13)		
		(9)		(10)		后一前	(15)	(16)	(17)	(18)	
		(11)		(12)							
1	A～转1	1.587		0.755		后	1.400	6.187	0		
		1.213		0.379		前	0.567	5.255	−1	+0.8325	
		37.4		37.6		后一前	+0.833	+0.932	+1		
		−0.2		−0.2							
2	转1～转2	2.111		2.186		后02	1.924	6.611	0		
		1.737		1.811		前02	1.998	6.786	−1	−0.0745	
		37.4		37.5		后一前	−0.074	−0.175	+1		
		−0.1		−0.3							
3	转2～转3	1.916		2.057		后01	1.728	6.515	0		
		1.541		1.680		前02	1.868	6.556	−1	−0.1405	
		37.5		37.7		后一前	−0.140	−0.041	+1		
		−0.2		−0.5							
4	转3～转4	1.945		2.121		后02	1.812	6.499	0		
		1.680		1.854		前01	1.987	6.773	+1	−0.1745	
		26.5		26.7		后一前	−0.175	−0.274	−1		
		−0.2 .		−0.7							
5	转4～B	0.675		2.902		后01	0.466	5.254	−1		
		0.237		2.466		前02	2.684	7.371	0	−2.2175	
		43.8		43.6		后一前	−2.218	−2.117	−1		
		+0.2		−0.5							

（4）水准测量的内业计算

水准测量外业结束之后即可进行内业计算，首先检查外业记录中的观测数据是否符合要求，高差计算有无错误，之后按水准路线进行平差计算。

6.3.2 电磁波测距高程导线

电磁波测距高程导线一般与测距平面导线一起施测,在测站上用光电测距仪同时测定导线的边长,水平角和垂直角不仅可以获得导线的平面位置,还可以同时获得导线点的高程,这种一次测定导线点空间位置的光电测距导线,又称作三维导线。

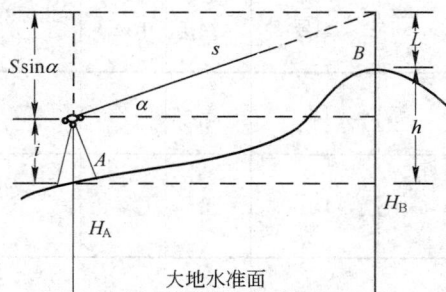

图 6-16

（1）三角高程测量原理

电磁波测距高程导线测出两点间的斜距和垂直角,应用三角学公式计算两点间的高差。如图 6-16 所示,要求测 AB 两点间的高差 h,在已知点 A 上安置测距仪,在未知点 B 上安置棱镜,量取测距仪望远镜旋转轴到 A 点桩顶的高度 i（仪器高）,和棱镜中心至 B 点桩顶的高度（棱镜高）L,测出 AB 间的斜距 S 和垂直角 α。则有:

$$h = S \cdot \sin\alpha + i - L \qquad (6\text{-}16)$$

已知点 A 的高程为 H_A,则 B 点高程为:

$$H_B = H_A + S \cdot \sin\alpha + i - L \qquad (6\text{-}17)$$

（2）地球曲率与大气折光影响

当两点间的距离较远时,三角高程测量还必须顾及地球曲率与大气折光的影响。地球曲率的影响是由于以水平面代替水准面产生的误差,此误差对于距离测量影响很小,但对于高差的影响则需考虑,其影响为: $P = D^2/2R$。大气折光影响是由于空气密度随高程而变化,当光线由上而下通过不同密度大气层时,将产生折射,形成一凹向地面的曲线。空气密度除随高程变化外,还受气温、气压、温度等影响。因此不易测定,一般把其影响定为 $r = 0.07D^2/R$。

球差符号为正,气差符号为负,二者的联合影响设为 f,简称球气差或两差,即:

$$f = P - r = 0.43D^2/R \qquad (6\text{-}18)$$

将上式代入(6-17)式即为测距三角高程测量的基本公式,即:

$$H_B = H_A + S \cdot \sin\alpha + i - L + f \qquad (6\text{-}19)$$

对于球气差 f,可以按不同的 D 值代入(6-18)式算出 f 值,列出表格,以便查用。

在三角高程测量中,由已知点 A 对未知点 B 进行观测,称为直觇,在未知点 B 对已知点 A 进行观测,称为反觇。进行直反觇观测,取其平均值做为高差结果,可抵消两差的影响,所对三角高程测量一般都取对向观测的方法。

（3）光电测距导线的实施

前面介绍了计算高程的公式,不难看出当测出了斜距 S 和垂直角 α 后,其平距 D 为:

$$D = S \cdot \cos\alpha \qquad (6\text{-}20)$$

在实际工作中,许多测距仪即可测得斜距、垂直角,也可通过测距仪的计算系统显示平距和高差的初算值。

表 6-8

光电测距三角高程测量的技术要求

等　级	仪器型号	测 回 数		较 差		对向观测高差较差	符合或环形闭合差	备　注
		三丝法	中丝法	指标差 ($''$)	垂直角 ($''$)			
四　等	DJ$_2$	—	3	$\leqslant 7$	$\leqslant 7$	$\pm 40\sqrt{D}$	$\pm 20\sqrt{\Sigma D}$	仪器高量至 mm
等　外	DJ$_2$	1	2	$\leqslant 10$	$\leqslant 10$	$\pm 60\sqrt{D}$	$\pm 30\sqrt{\Sigma D}$	D 为电磁波测距边长度

测距仪的使用在第十四章中介绍，这里不再赘述。

6.4　电子计算器在测量中的应用

电子计算器在我国已相当普及，虽然它的存储容量及解题功能远不如电子计算机，但它在现场计算和计算一些小的题目方面，却有许多电子计算机不具备的优点。加之它价格低、体积小、重量轻、携带方便和操作简便等特点，已成为广大测绘人员必备的现代计算工具。

以 SHARP EL-506H 和 CASIOfx-4800P 计算器为例介绍计算器在测量中的应用。

6.4.1　SHARP EL-506H 计算器在测量中的应用

（1）SHARP EL-506H 计算器的主要技术规格

EL-506H 计算器的主要技术规格见表 6-9。

表 6-9

EL-506H 计算器的主要技术规格

类　型	函 数 型
显 示 窗	液晶显像单元
数据显示格式	常规十进制数与科学式数
数据显示位数	显示 10 常规十进制数，显示尾数 8 位指数两位的科学式数，两种显示数可以互相转换
角度单位	度、弧度和 400 分度制的度
运算功能	算术四则运算，各种标准函数计算，坐标转换及统计计算等
数据存储器	一个

（2）键盘操作

计算器运算是通过按键来完成的，计算器的各个按键起着指示和控制运算过程的功能。按键大致可归纳为数字键、运算键、功能键和统计计算键四类。由于一些键的功能和用法一望即知，所以下面就一些特殊键的功能和用法加以说明。

"2ndF"　　　　第二功能键，凡是用到以棕色标注的第二功能时，必须先按此键。

"ON/C"　　　　总清键和接通电源键。

"OFF"　　　切断电源键，如果忘记按此键，6～7分钟后电源自动切断。

"CE"　　　清除输入键，可清除当即输入数据。

"X—M"　　存储键，在统计计算工作状态下还有两种功能，a、显示统计数据的算术平均值 x；b、显示数据的平方和 ΣX^2。

"RM"　　　提取键，在"STAT"状态下有两种功能，a、显示样品标准偏差 S；b、显示总体标准偏差 δ。

"M+"　　　累加键，此键可将显示屏上的数字累加到存储器中。在"STAT"状态下有两种功能，a、显示数据输入计算器中，以 DATA 表示；b、清除输入错误数据，以 2ndF、CD 表示。

"DRG"　　二功能角单位选择键，用于选择 DEG（360°）、RAD（弧度）、GRAD（g度）。

"F—E"　　运算结果记数格式转换键。将常规记数法显示的运算结果转换成科学式，或将科学式转换成常规式，不是运算结果的数，则不能互相转换。二功能用于小数点定位，如 2ndF、TAB4，表示定点显示小数点后四位。

"DEG"　　六十进制转换成十进小数键。二功能是将十进小数转换成六十进制。用 2ndF、→DMS 表示。

"1/X"　　　倒数键，二功能将直角坐标转换成极坐标，用 2ndF、→$r\theta$ 表示。

" | "　　　X、Y 交换键，二功能用于选择统计计算工作状态，用 2ndF、STAT 表示。

" ("　　　开括弧键，二功能用于将极坐标转换成直角坐标，以 2ndF、→xy 表示。

") "　　　闭括弧键，在"STAT"状态下有两种功能，a、显示统计数据个数 n；b、显示统计数总和 Σx。

"EXP"　　指数键，二功能是输入圆周率 π，以 2ndF、π 表示。

现将基本运算举例如下，如果在显示器上未出现数字，不可继续输入。

运 算 示 例

类别	例　题	操　作	显　示	备注
四则运算	$7+8\times2-39\div13=$ $4^3+78.125.1/6=$	7[+]8[×]2[−]39[÷]13= 4[y^x]3[+]78.125[2ndF][$x\sqrt{y}$]6=	20 66.06759277	
存储运算	$46+78+61+423-154+$ $26-72=$	46[M+]78[M+]61[M+]423[M+]154[+/−] [M+]26[M+]72[+/−][M+][RM]	408	
角度运算	$12°47'52''77°12'$ $06''=$	12.4752[DEG][+]77.1206[DEG] [=][2ndF][DMS]	89.59579999	
坐标换算	已知：$X=6$　$Y=8$ 求：$r=?$　$\Theta=?$	6[↑]8[2ndF][→$r\Theta$][2ndF][DMS]	10(r)53.07′48′ 3684	DEG 制
$r\Theta$ XY	已知：$r=100\Theta=30°15'$ 求：$x=?$　$y=?$	30.15[DEG][10][2ndF][−XY]	8.638355052(X) 5.03773977(Y)	

(3) SHARP EL-506H 计算器应用举例

① 边长及方位角反算

计算公式：

$$\Delta X = X_{II} - X_I$$
$$\Delta Y = Y_{II} - Y_I$$
$$D = \sqrt{\Delta X^2 + \Delta Y^2}$$
$$\alpha_{I\,II} = tg^{-1} \Delta Y / \Delta X$$

已知：$X_I = 1267.27$　　$X_{II} = 1830.80$
　　　　$Y_I = 5427.34$　　$Y_{II} = 5404.62$

方法 1：

操　作	显　示
1830.80[−]1267.27[=][X→M] 5404.62[−]5427.34[=][X^2][+][RM][X^2][=][$\sqrt{\ }$] 5404.62[−]5427.34[=][÷][RM][=][2ndF][ian^{-1}][+]360[=][2ndF][DMS]	563.99(D) 357°41′28″($\alpha_{I、II}$)

方法 2：

操　作	显　示
5404.62[−]5427.34[=][X→M] 1830.80[−]1267.27[=][RM][2ndF][→rΘ][+]360[=][2ndF][DMS]	563.99(D) 357°41′28″($\alpha_{I、II}$)

采用坐标变换键较方法 1 要简单。

② 坐标正算

计算公式

$$x_{II} = x_I + D \cdot \cos\alpha_{I\,II}$$
$$y_{II} = y_I + D \cdot \cos\alpha_{I\,II}$$

已知：$x_I = 640.93$　　$y_I = 1068.44$
　　　$D = 82.17$　　$\alpha_{I\,II} = 158°19′50″$

计算按键步骤：

D[↑]$\alpha_{I、II}$[DEG][2ndF][→XY][X→M][↑]
[+]Y_1[=]　　　　　　　　　　　　　显示 y_{II}
X_1[M+][RM]　　　　　　　　　　　显示 x_{II}

将数值按字母代入按键步骤，算得的结果为：$x_{II} = 564.57$　　$y_{II} = 1098.78$

③ 附合导线计算

题目较大须分步进行计算：

第一步：方位角闭合差及观测角改正数计算

计算公式：　　　　$f_\beta = (\alpha_0 - \alpha_n) + \Sigma\beta - n \cdot 180$
　　　　　　　　　$v_\beta = f_\beta / n$　　　n 为 β 的个数

按键步骤：

α_0[DEG][+]β_1[DEG][+]……β_n[DEG][−]n[×]180[−]α_n[DEG][=][2ndF][DMS]

显示 f_β

$$[DEG][+/-][\div]n[=][2ndF][DMS] \qquad 显示\ v_\beta$$

第二步：方位角、坐标增量、坐标增量闭合差及相对闭合差计算

计算公式：

$$\alpha_i = \alpha_{i-1} + \beta_i - 180 + v_\beta$$
$$\Delta x_i = D_i\cos\alpha_i,\ \Delta y_i = D_i\sin\alpha_i$$
$$f\Delta x = x_0 + \Sigma\Delta x - x_n$$
$$f\Delta y = y_0 + \Sigma\Delta y - y_n$$

注：α_i 若为负数时应加 360。

按键步骤：

$\alpha_0[DEG][X{\to}M]\beta_1[DEG][+]v_\beta[DEG][-]180[=][M+]$

$D_1[\uparrow][RM][2ndF][DMS] \qquad\qquad 显示\ \alpha,$

$[DEG][2ndF][{\to}xy] \qquad\qquad 显示\ \Delta x.$

$[\uparrow] \qquad\qquad 显示\ \Delta y$

以 β_2、D_2 代替 β_1、D_1，重复 β_1 以后的步骤，依次算出，α_2，Δx_2，Δy_2，……以 β_{n-1}，D_{n-1} 代入上述步骤，算出 α_{n-1}，Δx_{n-1}，Δy_{n-1}，

计算：$f_{\Delta x}$，$f_{\Delta y}$ 的过程略。

第三步：坐标计算

计算公式：

$$v_x = f_{\Delta x}/\Sigma D$$
$$v_y = f_{\Delta y}/\Sigma D$$
$$x_i = x_{i-1} + \Delta x - v_x \times D_i$$
$$y_i = y_{i-1} + \Delta y - v_y \times D_i$$

按键步骤

$f_{\Delta x}[\div]\Sigma D[=][X{\to}M]$

$x_{i-1}[+]\Delta x_i[-][RM][\times]D_i[=] \qquad\qquad 显示\ x_i$

$f_{\Delta y}[\div]\Sigma D[=][X{\to}M]$

$y_{i-1}[+]\Delta y_i[-][RM][\times]D_i[=] \qquad\qquad 显示\ y_i$

算例可按表 6-3 进行，此处略。

6.4.2　CASIOfx-4800P 计算器的使用

（1）键盘操作

① 按 $\boxed{AC/ON}$ 键打开计算器电源，按 $\boxed{SHIFT}$ $\boxed{OFF}$ 键关闭电源，6 分钟不操作自动关闭电源。

② 键盘的特点：CASIOfx-4800P 计算器与普通计算器的主要区别有两点：一是它有 A～Z26 个英文字母；二是它有 $\boxed{MODE}$ 和 $\boxed{FUNCTION}$ 键，fx-4800 的微分与积分、公式存储、程序编制等功能都是通过这些键调出相应的菜单选项来实现的；三是它有 4 个 RE-PLAY 键，主要用于重复计算和编辑公式。

③ 显示屏幕最底部的状态栏显示计算器的当前所处状态，其含义列于表 6-10。

fx-4800P 的状态行显示内容的含义　　　　　　　　表 6-10

指标符	含　义
S	按下 SHIFI 键后出现表示将输入键上方橘色符号所标的功能
A	按下 ALPHA 键后出现，表示将输入键上方红色符号所标的字母
D	选用"度"作为角度计算单位
R	选用"弧度"作为角度计算单位
G	选用"梯度"作为角度计算单位
SD	计算器处于单变量统计模式
LR	计算器处于双变量统计模式
BASE-N	进行二、八、十、十六进制数值计算或相互转换模式
FIX	指定显示小数位数有效
SCI	以科学显示数字有效
ENG	以工程显示数字有效
Disp	当前显示的数值为中间结果
↑ ↓	显示一列数据时出现，表示当前显示屏上、下或数据修正
← →	表示数据跑出了当前显示屏的左边或右边

④ 直接按一个键则输入该键面字符的功能；先按 SHIFT 键，再按一个键，则输入该键上方橘红色字符的功能；先按 ALPHA 键，再按一个键，则输入该键上方红色英文字母的功能；按 SHIFT ALPHA 键，则锁定输入 26 个英文字母。

⑤ 按 MODE 键，屏幕显示图 6-17 所示模式菜单，共有 8 种模式，键入模式前得数字就可以选中该模式。各模式的含义见表 6-11。

模式菜单的含义　　　　　　　　表 6-11

模式选项	含　义
COMP	普通四则计算和函数计算
BASE-N	二进制、八进制、十进制、十六进制的变换及逻辑运算
SD	单变量统计计算
LR	双变量统计计算
PROG	定义程序名、在程序区域中输入和执行程序
an	递归计算
CONT	显示与调整对比度
RESET	复位操作

1. COMP	2. BASE-N
3. SD	4. LR
5. PROP	6. an
7. CONT	8. RESET

图 6-17 模式菜单

1. MATH	2. COMPLX
3. PROG	4. CONST
5. DRG	6. DSP/CLR

图 6-18 COMP 模式下的
功能菜单

1. MATH	2. COMPLX
3. PROG	4. CONST
5. DRG	6. DSP/CLR
7. STAT	8. RESULTS

图 6-19 SD 或 LR 模式下的
功能菜单

计算器必处于 8 种模式的其中一种模式下，打开计算器电源时，计算器自动处于 COMP 模式下。

⑥ FUNCTION 键：在不同模式下按该键，屏幕显示的功能菜单内容是有差别的，图 6-18 所示为在 COMP 模式下的功能菜单，图 6-19 所示 SD 或 LR 模式下的功能菜单，键入模式前的数字就可以选中一种选项。各功能选项的含义见表 6-12。

功能菜单的含义　　　　　　　　　　　　　　表 6-12

功能选项	含　义
MATH	内藏积分、微分、求和、极坐标、直角坐标等计算功能
COMPLX	复数计算函数
PROG	编制积序用的函数
CONST	内藏 20 个科学常数，如真空中的光速、万有引力常数、重力加速度等
DRG	设置角度单位：十进制度、角度、梯度及其相互转换
DSP CLR	指定数据显示格式，清除存储器内存
STAT	单变量或双变量统计状态下用于叫出指定内容的计算结果，如平均值
RESULTS	单变量或双变量统计状态下用于叫出全部计算结果

注：按 FUNCTION 键进入功能菜单后，可以按 EXIT 键退出，但按 MODE 键进入模式菜单后，必须选择一种

　　模式，按 EXIT 键不可以退出模式菜单，一般选择 COMP 模式即可。

（2）角度单位的设置、转换、输入与三角函数的计算

按 FUNCTION 键进入功能菜单；再按 5 选中 DRG 选项，屏幕显示如图 6-20 所示。

Deg——指定十进制度为角度单位；

Rad——指定弧度为角度单位；

Grd——指定梯度为角度单位；

1. Deg	2. Rad
3. Grd	4. o
5. r	6. g

图 6-20 DRG 下的角度单位菜单

　O——指定十进制度为某个输入值的单位；

　R——指定弧度为某个输入值的单位；

　g——指定梯度为某个输入值的单位。

后面的三个选项适用于三个角度制的相互转换，操作方法见例 1 和例 2。

角度单位的换算关系为 $360° = 2\pi$ 弧度 $= 400$ 梯度。我国市场上出售的经纬仪和全站仪是按 360 度进行分划的，因此在计算时通常选 Deg 为角度单位，欧洲国家使用 Grd 角度单位。

在 Deg 角度单位下进行三角函数计算时，要求输入的角度单位必须是十进制的度，而用经纬仪和全站仪观测的角度是 60 进制的，因此必须将其转换成十进制的度，输入方法是使用 $\boxed{°\,'\,''}$ 键。

例 1：将 $25°25'25''$ 化为弧度。

按键 $\boxed{\text{FUNCTION}}$ $\boxed{5}$ $\boxed{2}$ 将当前角度单位设置为弧度

按键 $\boxed{2}$ $\boxed{5}$ $\boxed{°\,'\,''}$ $\boxed{2}$ $\boxed{5}$ $\boxed{°\,'\,''}$ $\boxed{2}$ $\boxed{5}$ $\boxed{°\,'\,''}$ $\boxed{\text{FUNCTION}}$ $\boxed{5}$ $\boxed{4}$ $\boxed{\text{EXE}}$

屏幕显示为 0.443　725　722

例 2：将 0.443725722 弧度化为 60 进制角度。

按键 $\boxed{\text{FUNCTION}}$ $\boxed{5}$ $\boxed{1}$ 将当前角度单位设置为十进制度

按键 $\boxed{0}$ $\boxed{.}$ $\boxed{4}$ $\boxed{4}$ $\boxed{3}$ $\boxed{7}$ $\boxed{2}$ $\boxed{5}$ $\boxed{7}$ $\boxed{2}$ $\boxed{2}$ $\boxed{\text{FUNCTION}}$ $\boxed{5}$ $\boxed{5}$ $\boxed{\text{EXE}}$ 屏幕显示为 25.423 611　13

按键 $\boxed{\text{SHIFT}}$ $\boxed{\leftarrow}$ 　　　　　　屏幕显示为 $25°25'25''$

（3）直角坐标与极坐标换算

① 直角坐标增量 Δx，Δy 计算极坐标 r、θ

在图 6-21 所示的测量坐标系中，由直角坐标增量 Δx，Δy 计算极坐标 r、θ 的公式为：

$$r=\sqrt{\Delta x^2+\Delta y^2}$$

$$\theta=\cos^{-1}\frac{\Delta x}{r}$$

当 OP 边位于第 I、II 象限时，这样求出的 θ 就等于其坐标方位角；而当 OP 边位于第 III、IV 象限时，计算器自动将计算出的 θ 值加一个负号，此时，θ 与坐标方位角 α 的关系应为 $\alpha=\theta+360°$。

使用 Pol 函数 Δx，Δy 计算 r、θ 的格式为 Pol（Δx，Δy），函数 Pol 的键入方法为 $\boxed{\text{FUNCTION}}$ $\boxed{1}$ $\boxed{\nabla}$ $\boxed{5}$ 。计算出的 r 保存在 I 存储器中，θ 保存在 J 储器中。

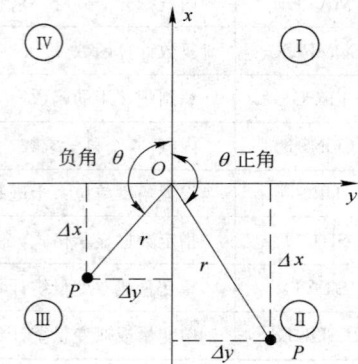

图 6-21　测量坐标系中的直角坐标与极坐标换算关系

例 3：某条边的坐标增量为 $\Delta x=105.3985593$，$\Delta y=-74.96824634$，试计算其水平距离和坐标方位角。

按键 $\boxed{\text{FUNCTION}}$ $\boxed{1}$ $\boxed{\nabla}$ $\boxed{5}$ 105.3985593，-74.96824634 $\boxed{\text{EXE}}$ 屏幕显示为

Pol（105.3985593，-74.96824634）

$r=129.3409999$

$\theta=-35.42361113$

由于计算出的 θ 小于 0，所以要加 360° 才能得到边长的坐标方位角。

按键 $\boxed{\text{RCL}}$ $\boxed{\text{J}}$ $+$ 360 $\boxed{\text{EXE}}$ $\boxed{\text{SHIFT}}$ $\boxed{\leftarrow}$ 将方位角换成 60 进制，结果为 $324°34'35''$。

② 极坐标 r、θ 计算直角坐标增量 Δx，Δy

由极坐标 r、θ 计算直角坐标增量 Δx，Δy

$$\Delta x = r\cos\theta$$

$$\Delta y = r\sin\theta$$

由于角度加 360°对三角函数的计算没有影响，所以也可以使用坐标方位角 α 代替上述公式中的 θ。

使用 Rec 函数由极坐标 r、θ 计算直角坐标增量 Δx，Δy 的格式为 Rec(r，θ)，函数 Rec 的键入方法为 FUNCTION 1 ▽ 6 。计算出的 Δx 保存在 I 存储器中，Δy 保存在 J 储器中。

例4：将水平距离 $r=129.341$，坐标方位角 $\alpha=324°34'35''$的极坐标 r、θ 换算成直角坐标。

按键 FUNCTION 1 ▽ 6 129.341, 324 °′″ 34 °′″ 35 °′″ EXE

屏幕显示为

$$\text{Rec}(129.341, 324°34'35'')$$

$$x = 105.3985593$$

$$y = -74.96824634$$

上述显示的 x，y 即为边长的坐标增量 Δx，Δy。

第七章　大比例尺地形图测绘

本章所讲的地形图是指 1：500、1：1000、1：2000 的大比例尺地形图，这些比例尺地形图是我国目前村、镇建设规划常用的地形图，其测制方法一般采用平板仪测图方法（通常也叫白纸测图方法）来完成。本章将简要介绍大比例尺地形图的成图过程，并在此基础上较详尽地介绍在大比例尺地形图测绘中常用平板仪的构造和使用及测绘过程中的图解控制方法和地物、地貌的测绘方法。

7.1　地形图的成图过程及原理

大比例尺地形图是村、镇建设测绘工作最后的重要成果之一。它是根据控制测量成果，通过地形测绘、地形图清绘，最后经过制板印刷而成。村镇测绘工作多为面积较小的，因而也属小面积测绘。其测绘方法多采用大平板仪来完成。本节将把平板仪测图的成图过程及成图原理作一简单介绍。

7.1.1　成图过程

（1）控制测量

小面积大比例尺地形图测绘，其控制测量的主要任务是：在测区地面上建立与国家大地控制相连的或独立的控制网，包括平面控制网和高程控制网，精密测定地面点的平面位置和高程。

平面控制测量，其首级控制一般采用等级三角、小三角或相应级别的导线测量方法建立。经过外业观测和内业计算，获得各控制点的平面直角坐标，作为平面位置的基本控制。高程控制测量，用水准测量方法建立。一般利用平面控制点建立的点位标志，测定其相应等级和等外水准高程，作为高程的基本控制。测区控制站提供的"控制成果"，是整个测区地形的基础。

（2）大平板仪测图

小面积的大比例尺地形图测图，由于图幅少，一般多采用大平板仪测图（也称白纸测图）方法进行。这种测图方法是采用平板仪在裱糊图纸的图板上（目前所采用的图纸多为聚酯薄膜）于野外直接测绘地形图的方法。

为了保证测图精度，每幅图必须具备足够数量的控制点。因此，除了以上所讲的平面和高程的基本控制点以外，还要加测图根加密控制点，即图根平面控制点和图根水准高程（或间接高程）控制点，以便以这些控制点作为测站，用大平板仪测绘周围地物、地貌。

大平板仪测图的过程是：先将所有控制点，包括基本控制点和图根控制点展绘到图纸上，然后采用平板仪测图方法，在野外直接测绘地形的各个局部，把图幅所含的实地范围内所有地物、地貌精确地按照规范、图式描绘在测图板上，称为碎部测量。

经过大平板仪测图，便可取得野外地形原图（实测原图）。然后转入下一步的内业制图工序。铅笔的地形原图，位置虽较精确，但线条、符号、注记，不可能精细美观，更不能制版印刷，还需要进行绘图的艺术加工，这一工序即是地形图清绘。

地形图清绘可以采用野外地形原图直接清绘，也可以采用聚酯薄膜于野外地形原图上蒙绘，称为薄膜透图。然后再经过制版印刷，即可复制出大量的单色或多色的地形图。

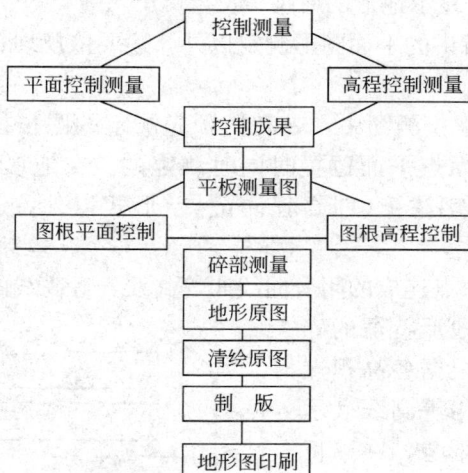

7.1.2 平板仪测图原理

小面积大比例尺村、镇地形图测图的原理是把和地球表面相对面积非常小的测区当作一个平面，然后把这个小面积范围内的地表固定物体、高低起伏的地形形态，利用平板仪，实现垂直投影和缩绘，从而得到地形图。

（1）平面图形测定原理

如图 7-1 所示，设 A、B、C 为地面上三点，在 B 点上水平地安置一块图板，在图纸上找出控制点 B 的同名点 b，通过平移和转动平板使 B 和 b 在同一铅垂线上。设想通过

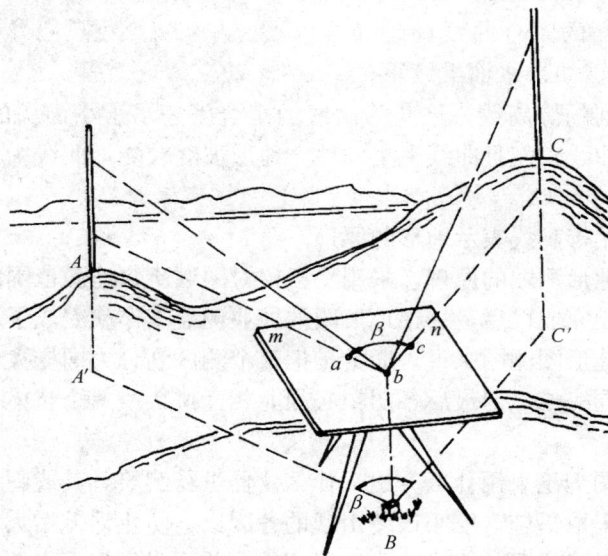

图 7-1　平板仪测量原理

BA、BC 作两个铅垂面，与图板的交线为 bm、bn（称方向线），即 BA、BC 方向在图板上的水平投影。方向线 bm 和 bn 的夹角即为水平角 $\angle ABC$。如果再测得 BA 和 BC 的水平距离，在图上得到 a、c 两点。a、c 两点就是实地 A、C 的投影位置。将测量得到的高程分别注记在图上点位的旁边。这就是平板仪测量地形图的原理。

（2）高程测定及等高线显示地形的原理

平板仪测图除了以上所讲的平面图形测定以外，还要依规划、设计等的需要测定并于图上显示出地面点的高程。

地面点的高程，在平板仪测图中，是利用预先测定的图根控制点的高程来测定的，其测定过程一般是测定地面点平面位置时同时测定的。在地形图上地面点的高程的表示方法，除了直接采用文字注记（即高程注记点）形式以外，还有等高线显示地形的方法。

地面上高程相同的相邻点连成的闭合曲线叫等高线。等高线的描绘是要在采用平板仪于实地测定一系列的代表地形特征的碎部点高程的基础上，然后根据各高程点之间的相互关系绘出的。用等高线表示地表的起伏形态既精确又形象，在平板仪测图中被广泛应用。用等高线显示地形的原理如图 7-2 所示。

假设有一座小山被水淹没了，如图 7-2，山顶高程为 54m，后来水面逐渐下降，当降至 53m 时，水面的高程即是 53m，水面和山头相交的闭合曲线即是高程为 53m 的等高线；水面继续下降，当降至 52m 时，这时水面的高程即是 52m，水面和山头相交的闭合曲线即是高程为 52m 的等高线。如果水面继续下降，即可以得到一系列的等高线，这些等高线的集合就表示了小山头的形状和大小。显然，等高线都是闭合曲线，而且曲线密集的地方地形坡度较陡，曲线稀疏的地方地形坡度较缓。

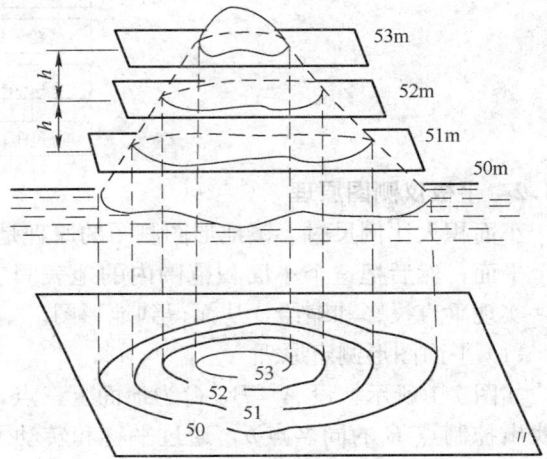

图 7-2　等高线

以上所讲的即是用等高线表示地形的原理。

根据以上所讲的地形测图的原理，采用平板仪对图幅所含地面范围内所有需要在图上表示的地物、地貌测绘完成以后，一幅地形图的外业测绘工作就完成了。

对于一个测区的地形图测图来说，通常是把整个测区划分为同样大小的若干图幅，由一个或几个作业组共同完成，但最后各图幅必须能相互拼接成一个整体，从而得到整个测区的地形图。

应该指出，地形图无论采用什么方法，什么仪器进行测绘，其成图总是有误差的。在实际工作中，应尽量采取措施，缩小误差出现的各因素，防止误差增大和误差积累。为了满足规划、设计等方面对成图的要求，在地形测绘之前还必须根据规范及具体要求进行技术设计，从而保证成果成图的高质量。

7.2 平板仪的构造与使用方法

进行村镇大比例尺地形测图，最常用的仪器是平板仪。在保证一定精度要求的条件下，使用平板仪测量能同时测定地面点的平面位置和高程。点的平面位置是根据视距测量和图解方法测定的，高程是根据三角高程的测量原理测定的。

平板仪由平板、照准仪和若干附件组成。平板仪分为大平板仪、小平板仪。

7.2.1 大平板仪

大平板仪简称平板仪，由平板、照准仪和若干附件组成如图 7-3 所示。平板部分由图板、基座、三脚架组成。图板一般为 60cm×60cm×3cm 的木质平板。基座用中心螺旋安装在三脚架上，放松中心螺旋，平板可在脚架头上作小范围移动。基座下部有螺旋可以整平图板。另外装有制动和微动螺旋控制图板在水平方向的移动。

照准仪由望远镜、竖盘和直尺组成。望远镜和竖盘相当于经纬仪的视距测量部分，配合视距尺，可以测定距离和高差；直尺和望远镜的视准轴在同一竖直面内（或相距很近的平行竖直面内），望远镜瞄准目标后，根据直尺在平板上画出方向线即代表瞄准方向。

望远镜有垂直方向的制动、微动螺旋、物镜、目镜和竖盘指标水准管微动螺旋，望远镜的支柱上还有横向水准管及支柱的微倾螺旋，用来置平望远镜的横轴。图 7-3 中 (b)、(c)、(d) 为平板仪的附件。(b) 为对点器，作用是使平板上的点和相应的地面点位于同一铅垂线上；(c) 为定向罗盘，用于平板仪的近似定向；(d) 为圆水准器，用于整平图板。

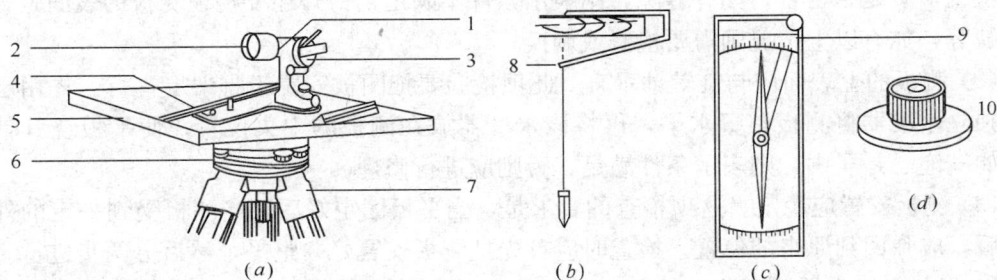

图 7-3 大平板仪及其附件

1—照准仪；2—望远镜；3—竖盘；4—直尺；5—图板；6—基座；
7—三脚架；8—对点器；9—定向罗盘；10—圆水准器

新型的平板仪配有光电测距照准仪，将测距仪瞄准目标测得的斜距，通过竖直角传感器，自动换算为水平距离和高差，在读数窗口中显示其测程可达 500m，精度为 $\pm(5mm + D×5×10^{-6}mm)$。图 7-4 为日本生产的 REDmini 光电测距照准仪。

7.2.2 小平板仪

小平板仪是大平板仪简化并使之轻便的平板仪，主要部件是照准器、平板、三脚架和对点器，如图 7-5 所示。部件的作用与大平板仪相同，但是结构简单得多。

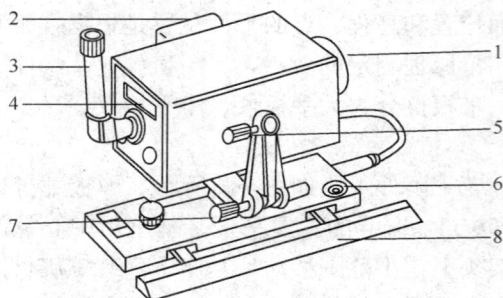

图 7-4 光电测距照准仪
1—望远镜物镜及红外光发射接收镜；2—垂直角传感器；
3—折角目镜；4—读数显示窗；5—竖直制动螺旋；
6—圆水准；7—竖直微动螺旋；8—直尺

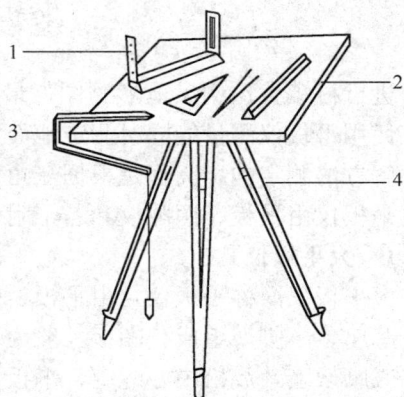

图 7-5 小平板仪
1—照准器；2—图板；3—对点器；4—三脚架

7.3 平板仪的检验与校正

在使用平板仪测制地形图之前，应对平板仪进行检验和校正。

7.3.1 平板的检验

（1）测板的上表面应是一个平面。检查方法是：用已校好的直尺边紧贴板面，在不同位置检视，看是否密合，如有缝隙，则表示条件不满足，另外还要检视测板的表面是否有坑、缺等，如有以上情况则需要检修或调换。

（2）测板的上表面应与旋转轴垂直。此项检验要把图板安置于脚架上进行。先用已校好的独立水准器将测板整置水平，再将该水准器放在测板的中央位置，使平板绕其轴旋转，如气泡总是居中，则表示条件满足，否则应进行修理。

（3）测板安置应稳定。这项检查的要求是，当平板固定好后，当测板受到一定的外力按压后，应弹回到原来的位置。检查时应首先把测板安置好并整平，然后分两步进行。

① 将独立水准器置于测板的任意位置，用手指轻按测板，使气泡偏离中心位置，然后停止用力，如气泡回到中心位置，则说明满足要求；

② 将照准仪置于测板上，用望远境十字丝中心照准远处任意一点，用手指轻轻扭转测板，这时望远镜十字丝偏离原照准点，当手指离开测板后，如十字丝又恢复其原照准点，则表明测板满足要求。

当经过以上检查时，测板不能满足要求，则要查明原因，进行修理。

7.3.2 附件检校

附件的检校主要指独立水准器和方框罗针的检校。

独立水准器的水准轴应平行于水准器的底面。这项检校方法和经纬仪上的水准器的水准轴应垂直于仪器的垂直轴一项的检校完全相同，需要注意的是在检校时，应使独立水准器的开始位置与倒转 180°的位置相同，以排除测板不平的影响。

方框罗针的检校应使罗针的两端及转动的中心位于同一直线且在同一水平面上。此项要求如不满足，就要修理。修理的方法是：将罗针盒打开，取出磁针，改动磁针，修磨支轴尖端等，直至满足要求。磁针应磁性较强，其检校方法是：将磁针安置于南北向以后，用铁质物体接近一端，如磁针转动敏捷，则说明磁针的磁性较强，满足要求。否则，说明磁针的磁性太弱，需要充磁。充磁方法为，首先将磁针安置水平，用左右手各持条形磁铁一块，使磁铁的南极 S 对正磁针的北极 N，磁铁的北极 N 对正磁针的南极 S，将两块磁铁同时由磁针的中部移向两端，这样就完成了一次充磁。照此充磁过程完成两次或三次即可。充磁中应注意，每一次充磁完成后，两磁铁应远离磁针，由高处同时接近磁针的中部，再同时向两端移动，千万不要让磁铁在磁针表面往复移动，否则将扰乱磁针的磁性，充磁将失败。

7.3.3 照准仪的检验与校正

照准仪的检验和校正是平板仪检校工作的主要部分。照准仪的检验和校正是为了保证观测时能获得准确的水平角和竖直角，从而保证地面点在图纸上平面位置和高程的准确性。照准仪的检查和校正原理与经纬仪是基本相同的，但由于照准仪的构造特点，其检验与校正中又有很多独特之处，现将按照检校顺序加以介绍。

照准仪的检验和校正要在测板上进行，所以在检校之前应先将测板安置在合适的位置，整置水平后再进行检校。

（1）平行尺的斜边和定规底面均应平直

为了保证使用平行尺描绘方向线的正确性，平行尺的边缘必须平直。检验的方法是：首先用尖铅笔沿照准仪平行尺绘一直线，然后将照准仪回转 180°，使平行尺两端切于原绘直线的两端，再绘一直线，若前后所绘两直线重合，则平行尺斜边为直线，否则应送厂修理。

定规底面是否为一个平面，可用其他校正好的直尺边缘紧贴定规底面进行观察，如不平可用力轻轻搬动，使之合乎要求，如难以整平要送厂修理。

（2）定规上水准器的水准轴应平行于定规底面

将照准仪置于测板中央，并使水准器与任意两个基座螺旋平行，调整基座螺旋使水准器气泡居中。再将照准仪倒转 180°，如水准器气泡仍居中，则水准器的水准轴与定规底面平行；否则，水准器的水准轴与定规底面不平行，需要调整。调整的方法是：用改针扭动水准器上的改正螺旋，改正气泡偏差的一半，然后调整基座螺旋，使气泡置中，此时一次校正即完成。此项校正要反复进行，直到满足要求为止。

（3）平行尺移动至任何位置所绘直线应相互平行

此项要求是为了使平行尺所绘方向线与照准方向平行。这是对平行尺性能的一项检验。此项检验前，应首先查看平行尺两端固定螺旋松紧是否适中，既要转动灵活，又不能过于松动。检验的方法是将照准仪置于测板上，照准远方一固定点 A，推出平行尺绘一方向线；然后按住平行尺，轻轻移动仪器，使定规贴住平行尺，此时，通过望远镜十字丝再看远方固定点 A，如偏差很小，则说明条件满足。否则，需要调整或送厂修理。

（4）望远镜中十字丝的垂直丝应垂直于定规底面

此项检校的目的是使望远镜十字丝的垂直丝在望远镜视准轴的旋转面内。此项检验前应重新检校测板水平，然后将照准仪置于测板中央位置，用望远镜十字丝的垂直丝照准远处一固定点，纵转望远镜，观察固定点，如总沿十字丝垂直丝移动，则说明条件满足，否则应予校正。校正方法和经纬仪望远镜十字丝垂直丝的校正方法相同，这里不再重述。

（5）望远镜的视准轴应与水平轴正交

此项检校的目的是使望远镜视准轴的旋转平面和照准仪横轴垂直。检验的方法是：用盘左和盘右位置分别照准远处与仪器同高的任一固定目标，并分别过图板上同一点沿直尺边绘方向线，若所绘二方向线重合，则表示该条件满足，否则就需要校正。

校正方法是：首先绘出所绘二方向线夹角的平分线，再使定规的直尺切准角平分线，这时望远镜十字丝必定偏离原固定目标，此时拧动十字丝的校正螺旋，使十字丝完全照准目标，则校正完毕。此项检校应注意：铅笔修磨要尖细，较远固定目标要小而清晰，所绘方向线要清晰而准确。此项检校要反复进行，直到条件满足为止。

（6）水平轴应与定规底面平行

此项检校是为了保证在测板整置水平时，望远镜视准轴的旋转平面为一垂直平面。

检验的方法是：盘左盘右两次照准距仪器约 30m 远的高处同一目标 P，然后分别向下旋转望远镜至水平，并记下十字丝的盘左、盘右两次水平位置 A、B，若 A、B 重合，则说明该条件满足，否则应进行校正。

校正的方法是：松开照准仪垂直柱与定规的连接螺丝，在连接处适当垫以纸片，此项检校要反复进行，直到上下转动望远镜，盘左、盘右上能照准 P 点，下能照准 A、B 连线中点 C 为止。

在山区作业时，此项检校尤为重要，应特别仔细。如发现水平轴倾斜较大时，改正后还要重新检查和校正十字丝。

（7）水平轴的垂直投影应与定规直尺正交

此项检校的目的，是使所描绘的方向线是照准方向水平投影的平行线。否则，照准轴的投影与平行尺斜边就有一个交角，这个交角反映了照准仪照准的方向和图板上所画的方向不一致所产生的偏差。由于该项误差的存在，作业中采用同一度盘位置，一般为盘左位置描绘方向线，都含有大小相同的同一方向的偏差，但并不破坏整个图板成图的一致性，故一般不作校正。

当偏差过大时，必须进行检校，其检校方法是：将望远镜照准与仪器同高的一点或一垂直目标，紧靠平行尺两端垂直地插两根针，用眼睛通过两根小针瞄准目标，如瞄准方向偏离望远镜照准目标较大，则说明条件不满足。其校正的方法是：将固定垂直于定规上的螺旋放松，轻轻转动垂直柱使望远镜照准位置与两针的瞄准位置相同时，再把固定螺旋拧紧，则此项校正完毕。

（8）竖盘指标差的检校

校正竖盘指标差，使之接近于零，是为了使在地形测图中读取竖直角正确。按照地形测图的要求，每天作业前，均应检校垂直度盘的指标差，使指标差小于 $\pm2'$。

检查时，任选一固定目标，用盘左盘右观测竖直角一测回，计算指标差 I，若大于 $2'$，则需要改正。

改正的方法是：用检查时盘左盘右的观测值计算竖直角的正确值，旋转竖盘指标水准器微动螺旋使竖直度盘的读数为竖直角的正确角值，此时水准气泡不居中了。然后调整水准器校正螺旋，使气泡居中，即校正完毕。此项校正要反复进行，使之满足要求。

整个照准仪的检校工作，一般说应按照以上的检校顺序进行，对检校工作比较熟悉后，了解了一些项目间的连带因果关系后，在不影响其他关系的情况下，也可以对其中某项进行校正。另外，一些项目的检校要在测板上进行，在这些项目的检校中应尽量避免由于照准仪自身的重量压迫测板，使测板水平受到影响。因此，在照准仪的检校中，一方面要严格整置测板水平，另一方向还要注意照准仪要置于测板的中心位置，以清除因测板不平而影响检校的准确性。

7.4 平板仪测图前的准备

在进行平板仪测图前，应收集资料，领取仪器、器材及检校，以及测图板的裱糊，绘制坐标网，展绘图廓点，绘测图范围线，控制点展点等项工作。

7.4.1 资料领取

地形测图前应准备如下资料：地形测量技术设计书，有关的规范、图式，地形测量手续。抄录测图范围内及外部附近控制点的平面及高程成果，所抄录的成果，都要经过检查核对，以保证外业工作的顺利进行。

7.4.2 领取仪器、器材

地形测图需要领取的仪器、器材有：平板仪（包括照准仪及附件、平板、基座、脚架），利用斜距和垂直角计算平距和高差的计算器、标尺、测伞等。对这些仪器和器材都必须经过认真仔细的检校，对校正效果不佳的要坚决调换。

7.4.3 测图板裱糊

在地形测图前需要将测图用纸裱糊在测图板上。现在被广泛采用的测图用纸是一种叫做聚酯薄膜的电气绝缘材料。聚酯薄膜的优点是：常温下伸缩变形很小，白色透明，接边、清绘十分方便，图面不清洁可以用清水和淡洗涤剂清洗，不怕潮湿，不怕霉蛀，易于长期保管，还可以直接晒图，复照制板。其缺点是怕折、易燃，这些只要在测图中小心谨慎，图纸是容易保护好的。

测图板的裱糊，是先在测图板上裱糊一层厚白纸，再在白纸上裱糊聚酯薄膜，分 2 次进行，其具体方法和步骤是：

（1）将测图板洗净、晾干；

（2）将厚纸裁成测图板大小，浸于清水中，浸透，再取出，淋去浮水；

（3）将鲜鸡蛋清搅匀，并均匀地涂在图板上，再将厚白纸铺在图板上，用卷起的湿毛巾从厚白纸的中央轻轻赶向四周，将厚白纸与图板中间空气挤出，使厚白纸紧贴在测图板上，进行阴干。注意这一工序过程中，湿毛巾滚动不要用力过大，否则，蛋清流失过多，厚白纸将贴不牢，容易涨起。

（4）用同样的方法再将聚酯薄膜裱糊在已贴好厚白纸的图板上。如厚白纸和聚酯薄膜都长出测图板，则要用长直尺压住边缘用刀片裁去，使之略小于测图板，最后再用胶带将四周粘牢，这时测图板裱糊完毕。

裱糊好的测图板应压置在通风干燥处，防止暴晒，晾干后还需进行检查。

普通测量于短期内可以完成，或地形地物简单要求成图精度不高时，也可不必裱糊测图板，而用夹子、胶带在聚酯薄膜下衬以厚白纸夹牢、粘紧后进行测图，这一方法简便易行，在实际测绘中也常常被采用。

7.4.4 绘制坐标网

在测图板裱糊好，并晾干以后，即可绘制坐标网，下面介绍几种常用的绘制方法。

（1）用坐标尺绘制

图 7-6 为坐标尺。坐标尺的构造特点是：尺上有 6 个孔，每孔的左侧为一斜面。位于最左端第一孔的斜面边为一直线，中间刻有指标线，表示起点，以后顺序各孔的斜边缘是以起点为圆心，分别以 10、20、30、40、50cm 为半径的弧线。位于坐标尺右端的斜面边缘，是以起点为圆心，以 70.711cm 为半径所作为弧线，该半径长等于 50cm 边长的正方形的对角线长。

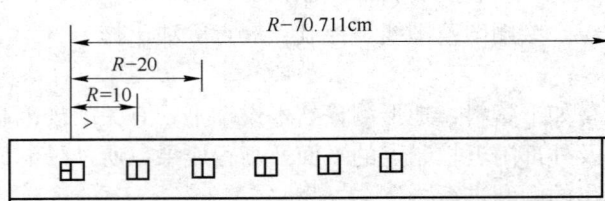

图 7-6　坐标格网尺

图 7-6 所示的坐标尺适用于 $50 \times 50 \mathrm{cm}^2$ 的方格网，其绘制方法和步骤是：

① 在测图纸的左下角，至测图板边缘各约 5cm 距离处取 O 点，将尺起点与 O 点严格对好，尺身与测图纸底边大致平行，然后沿各孔斜边画弧线，并于最后一弧线中央轻轻刺出 P 点，如图 7-7(a) 所示。

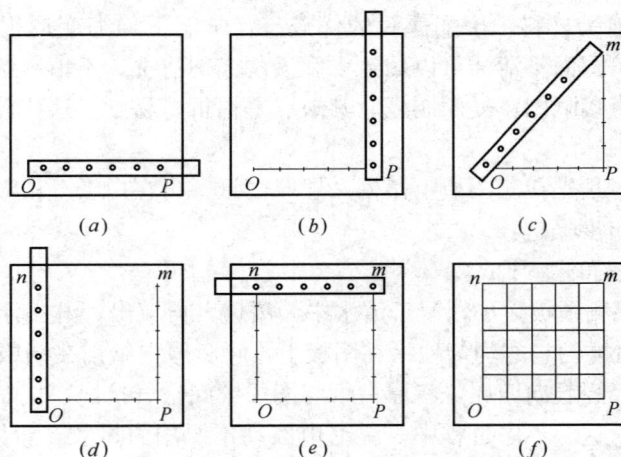

图 7-7　坐标尺的使用

② 将尺身大致平行于测图纸的右边缘，尺的起点严格对准 P 点，然后沿各孔斜边画弧线，如图 7-7(b) 所示。

③ 再以 O 点为起点，使尺的起点严格与 O 对准，尺的末端弧线与右上方弧线相交，得交点 m，如图 7-7(c) 所示。

④ 将尺子分别以 O、m 点为起点，尺身分别平行于图尺的左边和上边，沿各孔画弧

线，并使左上角两弧线相交，交点为 n，如图 7-7(d)、7-7(e)所示。

⑤ 连结 O、P、m、n 各点，得到 $50 \times 50 cm^2$ 的正方形，再连接正方形对边各相应点，便得到边长为 10cm 的方格网。该方格网即是所要绘制的坐标网，如图 7-7(f)所示。

（2）用直尺绘制

坐标网的绘制还可以采用经过检校的直尺，其绘制方法如 7-8 所示，步骤如下：

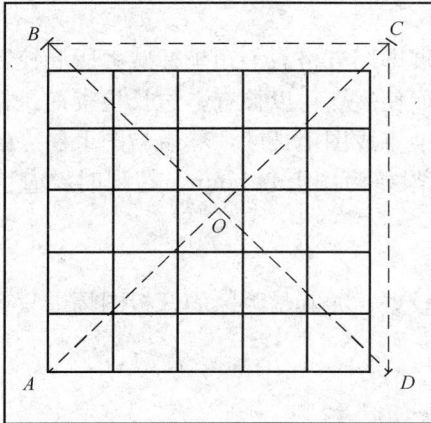

图 7-8　对角线法绘制方格网

① 在测图纸的对角线位置，画相交直线 AC 和 BD，使交点 O 大致在测图纸中心，并且 AC 和 BD 基本垂直。

② 以交点 O 为圆心，以较大长度为半径，在两条直线上画弧，得交点 A、B、C、D 四点，连接 $ABCD$ 成矩形。

③ 在 AB 和 DC 边上，分别从 A 和 D 点开始，向上每隔 10cm 作分点；在 AD 和 BC 边上，分别从 A 和 B 点开始，向右每隔 10cm 作分点。

④ 连接矩形上下、左右各对应分点，即可得到边长为 10cm 的方格网，即为所要绘的方格网。

以上两种坐标网的绘制方法投资少，绘制也不困难，适用于小面积的地形测绘。如面积较大，可到省、市等拥有直角坐标展点仪的测量部门成批绘制或购买。直角坐标展点仪绘制坐标网速度快，也很经济。裱糊图板时，可直接采用预先绘制好坐标网的聚酯薄膜。

（3）坐标网的检查

坐标网的精度，直接影响到控制点的展点精度，而控制点的展点精度又直接影响到测制地形图的精度，因此，无论用什么方法绘制坐标网，都要经过检查。经检查合格的坐标网方可进行展点和测图。

坐标网的绘制精度要求是：方格网的线段与理论长度之差不超过图上 0.2mm；纵横线之交点均在对角线上；图廓边长度与理论长度之差不超过图上 0.3mm；图廓对角线长度与理论长度之差不超过图上 0.3mm；方格线的粗度与交点刺孔不大于图上 0.1mm。

经过检查以后，如有个别地方超限，则应进行更动，在更动中应注意对周围格网的影响，使之满足限差要求。如超限较多，则应废弃重绘。

7.4.5　控制点的展绘

展点前，根据地形图的分幅位置，将坐标格网线的坐标值注记在图框外相应的位置，如图 7-9。

展点时，先根据控制点的坐标，确定其

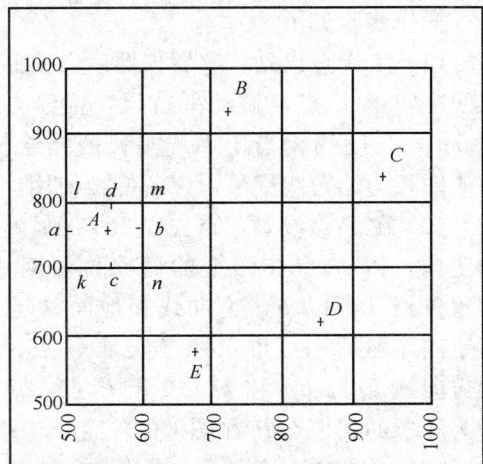

图 7-9　控制点的展绘

97

所在的方格。设西南角坐标为(500，500)（单位 m），控制点 A 的坐标为 $x_A=764.30\text{m}$，$y_A=566.15\text{m}$，因此可确定其位置应在 klmn 方格内。从 k 和 n 点向上用比例尺量 64.30m，得出 a、b 两点，再从 k 和 l 点向右量 66.15m，得出 c、d 两点，连接 ab 和 cd，其交点即为控制点 A 在图纸上的位置；以此交点为定位点画上相应的图式符号，并在其右边（或其他适当的位置）写出其点名和高程即完成一个控制点的展绘（如 E 点所示）。用相同的过程可展出其他控制点，应注意控制点间图上距离与其理论距离的差值不应超过图上 ±0.3mm，否则应重展控制点。

展点检查，一般采用反展和边长检查方式。反展即用方格右上角坐标减去所展控制点坐标，然后采用与展点时相反的截距方法展点，从而使展点得以检查。边长检查即是将相邻点的边长（已知边长或反算边长），依测图比例尺换算成图上长度，然后与图上展点的量取长度相比较，从而使展点得到检查。两长比较之限差为图上 0.3mm，超限时要查明原因，认真处理。

展点及其检查的常用工具是复比例尺和卡规。

平板仪测图前的各项资料、器材及准备工作比较繁，尤其是测区的开板图幅，只有做到准备充分，才能保证外业工作的顺利进行。

7.5 平板仪图解测站

图幅内的已知控制点尽管其布设是以满足碎部测图为目的，但在实际的地形图碎部测绘中，仍然经常遇到原布设控制点不能满足碎部测绘的需要的情况。为了解决这一实际问题，在野外测绘工作中还常常利用已知控制点，采用平板仪图解交会、导线等方法直接测定测站点。用这些方法确定测站点非常方便，同时也能满足测图的精度要求，因此，在野外测绘作业中被广泛采用。为简要起见，本节只着重介绍目前作业中常用的几种方法。

7.5.1 侧方交会

平板仪侧方交会是在有三个已知点的情况下，在一个已知点和未知点上设站，从而求出未知点的图上位置的方法。如图 7-10 所示，设地面 A、B 为已知点，P 为所求点。

操作步骤如下：

（1）在 A 点设站，整置仪器后，使照准仪照准实地 P 点，拉动平行尺，描绘方向线 ap'，长度约相当于 AP 实长的缩绘长，并于图板边绘短线记号，以备标板使用。

（2）在 P 点设站，首先以 PA 的概略方向定向，以 P 点在图上的概略位置对中，整置仪器。再以 p'a 方向线和地面 A 点严格定向，然后用照准仪照准实地 B 点，描绘方向线 bp''、bp'' 和 p'a 交于 P 点，P 点即为所求的实地点 P 在图上的位置。

（3）再照准地面点 C，描绘方向线 PC，以此检查 P 点的正确性。如 PC 线自 P 点

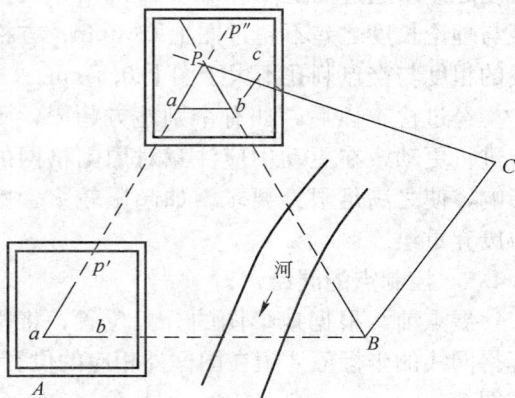

图 7-10 侧方交会

开始，C 点位于 PC 线上，则 P 点位置正确，否则，应重新交会。

P 点之高程一般采用独立交会方法求取。水平距离采用图上量距，取位 0.1m。竖直角一种取法为由 A、P 两点往、返观测竖直角和由 P 站向 B 方向观测竖直角；另一种取法为由 P 站分别向 A、B 两个方向观测竖直角。

在进行测方交会中应注意交含角∠APB 应在 30°和 150°之间，以保证交会位置的准确性。

7.5.2 引点法

在地形测量中，用平板仪由已知控制点作为本点向外引出，所引出的点就叫做引点。引点法简便易行，在地形测图中被广泛应用。

如图 7-11，地面点 A 为本点，B 为定向方向，P 为所求点，即引点。其作业步骤是：

(1) 在本点 A 上的工作

① 精确整置测板（对中、整平、定向），并自本点 A 在测板上的位置 a 开始照准所求点 P，描绘方向线 ap。

② 将视距尺置于 P 上，用照准仪全丝法视距，求出 A 点至 P 点的倾斜视距。视距读至 0.1m。

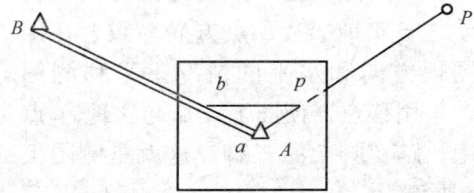

图 7-11

③ 观测 P 点的竖直角，并量取仪器高、觇标高。

(2) 在引点 P 上的工作

① 精确整置平板仪，确定 P 点在图板上的概略位置 P，以 P 对中，以 pa 向 A 方向精确定向。

② 将视距尺置于地面 A 点，用照准仪全丝法视距，求出 P 点到 A 点的倾斜视距。视距读至 0.1m。

③ 观测 A 点竖直角，并量取仪器高、觇标高。

④ 计算直、返站的 A、P 两点的水平距离和高差。在限差之内时取与本点的距离和引点的高程。

引点法用视距观测边长，往返平距不符值不应超过边长的 1/150。

用视距法观测的边长计算高差，其不符值按倾角的不同，每百米不超过下表规定：

两点间竖直角	4°	8°	12°	16°	20°
最大不符值（cm）	8	14	20	25	30

当平面或高程不符值超过以上规定的限差时，应查明原因，或重新观测予以纠正。

⑤ 由图板上 a 点开始在 ap 方向线上截取 AP 水平距离在图板上的缩绘距离，截点即为所求点 P。

⑥ 由 P 开始用照准仪分别照准地面已知控制点 B、C 等对 P 点进行检查。一般说如出现小示误三角形只需重新调整定向即可。

7.6 平板仪的测站整置与观测

平板仪在测站上的整置、平板仪测图的测站选择、立尺点的选择及观测，是采用平板仪测图时应该熟练掌握的基本技能；把这些技能掌握熟练了，就能为提高地物、地貌的测绘质量和速度创造条件。本节将对这些技能分别加以介绍。

7.6.1 测站上平板仪的整置

采用平板仪测图时，首先是在测点上进行平板仪的整置。平板仪的整置包括：图板的对点、图板的整平和图板的定向三项工作。

图板对点的目的是使测板在标定方向以后，其图上控制点位与实地地面点点位在同一铅垂线上。图 7-12 所示为 A 测站的测图板整置。在对中之前首先将图板置于测图较方便的适当高度并大致处于水平，用目测方法定向。目测定向方法是：以图上 a 点开始，到图上较远 b 点为定向方向，目测使之与实地 A、B 点方向一致，在保持图板方向和水平的情况下平移测图板，采用移点器使图上 a 点与实地 A 点对中，踏实脚架的三脚，这就是测图板的初始整置。

图板的水平整置是使测图板置于水平位置。此项整置一般使用独立水准器来完成。测图板的水平精度，直接影响到碎部点高程的测量精度，必须认真进行，整平后还要认真检查。

在以上整置的基础上，再用照准仪标板（定向）。所谓标板即是使测图板严

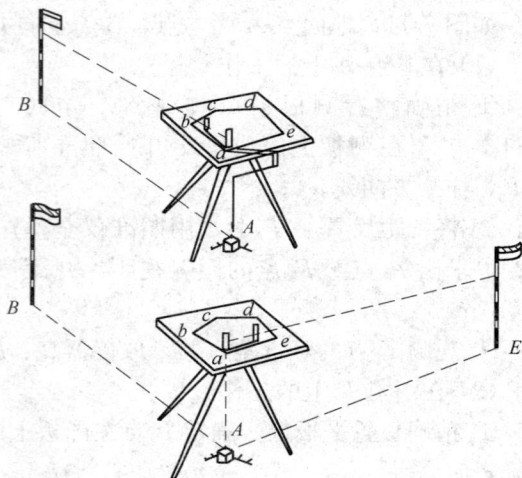

图 7-12　平板仪的对点和定向

格定向的过程。其方法以图 7-12 为例，将照准仪平行尺边缘严格对准图板上 a、b 两点，再转动测图板，使望远镜十字丝照准 B 点，拧紧基座的固定螺旋。然后，用移点器再检查测图板的对中情况。对点误差要求在图上 0.1mm 以内，即 1：500 比例尺测图为 5cm、1：1000 比例尺测图为 10cm、1：2000 比例尺测图为 20cm。如对点误差超限，则应重新整置测图板，直到满足要求。

在完成以上整置以后，再用照准仪照准其他控制点，以接近 AB 的垂直方向为好，拉动平行尺，检查图上 a 点与实地照准点在图板上的点位是否严格地在一直线上，否则应查明原因，重新标板。图 7-12 中以 AB 定向，以 AE 方向检查。一般说，测图板标定以后应不少于两个方向的检查。在测板初次设站测图时，当标板工作完成以后，最好还要对该测站能够观测到的所有实地控制点进行检查。这样做一方面加强了平板仪测站的标板检查，另一方面，对图幅内其他控制点的展点也进行了检查，为下一步对图幅内控制点的使用打下良好的基础。

图板整置完成以后即可测定图幅磁偏角。磁偏角的测定方法是：以罗针边框底边与方格网的经线重合，以罗针的尖端读数至分，然后以铁质物体扰乱其指数，待静止后再一次读数，取其中数做为最后读数，记作北偏东（或西）×°××′。

在图板整置完成后，开始测图之前还应测定照准仪指标差。指标差小于 2′ 时可不必改正。否则，必须改正后才能测图。在开始测图的几天里每天的作业开始均测定指标差并

在外业手簿中记载，如比较稳定，在以后的作业时间里测定次数可以减少。

7.6.2　平板仪测图的测站选择

平板仪测图的测站是直接为测图设立的，由于地面上实际地物、地貌的复杂多样，使得测站的设置位置的选择具有极大的灵活性和技巧性。测站位置选择的好坏，对测图的速度和成图质量有很大的关系。

测站的选择应尽量利用预选测定的位于本图幅内的控制点，但是，实际上已有控制点总是不能满足测图的需求，这就要采用增加控制点的方法加以补充，选择新的便于测图的位置，利用上一节所讲的图解测站的方法测定其平面和高程，以满足测图需要。

多年来，广大测绘工作者在地形测绘工作实践中，对测站的选择积累了很多宝贵的经验。

（1）开板第一测站

每幅图开始的第一测站应选择在能与尽量多的已知控制点通视的已知控制点上，在测板精确整置以后，对图幅内的已知控制点尽可能地做到标板检查，对标板不好的，要查明原因加以解决。这些工作对整幅图下一步的控制点利用将打下良好的基础。

（2）测站应通视良好，视野开旷

在视距允许的情况下，测站应有一个尽量大的施测范围，在施测范围内所有地形、地物应清晰可见，做到正面观察、正面描绘。

设大测站，可以节省迁站、设站时间，但要根据实际和可能。对地形、地物看不清的地方不要勉强，更不要超视距作业。

设小站，则视距近，读数准确，地物、地貌清晰，描绘逼真，不易出现错误。对于作业员来说，勤设站、设小站，有利于熟悉地物之间的关系，有利于观察地形进而提高对地形的描绘技巧。缺乏对地物、地貌的测绘技能和实际工作经验，贪大站、求速度，质量达不到要求，是不可取的。

（3）站站衔接，不留漏洞

每一测站所测的边缘部分，也就是下一测站所测范围的边缘，是图幅的数字精度及描绘质量的最弱部分。如测站之间衔接测绘，作业员和立尺员能尽量对衔接处地物、地貌有较清晰记忆，这对提高衔接处的测图质量是大有好处的。

在测站间进行衔接测绘时，应有适当数量的重合点，一方面能及时发现和纠正可能出现的错误，另一方面也提高了衔接处的测绘精度。

测图"漏洞"是指测站测绘范围内或测站衔接处的某些少量地物、地貌，由于测站不能通视或其他某些原因而未能及时施测的地方。在地形测绘中，"漏洞"要尽量少出或不出，出了漏洞应及时补测，补测的测站一般采用外业图解方法来解决。及时补测是因为地物、地貌熟悉，省时省力，并能保证质量，如测图中漏洞不能及时补测，越积越多，最后图面"漏洞百出"，补不甚补，费时费力，测图速度和质量都受到影响。

在地形测绘中，设站的好坏是至关重要的，它直接关系到测图的速度和成图的质量，是每一个地形测量员在地形测绘中最先遇到和必须引起重视的问题。在测站的选择上，除以上所讲的三个方面的问题外，多年来广大测绘工作者在长期的地形测绘工作中，还积累了很多的实践和理论经验。例如，在村、镇测绘中的房顶设站问题，以及山区测绘中本坡设测站和对坡设测站各自的特点等等，都是值得借鉴的。

7.6.3 立尺点的选择

立尺点是为直接测定地物、地貌而必须测定的点。立尺点分为三种类型：一种是地物点，一种是地貌高程点，还有一种是兼有以上两种需要的点。

地物点即地物轮廓点，一般指地物的起点、终点、交叉点、转折点、弯曲点、中心点等；地貌特征点指地形变化的地面点，如山顶、鞍部、山梁转弯、坡度变化处、山脚、凹地中心、沟头、沟底转弯、沟口等。这些地物、地貌特征点都具有控制地物和地貌形状的作用，影响着地物、地貌测绘的形状，因此都应作为地形测绘中的立尺点。

测图中，立尺点的多少，应根据测图范围内地物、地貌的疏密和复杂情况而定。其原则是，以最少数量的确实起着确定地物的形态和控制地形特征的点，保证准确的描绘地物和地貌。一般情况下，立尺点太少，将由于描绘困难而影响地形图的精度，立尺点太多，将人为增加很多外业工作量和影响作业进度，而且某些立尺点本身对准确描绘地物、地貌并没有多少意义。所以，对于地物测量来说，立尺点的多少，应视地物的密集程度和地物的构成形态而定。对于地貌测量来说，立尺点的多少，应视地面的坡度、等高线间隔的大小及测图比例尺而定。在地面坡度变化均匀、平缓的地区，立尺点可以少一些，一般图上间隔1厘米有一立尺点，或者更稀一些；在地面坡度变化较大、地形破碎的地区，立尺点则需要多一些，相邻立尺点之间的间距就要近一些。总之，立尺点的疏密要视实地情况而定，保证应测地物点不丢不漏无废点，地形骨骼、地形坡度变换不缺点，同时又能满足规范、设计对地形点的密度要求。

一个好的立尺员，在测地物时应明白测图比例尺，技术设计对地物取舍的要求，并能具备一定的构成平面图形的必要的几何条件；在地貌测绘中应具有较强的地形概念，如山体骨骼线、山顶、山梁、鞍部、山梁拐弯、坡度变化、山脚、平地的地势总貌和变化趋势等，并且还要具有对被测地貌的取舍标准和能力。在立尺的开始要和作业员确定测站的测图范围，观察需测地物、地形，商定立尺路线，选定主要立尺点。在立尺过程中，应注意观察立尺点周围地物、地貌形状，搞清楚周围地物、地貌的相互关系以及有关前、后立尺点之间的联系，确定下一个或几个立尺点的位置，并及时将实地的情况转告给作业员，必要时还要返回测站协助作业员做好描绘工作。

在主尺点的选择、实测过程中都要注意地物、地貌的连续性，有规则、有目的地跑尺，切忌"遍地开花"，立尺点各自"独立"，图面"漏洞百出"。

7.6.4 平板仪测定立尺点

立尺点选定之后，就可以用平板仪和地形标尺测定其与测站点的平面距离和高程，用这种方法测定立尺点的具体做法是：

（1）按照本节前面所讲的方法在预先造好的测站上整置平板仪，在选定的主尺点上垂直竖立地形标尺。

（2）将照准仪立柱中心置于图纸的测站点附近，用望远境中丝照准地形标尺的某一位置 v，在标尺上读取望远镜上下丝的间距长度，读取竖直角 α。

（3）设仪器高为 I，测站点与立尺点的水平距离为 D，测站点高程为 H_0，立尺点高程为 H，则立尺点与测站点的水平距离和立尺点的高程计算公式分别为

$$D = 100L\cos^2 a$$

$$H = H_0 + D\tan\alpha + I - v$$

① 在实际作业中常常使望远镜中丝照准标尺上与仪器同高的位置，即会 $v=I$，此时：

$$H=H_0+D\tan\alpha$$

使高程计算简化了。

② 在地势平坦地区测绘时，常常使照准仪的竖直角固定为 0°，此时：

$$D=100L$$
$$H=H_0+I-v$$

在这种情况下仪器操作和计算都简化了。

③ 实测中的取位：L 读至 0.1cm，I、v 量至 1cm，α 读至分。测站上的计算工作采用一般的计算器就可以了。

（4）立尺点的图上表示方法是：依照测图比例尺用卡规在复比例尺上卡取计算之平距 D，拉动照准仪定规的平行尺，自图纸上测站点开始向立尺点方向截取距离 D，并刺孔，此孔即为立尺点在图上的位置，然后注记点之高程。至此一个立尺点的测定工作就完成了。

7.6.5 经纬仪配合平板仪测定立尺点

立尺点除用平板测定以外，也可采用经纬仪配合平板仪（或小平板仪）进行作业。现把采用这种方法时在测站上的操作介绍如下：

将平板仪整置在测站上，把经纬仪架设在平板仪附近（约 1～2m 左右），操作经纬仪的作业员负责视距测量和记录计算工作，其视距方法和竖直角观测及计算与使用平板仪测定立尺点的方法相同，最后算得的水平距离和立尺点的高程要及时报告给操作平板仪的作业员；操作平板仪的作业员只须照准标尺的方向，再根据报与的平距和高程，确定立尺在图上的位置，注记高程，这样分工使得采用平板仪测定立尺点的工作分解了，因此可以提高工作效率。

这种作业方法，首先以极坐标法将经纬仪中心点位精确地测定在图上，如图 7-13 所示，a 点为测站点在图上的位置，a' 点为经纬仪中心在图上的位置，要求立尺点 P 在图上的位置时，因为距离是由经纬仪测定的，所以立尺点在图上点位的确定，应将卡规的起始脚立于 a' 点上，然后拉动定规平行尺切准 a 点，用卡规另一脚沿主立尺点方向紧靠平行尺边缘刺孔，此孔即为主尺点在图上的位置。

测定立尺点的高程，方法与前面所述相同，只是在量经纬仪的仪器高时，应从测站点的地面高量起。

在作业中，根据需要，可以变动经纬仪的位置，但经纬仪移动后，应重新测定其在图上的位置和仪器高。

在平坦地区作业时也可用水准仪代替经纬仪，其作业方法相同，操作更轻

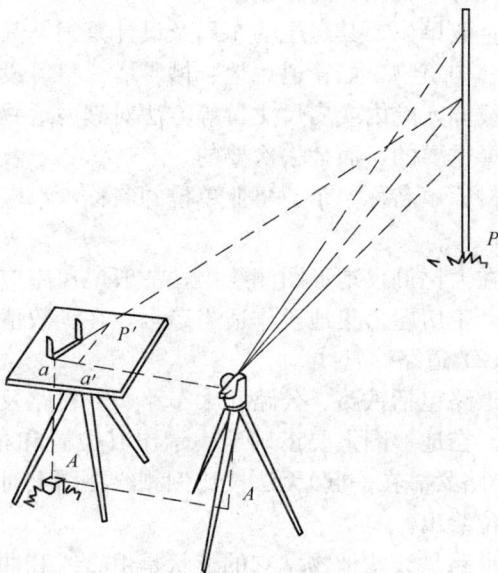

图 7-13 小平板与经纬仪联合测图

便些，这里不再重述。

7.7 地物与地貌的测绘

地形图测绘就是对图幅所含的实地范围内地物和地貌的测绘工作。

地形图的测绘内容大体分为两大类：即地物和地貌的测绘。本节将对这两种元素的测绘方法，结合村、镇测绘工作内容的特点分别加以介绍。

7.7.1 地物测绘

地物主要包括：村、镇居民地，道路、管线，水系，植被和地表等。地物测绘的取舍要根据规范和设计要求进行；图上表示均采用《地形图图式》（相应测图比例尺的）所规定的符号；图上地物点相对于最近图根点的平面位置中误差不得超过图上 0.6mm，在隐蔽或特殊困难地区，可按上述要求放宽 1/2 倍，即图上 0.9mm。

（1）居民地

村、镇居民地的特点是居民地内有一条或数条或直或弯或相交的主要干道，另外附以若干小街小巷，街巷之间密集而又相互衔接的街区或居民地。其外围或内部的个别地方也有散列式居住形式的房屋。

老居民地，其房屋的大小、形状没有一定的规律。其测绘方法应先根据街道上测设的导线控制点，测出沿街房屋的外轮廓点，然后通过支导线、皮尺丈量等方法量测出内部各幢房屋，描绘于图纸上。在绘图过程中，要注意各图形间的相互关系，需要实地量边考核时，要及时考核，相互关系超限的要及时查出原因予以纠正。

新建居民地：村、镇按规划要求建成了一批又一批居民新住宅，其布局整齐，住宅间的几何关系一般相互平行、垂直对应、左右对称；各幢房屋的建筑面积、层次、间隔也大体相同。测绘时，应先测出建筑群最外围四角的房屋，再分别测绘各宅地及内部的房屋，遵循先总体再局部的原则。

企业单位，其房屋的布局及设计是根据其单位需要而设置的，另外还有一些特殊的建筑物和构筑物，如管道、地、槽、塔、窑等设施。测量时先要测出其外围院墙轮廓，再通过导线伸入院内或皮尺丈量等方法对其内地物施测。当图上地物符号拥挤而无法容纳时，应选择重要的，而舍去次要的。

村、镇名称，企、事业单位的名称，都应实地调查确切，按要求选择恰当的位置认真注记。

在大比例尺地形图测绘中，一般说房屋应单幢测量并绘出，但有时候也可根据用图的需要，于房屋密集地段作适当综合，在少数情况下，也有作较大综合的。

（2）道路、管线

道路包括铁路、公路、大车路、乡村路及人行小路等，它是居民地与外界联系的重要部分。在地形图上要正确地表示出其位置和相互关系。当主要道路（如铁路）和次要道路（如小路紧靠在一起）无法按比例测绘在图上时，可舍去次要道路，也可以视情况将次要道路移位绘出。

道路是线状地物，它的形状是由直线和曲线组成的。测绘时，曲线与直线的连接点、曲线与曲线的曲率变化点、道路的交叉点均要立尺，然后再连接各立尺点成道路。有些重要道路，如公路、规划路等，要测出公路实宽，并注记道路的名称和路面铺装种类等；有些次要道路，如乡村路、小路等，则只须测绘出道路的中心位置后，再按规定的符号绘出即可。

道路的附属物，如车站、里程碑、桥、涵洞等，均应实测其位置，视测图比例尺的大小，在图上用符号表示，或按比例尺测绘于图上。

铁路的路基、公路中心、道路交叉处、路面上的坡度变换处、拐弯点等都应测注出高程。在直线路面上，高程点距约 10cm，否则点距应视情况缩短。

村、镇居民地测绘中，地面线路主要包括电力线、通讯线。在测绘时，应测定其支柱和支架的几何中心位置，并将中心位置连线，绘以相应的符号，表示出线路的性质。地下管线主要包括给水、排水、电讯、电缆等，在测绘时，应实测其位置，注明其线路种类，有时还要根据设计要求，测定其埋深、管径、断面形状、管材种类等等。

测绘各种地面和地下管线时，都要注意测绘其拐弯、交叉、去向等，不能无故中断，各种符号都要正确使用；电力线要注意调查并注明伏数、附属设施，测绘要齐全。

（3）水系

在村镇测绘中，水系包括：湖泊、河流、水库、水渠、井泉等。

大型水系如：河流、湖泊、水库等应绘出岸边及水涯线位置。天然岸线一般是自然弯曲的，岸边也有陡岸的，有人工加固陡岸的，有自然斜坡的，还有滩涂式的。测绘时，应区别岸线类型，选择其弯曲变换处、交会点、岸边的坡度转换点等作为立尺点，控制其各种变换形状，使测绘图形与实地相符，并采用相应的符号表示之。水渠的边线一般较平直，图上按规定的宽度用单线或双线表示，水流宽度在图上小于 0.5mm 时用单线。

大型水系还应标注名称，有流向的，注明水之流向，有时还要根据设计需要测出最高水位、常年水位、有水月份、水深、流速等。

水系的附属物，如水闸、抽水站、坝、出水孔、排水道、桥涵、渡口、轨水槽、渡槽等，均应实测其位置，按照规定的比例或采用规定的符号进行表示。

井、泉等独立水源，应测出其中心位置，用规定符号表示，并测注井深，有特殊意义的还要注记井、泉名称。

（4）植被、地类

植被包括树林、灌木林、竹林、苗圃、草地等，耕地包括旱田、菜园、稻田、果园、水生植物等。测绘时，均应测绘其地类界，并绘以相应的符号。各种地类或植被若被道路、河流、水渠等分隔，可不加绘地类界符号，对于某一地类之间杂有其他地类以及地类界边缘上有较小凹凸部分，可视情况，加以取舍。保证地类界内植被种类不超过三种，主次分明，不杂不乱，边缘清晰明了。

7.7.2 地貌测绘

地貌测绘是在通过测定若干个地貌特征点的平面位置和高程的基础上，采用等高线及各种特定的符号把地形形态于图上表示出来的过程。

在地貌测绘中，地形形态虽然复杂，但每个局部都可以看作是一个一定形状的、倾斜的、几何平面图形，进而，可以认为一个范围的地表形态是由各种不同形状的、不同倾斜的几何平面图形相连接、组合而成的多面几何体。各个几何平面的交线就是我们通常所说的地性线和地形骨骼线。

地性线是构成地貌的骨架，起着控制地形总貌的作用，也是描绘等高线的基础。测定地貌特征点的平面及高程以后，连接有关特征点，即可绘出地性线在图上的位置和形状，相邻的若干地性线即构成了一个局部地形的骨骼形态。图 7-14 为山顶的地貌形态。地性线由山顶向四面呈辐射状，习惯上，人们把表示正向地貌的地性线，如山梁绘作实线，而把表示负向地貌的地性线，如山谷绘作虚线。

正确地选择地貌特征点，对于正确地显示地貌的骨骼形态有着极其重要的意义。

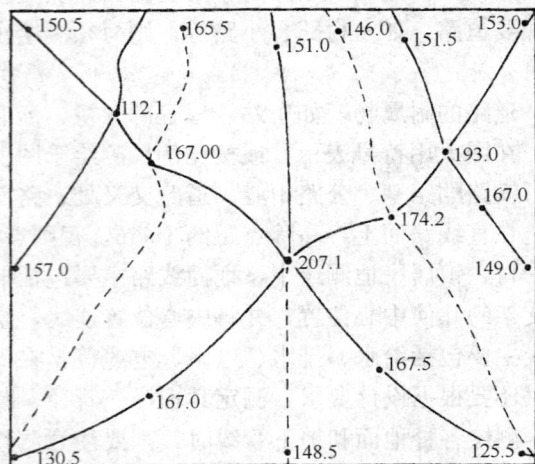

图 7-14

地貌特征点应选择在山顶、鞍部、山谷、山梁、谷和梁的拐弯、坡度变换处、山脚等地方。立尺员应认真观察地形，区别主次，选择最佳立尺点位。作业员应依实地情况于图上，及时连接有关立尺点，绘出地性线，进而完整地绘出地貌的整体道路线。

地貌特征点如果选择不多，就会改变地性线的位置；遗漏了重要地形特征点，局部地形特征就无法显示。其结果都会改变地貌的骨骼形状，最后使图纸上所显示的地貌形态失真。

正确测定地貌的骨骼线以后，还需要确定在每一条地性线上等高线通过的位置。我们知道，图上相邻两立尺点连接的地性线，不仅表示了山坡的方向，而且表明了两立尺点之间的地面坡度是相等的。显然，等倾斜坡度的地面，其等高线的间距也是相等的。根据这个性质，我们就可以按比例，通过内插来确定地性线上等高线通过的位置。

图 7-15 中，A、B、C 三地形特征点的连线，表明了山梁的走向，B 点为山梁的转弯点。A、B 点之间坡度为等倾斜变化，B、C 点之间坡度为等倾斜变化，前者坡度较陡，后者坡度较缓，期间各等高线均为按比例用内插方法绘出的。

描绘等高线是地貌测量中最后的而又是很重要的环节。在图板上测定了地形特征点，绘出了地性线，得出了地貌的骨骼形状，就要对照实地绘出反映地貌形状的一系列等高线。等高线的描绘是一项繁杂的工作，在等高线密集、地形变化复杂的地段尤其突出。这是因为，我们求出的只是少量的地貌特征点，没有也不可能把高程相同的点都测定出来，对于显示两地性线之间、同一地性线上下两地形特征点之间的微型地貌来说，还需要对照实地并在具备一定描绘技能后才能够通过描绘，较好的显示出来。

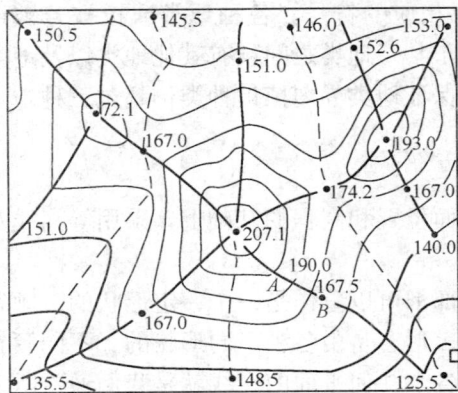

图 7-15

要使各种地貌形状能够描绘的逼真、形象，做到用等高线精确而真实地反映不同的地貌形态，我们还必须识别各种典型地貌，如：山顶、山脊、山谷、陡坎、梯田、平地等的地貌形态，研究它们结构的特点与联系，进而掌握用等高线显示其地貌特征的方法。在村、镇测绘工作中，对于以上例举的的各种地貌形态，有的可能遇到较少，但是，如果把等高线表示基本地貌特点的方法搞清楚了，掌握了对于在实际测绘工作中能灵活的、技巧的描绘复杂多变的地貌形态就具体了扎实的基础。下面我们将以主要的几种基本地貌为例，说明用等高线表示这些地貌的方法。

（1）山顶与山脊

山顶是山的最高部分，许多连续的山顶向某一方向延伸便形成了山脊。山顶和山脊以其外部形态分为尖的、圆的和平缓的三种类型。尖的山顶和山脊的地貌形态特征是山峰高、山脊狭窄、顶部陡峭、山坡呈凹形，描绘这种地段形态的等高线沿山脊方向转弯急而尖，一般靠近顶部等高线较密，向下逐步转疏。圆的山顶和山脊的地貌形态特征是山顶滑圆、山脊宽缓、山坡上缓下陡呈凸形坡特征，描绘这种地貌形状，等高线成圆滑的弧形曲线，一般顶部等高线较稀，向下等高线逐步转密。平缓的山顶和山脊形态特征是顶部平坦、四周较陡，描绘这类地貌形态，等高线应平直，转弯应圆滑，它具有顶部平坦、宽广以及四周密集的特点。山顶的等高线显示如图7-16所示，山脊的等高线显示如图7-17所示。

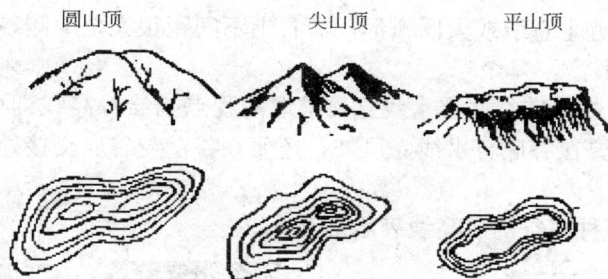

图7-16　山顶及其等高线图形

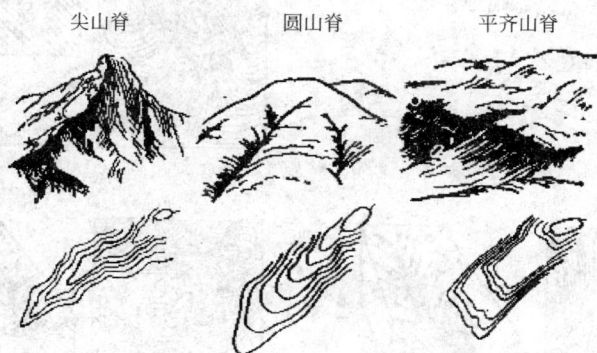

图7-17　山脊及其等高线图形

（2）凹地

凹地的等高线也是一条闭合曲线，与山顶的不同之处在于示坡线绘在等高线内侧。凹地的等高线显示如图7-18所示。

（3）河谷

根据河谷形成的不同发展阶段，依其横断面形状分为尖形（V字形）、圆形（U字形）和槽型三种类型。

V型谷各地形特点是谷底狭窄、谷壁陡峭、两侧山坡多呈等齐对称形、谷底弯曲很小而坡度较大。描绘这种河谷的等高线形态，顶点呈锐角闭合，谷底两侧等高线间水平距离很小，两坡等高线十分密集，同坡等高线间距大致相等，等高线斜向外延伸开口逐渐张大，呈V字型。

U型谷由V型谷发展而来，河流经过地方旁蚀和堆积明显，这类河谷的地貌特点是河谷谷底比较宽广、谷壁地势平缓、谷底坡度较缓。描绘这类河谷时，等高线过谷底的封闭图形呈平缓的图弧形，即U字形，表示谷底的同谷等高线间水平距离比较大，河岸斜坡上的等高线比较稀疏，等高线延伸方向和弯曲情况不一定和河流的弯曲一致，各底上下等高线的封闭处的水平距离较大。

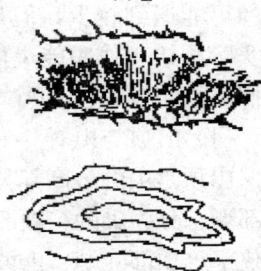

凹地

图 7-18 凹地及其等高线图形

槽形谷是U形各继续发展而来，其地貌特点是谷底广阔平坦、谷壁下陡上缓，有时出现悬崖绝壁。描绘这类河谷时，等高线过河谷呈槽形封闭，在谷底两侧转折处近似成直角，过谷底的等高线近乎直线或大圆弧形，而且上下间距很大，两侧谷壁等高线间距下密上缓，左右无对称规律。

测绘V字形谷地貌，在谷底合水线立尺求取高程点描绘等高线即可；测绘U字形谷和槽形谷地貌，除需要在谷底合水线立尺外，还要在谷壁与谷底交接处立尺，才能控制谷底等高线的形态。

图7-19表示了三种河谷的等高线表示形态。

山 谷

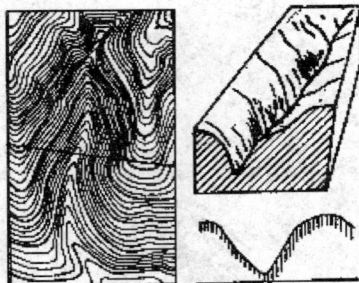

尖形(V)谷

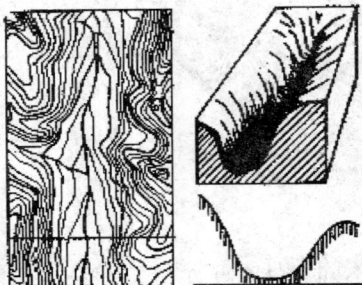

圆形(U)谷

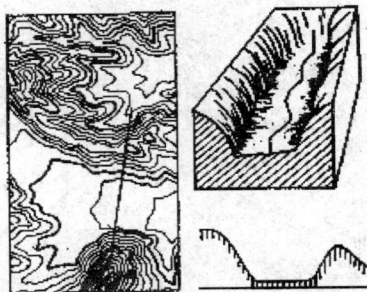

槽形(凵)谷

图 7-19 山谷及其等高线图形

（4）山坡

山坡是山顶、山脊和山谷底中间的部分。山坡在正向地貌中占有较大的面积。根据山坡横断面的特点，山坡分为均匀山坡、凹形山坡、凸形山坡。如图7-20。

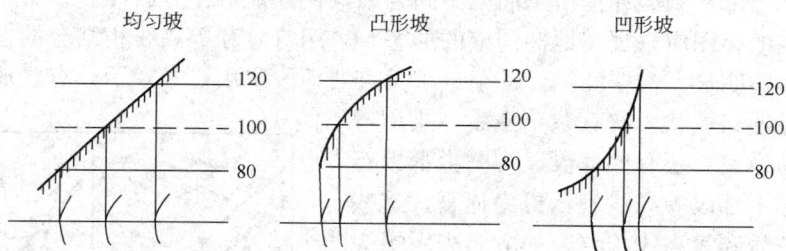

图7-20　坡面及其等高线图形

均匀山坡是指上下倾斜相等的山坡。描绘这种山坡时等高线间距相等，其间距大小决定于斜坡的倾斜程度，坡度越陡等高线间距越小，坡度越缓等高线间距越大。

凹形山坡是指下缓上陡的山坡，这种山坡在高山区较为多见。描绘这种山坡时，从下边开始，等高线的间距由大逐渐变小。

凸形山坡是指下陡上缓的山坡，这种山坡在U形谷和槽形谷的两侧山坡较为多见。描绘这样的山坡时，等高线的间距自下而上由小逐渐增大。

（5）梯田地形

为了有利于水土保持、种植农作物，人们按照自然地貌的起伏走向，修成相对平整的阶梯形地块，就形成了梯田地形。依其表面的倾斜度大致分为水平梯田和倾斜梯田。梯田地形和阶梯斜坡有某些相似之处，但其平地边缘不是斜坡，而是垂直的坎子，这些坎子又多为人工修筑的。梯田的表示一般应采用梯田符号，如图7-21所示。

水平梯田其田面是水平的。田坎内所含等高线由田坎符号代换，两端等高线依地形的实际形态由两端引出。

倾斜梯田是沿自然地貌倾斜修筑的梯田，田面依地表的自然形态形成斜坡，田坎也不一定处于同一水平面上。在同一梯田面上常常有等高线通过。

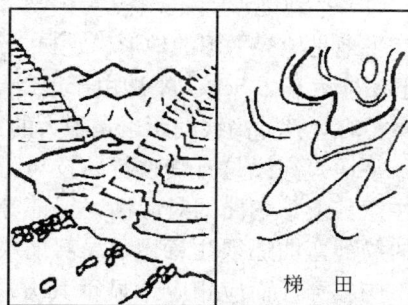

图7-21　梯田及其地貌符号

在等高线的描绘中要注意实际地形变化的走向，有时还要测定适当数量的高程点，才能正确地绘出。

梯田的测绘中根据比例尺的不同和实地梯田的比高、密度特征等情况，允许适当取舍。同时要注意梯田比高，尤其在田坎高度变化时更要注意测注。等高线的描绘要与实际地形变化相对照，并与梯田比高的测注相统一。在用梯田符号和等高线显示地形时，等高线常常进出田坎，频繁中断，此时尤其要注意地形变化的总体走向和等高线时进（坎）时出（坎）的连续性。

（6）雨裂冲沟

雨裂冲沟属于负向地貌，在土质较厚的近陵区较为多见。在流水切割下，幼年期沟深而窄即是两裂，逐渐发展，沟口愈宽，沟边边棱明显、沟壁陡峭，形成冲沟。冲沟上游，沟底很窄横断面呈 V 字形，向下逐渐加宽，横断面呈 U 形或槽形。冲沟形成地区一般植被很少，在凹坡部，雨裂冲沟由三面向中间合聚，往往地形十分破碎。

雨裂冲沟的显图应根据实地冲沟壁的形态，采用符号和等高线相结合的方法，二者不可缺一。在沟边明显、沟壁陡峭，甚至近乎垂直的地段应用符号表示；有些地段，沟壁虽陡，但呈明显的斜坡状，间有杂草滋生，则用等高线表示较为适宜；还有些地段，沟壁上部以符号表示较好，下部以等高线表示更为逼真；这些地段则应以符号和等高线相结合的方法表示更为妥当。如图 7-22 所示。

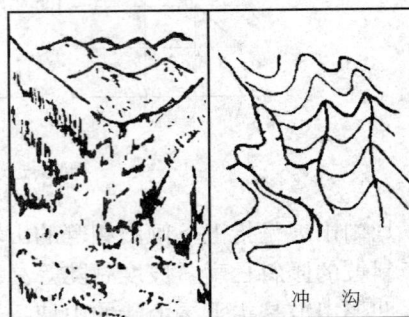

图 7-22　冲沟及其地貌符号

一般规定，冲沟雨裂深度在 1m 以上则需要表示。冲沟宽度在经过比例尺缩小以后，图上小于 0.5mm 的以单线表示，0.5～1.0mm 用双线符号表示，大于 1.5mm 以上，按实际宽度以双线表示并加绘陡坎符号；在能代表冲沟平均深度处测注沟深或比高；沟底宽度于图上宽达 5mm 时应绘出等高线，并注意沟底高程点的测定和注记，沟底等高线的描绘中应注意与周边冲沟符号的连接及冲沟处部等高线的对应性。

雨裂冲沟的测绘工作是地形测绘中比较困难的，初学者多设站，设小站，保证立尺点有足够的密度，对照实地多观察、细描绘，才能测绘出高质量的冲沟图来。

（7）平地地形

平地是地势平坦的地形，是村、镇测绘中最常遇到的。平地测绘中立尺点的点距在图上一般不应大于 1.5cm。平地由于地势平坦，其地形点高程上下差数很小，在采用 1m 或 0.5m 等高距时，其等高线间距也是很大的，等高线即使上下移动较大的距离也不会超限。

平地等高线是有其独特的技巧。在等高线描绘中应纵观地势的总体走向，相邻等高线应注意其上下弯曲的对应性，保证等高线能较好地显示总貌的地势走向。另一方面，等高线的局部弯曲还须注意显示局部地块的形状特征，如一方块地为同一灌溉地块，其等高线则不应斜穿，而应相应地显示其方块特性。大家知道，地形点之高程是描绘等高线的依据，是不能违背的，在平地地貌描绘中，为保证平地等高线的显图特性，在某些特殊情况下，等高线的描绘又不能过于机械，如有时候，由于 0.1m 的点位高程（也可能高于测定误差），可能就要使等高线总的走向发生极大的变化，这种由小误引起大误的做法是不可取的。这时候就要涉及总体，而不要犯机械地按点连线的错误。

7.7.3　等高线显示限差的一般规定

在地形图测绘中，用等高线显示地面高程是重要方法。以上我们讲了用等高线显示部分重要地貌的方法，这里我们还要介绍一下等高线的一些主要精度要求。

图上高程注记点相对于最近图根点的高程中误差，平地不得超过 1/4 等高距；丘陵地、山地、高山地不超过 1/3 等高距。

图上由等高线内插求得一点的高程，相对于最近图根点的高程中误差，平地不超过

1/3 等高距；丘陵地区不得超过 1/2 等高距；山地、高山地不超过 1 等高距。

当基本等高距在图上小于 1mm 时，等高线平面位置中误差不得超过图上 1mm。

在密林隐蔽或特殊困难地区，图上高程注记点及等高线精度要求可放宽 1/2 倍。

点位精度是用解析法求出地面任何一点的平面和高程的数据与图上相应点比较的差数，其限差是指规定所规定的最大差数界限。根据规范要求，点位的平面及高程限差均为中误差的 2 倍。如果一个点的平面及高程均不超过限差时，我们说该点不超限。在对一幅图进行检查时，如果仅仅被检点不超限，那还是不能对该图幅下质量结论的，这是因为仅仅有了数学精度，还不能说明等高线的描绘质量、地物的取舍质量、符号的运用恰当等等。

地形图的质量主要应考查如下几个方面：

（1）用等高线显示地貌的正确程度，即显示各种地貌特征逼真，符合自然地貌规律；

（2）地物、地貌取舍符合相应比例尺要求；

（3）各种符号运用正确。

以上三点是对地形图质量的一般要求。

7.7.4 碎部测图的经验

平板仪测图，对于整幅图来说是逐站测绘，直到覆盖全幅。每站测绘范围受视距长度和肉眼观察能力的制约，每幅图设站数量随比例尺的大小和地物、地形的复杂程度而变化，强求扩大每次设站的测绘范围就会影响立尺点的精度和对照实地的地物、地貌描绘，最终影响成图质量。每一局部的地物、地貌描绘的根据是必要的立尺点和眼睛直接对照实地的观察。每一个立尺点的精度是在一定的视距范围内采用仪器实测来保证的，视距太远的，超距了，其立尺点的精度就无法保证了；任何局部地物、地貌描绘只有在依据立尺点前提下，观察到才能描绘出，"看不清不绘"是平板仪测图的基本要求。地形测图中是否有错漏，一般说也要靠对照实地检查才能发现。在每一个立尺点或几个立尺点测定之后，点位记忆就清楚，地物、地貌形状及变化印象也最深刻，要抓紧时间随时描绘在图纸上，即所谓"随测随绘"。这样做的好处是：一方面保证了描绘的正确性，作业员心中有底；另一方面，一站结束了，该站测绘范围内的图也绘完了，客观上提高了测图的速度。有些新作业员，盲目贪大站，急于测立尺点，大片立尺点测出了，有的连地性线都绘不全，然后立尺员休息，在图板上开始描绘，这种方式作业很难做到点点对照实地，严重地影响描绘质量，有的甚至当站绘不完，晚上在灯光下绘图，其描绘质量则可想而知，这些作业方法是万万不可取的。

作业员在测图过程中，还应该养成一个经常自查的好习惯。在本站作业完成后，要检查本站所测地物、地貌有无错误和遗漏，尤其要注意那些视距较远和隐蔽地段。作业中与邻站所测范围相接时，应适当加测重分点，这是因为一方面，两站测图范围相接处，距两站都比较远，容易错漏，另一方面还能检查测站上可能出现的粗差。在迁移测站过程中，沿途应作一般性巡视检查，观察地物、地貌描绘是否逼真，是否存在错漏等等。通过以上工作做到站站测绘心中有底。

广大测绘工作者在长期的地形测图实践中积累了很多有益的经验，这些经验是：

勤设站，设小站；

对坡设站，正面描绘；

随测随绘，看不清不绘；

站站清，日日清，幅幅清。

这些宝贵的作业经验，是老作业员长期作业的经验总结。实践证明，这些作业方法是提高速度，保证作业质量的好方法。对于新作业员来说，尤其应该在实践中认真体会、继承和发扬。不但能保证测图质量，而且培养了严谨的工作作风，对速迅提高作业水平也是十分有益的。

7.8　地形测图的结束工作和检查验收

地形测图工作结束以后必须经过图幅接边、资料整理、检查，由质量监督部门进行验收，上交测绘资料。

7.8.1　图幅接边

地形图是分幅测定的，为了保证图幅间的相互拼接，在进行外业测图时，每一幅图的四边均须测出图廓线 5mm，在迁居民及重要地物时，还应适当多测出一些，有的甚至将地物测绘完整。

采用聚酯薄膜测图时，属同期作业的，其接边可直接将两相邻图幅的原图图廓边迭合，进行接边。属非同期作业的，如与尚未出版的图幅接边发现矛盾时，且是已完成图幅的错误，属遗漏或新增地物，则应对该图进行初测、修测和改正；如与已出版的图幅接边，接合误差如不超限，一般改正新测图幅，如是已出版图幅超限或明显错、漏，则不要勉强拼接，新图幅的图边按自由图边处理。

在接边的过程中，要仔细观察两边的房屋、电线、道路、河流、水渠等是否遗漏，相差是否超限，符号运用是否一致，地貌等高线是否相接，植被、土质是否相同，名称注记是否相同和齐全，等等。接边误差规定不超过地物、地貌相应中误差的 1.5 倍为最大允许误差。不超限时，一般地是将接边误差分配在两图幅内。改正直线地物，如电线、公路等的接边误差时，应按相邻图幅中直线地物的转折点相接。接边工作应在离开测区时做完。若接边时误差超限，应分析原因，必要时到现场，查明错误，予以改正。

7.8.2　透写图的绘制

透写图是用透纸在厚图上蒙绘的图，分为高程透写图和高程与地物均透绘的透写图，透绘颜色一般高程用红色墨水，地物用黑色墨水。透写图的用途是为语绘时的参照和对原图清绘后的检查验收。

透写图的绘制应随外业测图同时进行，以免产生遗漏和错误，最迟时间不应超过 3 天。

高程的透绘应包括大地控制点、测区基本控制点、测站点和高程注记点，地物透绘一段指易丢透的重要地物。

透写图要在原图测完后同时完成，并应认真校对。

7.8.3　图历表填写

图历表是图幅的档案资料，由作业员用墨水认真填写。图历表上记载了成图过程中的各种有关的主要情况，如控制资料成果、检查验收的质量评定等，由外业和内业工序共同填齐。

7.8.4　检查

检查分为自查互校和队检查；检查方式分为内业检查、外业巡视检查和外业设站检查。

（1）内业检查

内业检查主要是检查原图上各种地物、地貌表示是否合理，有无点线矛盾，有无错绘漏绘；各类名称注记，高程注记，比高注记，高程注记点的选择和分布等等是否齐全，分布是否均匀；图边拼接是否完好；图外整饰是否符合要求。

（2）外业巡视检查

外业巡视检查是要携带所查图幅，按照具体图面内容情况选定路线，将图上地物、地貌与实地的地物、地貌进行对照比较检查。其目的是：检查地物、地貌取舍是否恰当，有无错漏，符号运用是否正确，相关位置是否与实地一致等。此种检查方法方便灵活，容易做较大范围的检查。由作业员本人自查，对提高测图质量尤其重要，可以有针对性的弥补原作业时的薄弱部位。

（3）外业设站检查

设站检查的主要目的是检查地物、地貌的数学精度。设站检查时，一般采用仪器用方向法和散点法进行检查，所设测站可以选用原测同时的测站，也可以任意重新图解测站。检查地物、地貌的平面位置精度时，可以用照准仪照准需要检查的地物或地貌，使平行尺斜边切于测站点，再看平行尺斜边是否也通过该地物和地貌在图上的相应位置。其平面位置较差：重要方位物不得超过图上 0.4mm，轮廓明显的主要地物不超过图上 0.6mm，次要地物不超过图上 1.0mm，则为合格。检查地貌的高程精度时，可用标尺，采用测定立尺点高程的方法测定，再与图上原高程进行比较，其误差不大于规定允许的中误差的 1 倍，则为合格。

7.8.5　地形图的验收

地形图在经过自查互校核队检查合格后，还要把各项资料，如透写图、图历表、外业手簿等全部准备齐全，待整个测区的全部工作完成后，再交由测绘成果验收部门验收。

验收部门要对测区的控制成果，所有图幅及有关资料进行检查。检查的依据是：经过批准的技术设计书和编写设计书所依据的规范、图式。检查方式为抽查方式。检查合格即行验收，并把验收结论填在图历表上，写出验收报告。对于不合格的产品，验收部门将根据情况责令作业单位进行返工或适当处理。

7.8.6　测图成果验收后的提交资料

外业测图工作结束，并经验收后，应提交下列资料，以为下工序使用和资料保存。

（1）控制资料：

控制点展点略图，水准路线图；

图幅分幅图；

外业观测手簿；

计算手簿；

控制点成果表。

（2）地形测图资料：

地形原图；

透写图；

图历表；

地形测量手簿。

（3）地形测图工作总结。

第八章 地 形 图 绘 制

地形图的野外测绘完成以后，再经过检查验收，即可进行内业的地图绘制工作。地图绘制包括：清绘和整饰。所谓清绘，是把原图上铅笔所描绘的地形地物着墨，使之显示清楚；所谓整饰，是把图廓外面进行装饰，以增加美观。之后才可复制、制版、印刷等为地形图的使用而进行下一步的工作。

地图绘制，没有适用的工具、材料是不行的。因此，本章将首先介绍一些进行地图绘制所需要的主要工具及其使用、维修、绘图材料，然后介绍地图绘制的基本知识和技能。

8.1 绘图工具及材料

做好地图绘制需有一套好的绘图工具和熟练的操作方法，本节将对部分常用绘图工具及检查、使用和维修加以介绍。

8.1.1 三棱尺

如图 8-1 所示，三棱尺横断面为正三角形，多为木制，一般尺长为 30cm，尺面上有 6 种不同的比例尺刻划。三棱尺的主要用途是设置和量测线段，一般不使用于引画铅笔线和墨线。设置线段时，应铅笔尖紧靠尺边缘量长制点，用卡规在尺面上量取尺寸时，注意不要损伤漆面。

图 8-1 三棱尺

8.1.2 直尺

直尺是描绘直线和量测长度的工具，直尺有金属和有机玻璃尺。坐标尺是金属尺的一种，上一章已做介绍，这里不再重述。绘制地形图所用的直尺，尺身必须平直，刻划必须精确。检查尺底是否平直的方法，是将直尺平放在图板或玻璃板上，如能与板面密合，则说明尺底是平直的。检查尺边是否平直的方法如图 8-2 所示：沿尺边画一细直线 AB，然后反转尺身 180°，过 AB 再画一细直线，若二线重合，则说明尺边是平直的。否则说明尺边不是平直的，不能作绘图之用。

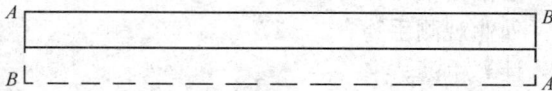

图 8-2 检查尺边是否平直

8.1.3 三角板

三角板常用于绘短直线，引画垂线，画常用角，三角板配合推绘平行线。三角板的面平边要直，各角度应准确。前两项的检查与直尺相同，不再重述。角度检查常用方法介绍如下。

对直角的检查方法：将三角板一直角边紧贴已校正好的直尺边，用尖铅笔沿另一直角边绘直尺垂线，然后，翻转三角板，由垂足开始再画直尺垂线，若二垂线重合，则其直角合乎要求，否则三角板直角不合乎要求。

检查三角板 45°角的方法：以一直角边紧靠经鉴定的直尺边，沿斜边画 AC 直线翻转三角板，再用另一 45°角之斜边在 AC 上画直线，若二直线重合，则 45°角准确，否则 45°角不合要求。

检查三角板 30°角和 60°角的方法：先绘直线 AB，再使三角板之短边与 AB 重合，沿斜边画斜线 AC，然后翻转三角板，沿斜边画斜线 BC，于是得到△ABC 的三边长，若其长均相等，则角度合乎要求。

经过以上各项检查，全部合乎要求的三角板才宜用于绘图使用。

图 8-3 表示用三角板推绘平行线的方法。该图所示为：把三角板的一边靠紧直线，用直尺紧靠三角板的另一边，沿直尺推动三角板，然后过三角板画直线，这时就可画出平行线。

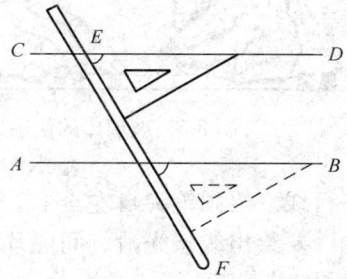

图 8-3　用三角板推绘平行线

8.1.4　曲线板

图 8-4 所示为曲线板。曲线板是用来在图上描绘多种曲线的依托模板。曲线板的边缘具有多种曲线形状，依附它可以绘出多种不同曲率的曲线，在绘制道路弯曲部分时很方便。使用曲线板描绘曲线时应选用边缘曲率与所绘曲线的曲率相吻合的部分。对于较长曲线或曲线率变化的部分，应分段描绘。在分段描绘时，应注意使衔接处曲线保持吻接，使绘出的曲线平滑无痕迹。

8.1.5　针管笔

图 8-5 所示为针管笔。针管笔也叫绘图笔，是具有吸水功能和储水结构的绘图工具。

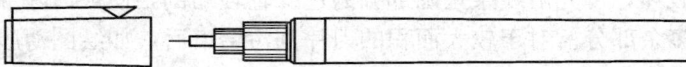

图 8-4　曲线板

图 8-5　针管笔

其外形构造和吸水方法与一般自来水笔相似，笔头为一个针管，管内为一细钢针，细钢针的微动可使绘图笔出水流畅。针管分为 0.3、0.6、0.9mm 直径三个档次，可根据需要选用。使用时不宜用力过重，若出水不畅，可用手握住笔杆上下抖动，使针管内钢针作上下振动，如试笔时，仍出水不畅，则应考虑墨水的浓度，若过浓时，应略加水稀湿。书写时笔头倾斜角度以 80°～85°为宜，如笔尖不光滑，有划纸的感觉，可把笔头拧开，在油石上修磨笔管和管内钢针，修磨的方法是使笔管成 80°～85°角在油石面轻磨，同时以同样的方法修磨钢针，使尖端光滑即可。

8.1.6　玻璃棒

玻璃棒是用绘图小钢笔(下一节将对绘图小钢笔专门介绍)画线、画符号和书写注记时常用的依附工具，以直经 8～10mm、长 15～20cm 的较为适用。玻璃棒应粗细一致，平直圆滑，两端最好用胶布或纸条缠裹，胶布或纸条宽约 1cm、缠厚约 0.3～0.5cm 为宜，两端缠裹厚度应一致。经缠裹后的玻璃棒使用时在图纸上滚动，不直接与图面接触，可以避

图 8-6 玻璃棒的使用

免因玻璃棒贴污的墨迹转而贴污图纸。如图 8-6 所示。

使用时左手握玻璃棒左端约 1/3 处，食指在上，拇指和其他三指分握于棒的两侧，持棒要稳，用力要适中。画线时，把棒压定在纸面上绘画。玻璃棒是画较短平行线的理想工具，画平行线时，手握玻璃棒并使其滚动，就可以画出不同间距的平行线。绘画笔尖自左至右，笔尖中锋移动方向与棒保持平行，持笔要稳，不可左右摆动。要绘出线条光滑、间隔均匀的平行线需要经过专门的练习，否则，难以达到理想的效果。

8.1.7 点绘工具

点绘工具是自制的可以绘制小矩形、小三角形、小圆形的实心图形的工具，可选用医用注射针头制成，不同规格的针头可以制成尺寸不同的点绘工具。

绘圆点的工具制作：选择适当粗细的针头，于油石上垂直修磨，直至顶部磨平，再把边缘厚度修磨适当，即可绘出边缘整齐的圆点。

点绘矩形或三角形的工具制作：先将针头顶部磨平，再将预先制好的矩形或三角形的硬质金属通条插入针孔，轻轻锤打至孔与通条截面相同，再将各边缘磨薄，使其边缘均匀，棱角方正即可。制做较理想的点绘工具，首先要选择粗细适中的针头，在修磨中要边磨边试，直至理想为止。图 8-7 为通条。

图 8-7 通条

8.1.8 修图刀

修图刀是用于清除图面上被沾污或画错部分的刀具，常用的有刻刀或刀片。刻刀适用于清除污点、画错的线条等；刀片适用于清除较大面积的污迹。在清除多余线条时，为保证正确线条不被破坏，可先沿线条正确部分的边缘轻轻切刮，使被清除部分和保留部分分开，然后再清除多余部分。对于较大面积的刀片刮污结束后，如绘图薄膜太光，影响重新着墨时，还要用砂橡皮重新擦。

8.1.9 油石

油石又叫油砥石，用于研磨绘图工具。油石表面平滑、颗粒细致均匀，分为天然油石和人造油石两种。天然油石为石英、砂岩等质料，硬度大、颗粒细。人造油石一般比较粗。研磨时用力轻而慢，最好加少量润滑油。

8.1.10 点线符号标准表

点线符号标准表又称线号表，把制图用不同规格的点、线制印在透明而伸缩性极小的胶片上，制图作业中用作量测点、线等规格是否标准，十分方便。

绘图时，在正式绘画各种符号之前，应首先在试笔纸上试画，与"点线符号标准表"比较对照，符合要求后，再正式上图。

8.1.11 绘图材料

在用蒙绘方法清绘时，其纸主要采用聚酯薄膜，要求透明度高，伸缩性小。既便于蒙绘，又宜于长期保存，又不至于伸缩太大，影响地形图比例尺。

清绘均采用优质墨水，色黑、有光泽、颗粒细、胶性适中、浓度适中。其清绘图能长期保存，永不褪色。

另外，白橡皮、砂橡皮、胶带纸、刀片等也是地图绘制中常用的物品。白橡皮用来揩铅笔线；砂橡皮用来揩墨线；刀片以刮脸刀片为好，用于刮去多余墨绘线条，刮改时刀刃与纸面垂直，用力适中，既要刮干净，又不能留刀痕。

8.2 绘图笔的使用和维修

上节对一些绘图工具进行了介绍，本节所讲的绘图笔，包括小钢笔、直线笔、曲线笔，因为其使用和维修比上一节所讲的绘图工具麻烦一些，而且在地图绘制过程中使用得更多更广泛一些，所以本节将分别加以介绍。另外本节还将对地图绘制中常用的小圆规的使用和维修加以介绍。

8.2.1 小钢笔

小钢笔与沾水笔一样，也是由笔杆、笔尖两部分组成，不过笔杆细一些，笔尖小一些，所以叫小钢笔。因为其主要用于描绘图像，所以又叫绘图小钢笔。小钢笔是制图工作中应用最广的基本工具之一。主要用于绘制地图上各种符号的较短直线、符号的曲线部分和书写各种文字和数字注记。

（1）小钢笔的使用方法

小钢笔使用时的握笔姿势和沾水笔一样，在描绘线划时，笔缝与画线方向一致，笔尖的凹面朝着画线，笔杆的倾斜角以45°为宜，笔尖的两片尖端同时轻触纸面，一般绘线是自左至右，自上而下，均衡运行。绘图时小钢笔常常与玻璃棒配合使用，笔尖沾墨不要超过中孔，笔尖内侧边与背部墨汁都要擦净，这样可以避免笔尖接触玻璃棒时，使玻璃棒沾上墨迹，沾污图纸，同时也使描绘线划细致、均匀，避免线划粗细不均。

① 描绘短直线

笔尖侧边必须附玻璃棒配合使用，以左手轻捏玻璃棒左端固定，平置纸面，描绘过程中玻璃棒不应滚动，笔杆要平稳。为使线条正确地画在需要的位置上，画线前可将笔尖沿玻璃棒边虚绘一下，检查笔尖移动方向与图上直线位置是否一致，经试准后再下笔描绘。

小钢笔绘直线的基本要领如下：

落笔要准：落笔后稍停，待墨流下再运笔，起端整齐；

运笔要均：运笔速度一致，用力均匀，笔杆倾斜角度不变，线条直而均匀；

提笔要稳：笔到终点稍停顿，垂直提起，末端才整齐。

② 描线短平行线

用笔尖依靠玻璃棒，用目测距离的方法，绘出间隔相等，方向一致，线划均匀的平行线，小钢笔的这一基本用途，在地形绘图上用得很多，如居民地晕线，沼泽地晕线等都是用间距相等的平行线表示的。

用小钢笔绘平行短线的基本要领如下：

轻捏玻璃棒左端，平置纸面不提起；

笔尖倾角不改变，平行滚动向里移；

平行间距要准确，绘前虚试再落笔；

多练自测见功效，从中认真找规律。

（2）小钢笔的常见毛病和修磨

优质小钢笔尖的钢质坚硬，富有弹性；两片长短宽窄、厚薄一致，并向尖端由宽渐窄；两刃片不前后错开，笔缝松紧适中，尖端合拢为一点并呈"椭圆"形。作为绘图用小笔尖必须具有如上的特点。所以使用前应做检查。其方法是将笔尖在大拇指甲上轻轻压开笔缝，查看两片的关系，如长短、宽窄、厚薄、尖外形，然后试绘线条，如划线时出现有笔尖刮纸、断线、下墨不畅、线条不光、粗细不匀等现象，不是操作上有问题，就是笔尖有毛病，需视其情况，进行处理。在操作方法正确时，则应修磨笔尖。方法如下：

① 笔尖两片长短不齐

图 8-8(a) 所示为笔尖两片长短不齐。用这种笔尖绘出的线条下墨不畅，刮纸，线条两侧虚实不一。

修磨方法：将笔尖垂直于油石面，沿笔尖两侧面方向平动、轻磨（如图 8-8b），至齐（如图 8-8c），然后磨窄、去棱，使尖端呈"椭圆"形一点。

② 两片宽窄不一

图 8-9(a) 所示为笔尖两片宽窄不一。用这种笔尖绘图，因笔尖两钢片宽窄不同而使其弹性不一致，运笔时，对笔尖略有压力，其两片运行步调则不一致，一片在前，一片在后，绘出的线条粗细不匀且发毛。这种笔尖绘图时因刮纸而出现沙沙响声。

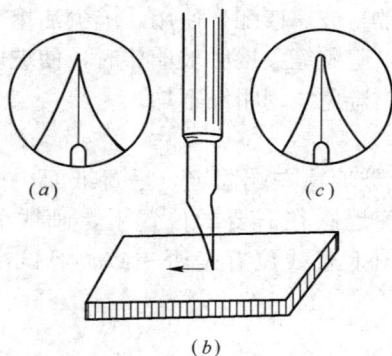

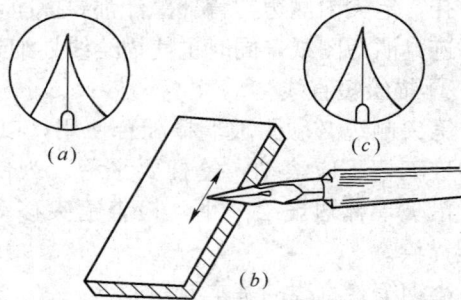

图 8-8   图 8-9

修磨方法：将笔尖较宽的一边侧卧于油石上，角度一般为 10°～15°，按箭头方向来回磨动（图 8-9b），直至宽窄一致。修磨时应注意使拇指抵住笔尖，使两片略分开，以免笔尖错开误磨笔尖上片的内侧，造成笔尖报废。笔杆与油石的倾角不宜过大，以免笔尖磨的钝短，而使笔尖的弹性变小，同时还要注意边磨边检查，细心耐心，才能磨好。

③ 去棱角

笔尖带棱角，绘出的线条不光不实，必须去掉。由于棱角太小，用眼睛难以看出，修磨时，一般根据线划的要求去掉前棱或侧棱。作为绘直线的笔尖，要去前棱；作为书写或描绘曲线的笔尖，则不仅要去前棱，而且要去侧棱，使笔尖周围都圆滑。

修磨方法：图 8-10(*a*)为去前棱的修磨方法。将笔尖正倾斜放到油石上，凹面向下，按由小到大的角度轻微荡动修磨二、三次之后，再试绘波浪形曲线条，如不刮纸，表示已磨好。图 8-10(*b*)为去侧棱的修磨方法。修磨时，将笔尖右侧放在油石上，边磨边转动笔杆，在转动的同时笔杆的倾角也应由小到大，或由大到小地变化，直到笔杆转到左侧为止，然后再向相反方向转动，这样反复 2～3 次即可。由于各人使用笔尖的角度不同，所以在修磨时，笔杆倾角要掌握为自己使用的习惯角度。修磨时可以用依附玻璃棒的方法，将玻璃棒放在油石上，按自己的习惯角度将笔尖顺玻璃棒轻轻旋转荡动修磨，这样更容易使笔尖磨得得心应手。为保证笔尖能磨好，可边磨边画线条。哪个方向刮纸，可着重修磨哪个方向，直至理想为止。

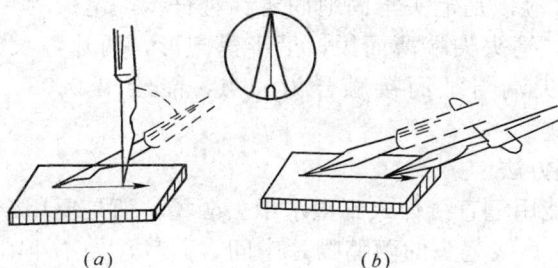

图 8-10　去棱角

④ 笔缝过松或过紧

笔缝过松，中缝有明显裂缝，绘图时用力稍重则下墨太多或呈双线。

修理方法是：将笔尖背向下，搁在大拇指的指甲盖上，轻压几下，使之密合。

笔缝过紧画线不易下墨，修理方法是将笔尖背向上，在大拇指甲盖上轻压几下，使笔缝扩大，再紧时用刀片轻轻插入笔缝，即可撑开，然后试笔，直至理想。

(3) 小方头笔尖

在绘图实践中，为绘短粗直线，有时把小笔尖修磨成尖部为小方头状，能使描绘的短线整齐美观，这就是所谓的小方头笔尖。小方头笔尖根据需要可磨成笔头宽窄不同的多种规格，以满足描绘不同粗细线划的需要。

修磨步骤：

① 选择弹性较小，笔尖较短的笔尖，缝开至对光检视可见为宜；

② 将笔尖靠玻璃棒，以绘直线习惯用倾角（一般为 75°）在油石上将刀片磨成长短一致。

③ 将笔头两片磨成长 2～3mm、宽 0.1～0.2mm 条状，然后前后轻轻去棱，试线满意为止。

上述为小笔尖的常见毛病及一般的修理方法。修理时要细心、耐心，边修边试，逐步掌握和熟练，达到能迅速排除故障的目的。但是要使一支笔尖能较长时间使用，还要注意以下几点：

① 新购笔尖，常涂有防锈油，不易下墨，应注意用软橡皮或软布擦除。

② 地图上线条的粗细有各种不同的规格，一支小钢笔只能绘一种线条，不宜用绘细线条的小笔尖用力压着绘粗线。因此，要准备几种不同规格粗细的笔尖，分别描绘不同规

格的线条。

③ 笔尖墨汁用完以后，要用湿海绵或软布擦净再沾新墨，不可用刀或硬物去刮残墨，以免损坏笔尖。

④ 防止笔尖损坏，最好能有笔套，小钢笔不用时，把笔尖洗净擦干，再把笔尖套好，放入文具盒内。

8.2.2　直线笔

直线笔头形似鸭嘴，又叫鸭嘴笔，用它来绘较长的直线，如地形图的图廓线、方格网线等。它由笔杆、笔头和调节螺丝三部分组成，如图 8-11 所示。

一支好的直线笔，应该是笔头牢固地固定在笔杆上，笔头内片坚实，外片具有弹性，笔头尖端薄而锐，呈半椭圆形，两片等长、等宽、等薄，合拢后尖端与纸面接触合为一点，能绘出 0.08～0.8mm 粗细的线条。

（1）直线笔的使用方法

① 直线笔着墨不能用笔直接伸入到墨水中去蘸墨，而是要用窄条胶片蘸墨后，再加入直线笔头的两鸭嘴片中间，而且，如不小心在鸭嘴片外沾了墨，还要用软布擦干净后，方可使用。

② 用直线笔划直线，还须依附直尺。其操作方法是：先调整笔头鸭嘴两片间的间距，着墨后在试笔纸上试笔，待线条与点线符号标准表相比较后，线条粗细合乎所绘线粗细要求后，才能使用。将图纸放置水平，要绘直线置于左右方向。由于笔尖具有一定的厚度和弧度，所以尺的放置应与所绘直线间距 0.2mm 左右。划细线时要从左到右，左手稍向右倾斜约 75°角，运笔时不要前后倾斜，保持一定角度，手臂身体同时移动，用力均匀，匀速运动，一气绘成。

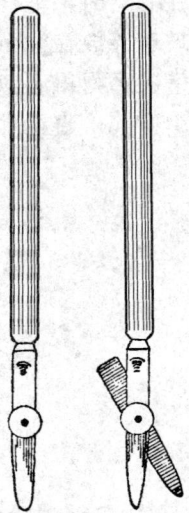

图 8-11　直线笔

③ 用直线笔划线时应注意的几个问题：

a. 直线笔靠尺太近，划线用力过大，则所绘线条易由粗变细；

b. 笔杆左右倾斜，两片刃片不能同时接触纸面，绘出线条则左右断续或发虚；

c. 划线时，两刃片间缝方向与线绘方向不一致或前后倾斜角度变化，绘出线条则有曲折和发虚现象。

d. 着墨过多，刃片内侧有墨迹，墨汁沿尺边下流，则线条受到破坏，图纸沾污；着墨过少，中途停顿，接头易有接痕。

（2）直线笔的修磨方法

直线笔的修磨可分为三个步骤：磨窄、磨齐、磨薄。

① 磨窄：笔头过宽，所绘线条的起点和终点不易绘准。修磨时笔头侧卧于油石上，使两鸭嘴片同时接触油石面，并注意两鸭嘴片平面与油石面保持垂直。左右磨之，磨好一侧，再磨另一侧，直至宽度适中，如图 8-12 所示。

② 磨齐：笔头两鸭嘴片长短不齐，画线时线条发毛，短的一侧发虚。修磨时，先将两鸭嘴片合拢，将笔垂直立于油石上，沿两鸭嘴片中缝方向，作钟摆式滚动修磨，至两片等长并呈圆滑的半椭圆形为止，如图 8-13 所示。

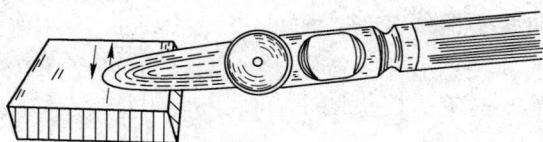

图 8-12　磨窄

图 8-13　磨齐

③ 磨薄：笔头两鸭嘴片过厚，细线条不能绘；在绘粗线条时，出墨的中缝窄而笔头的顶面宽，绘线粗细不易掌握。

磨薄时，首先松开螺丝约 1mm，笔头略倾卧于油石上，两鸭嘴片中缝与油石面平行，分片各自磨薄。笔头与油石的倾角注意掌握不要过大，在修磨时，应微微转动笔头，使鸭嘴片保持中间略厚、边缘渐薄的圆滑形状。在修磨过程中要勤于检视厚薄程度，看两片是否一致，到笔头刃口没有光点为止。但不能过于锋利，以免划线时易刺破图纸，如图8-14所示。

修磨后划线可能不光，这时应于油石上轻磨去棱，边磨边试，直至满意，如图 8-15所示。

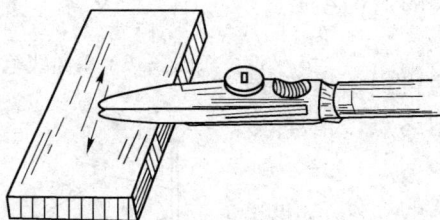

图 8-14　磨薄

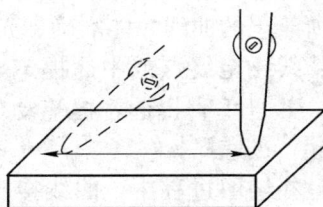

图 8-15　打光

直线笔应小心保护，调节螺丝不要过紧，以钢片合拢为度，用完后用软布擦净残墨，并用干布擦干，放松螺丝，放入盒中，如长时间不用，还应在笔头钢片涂油，以防生锈。

8.2.3　曲线笔

地图上以曲线形式表示的符号，多采用曲线笔描绘。其优点是绘出的线条粗细一致且光滑，效率也较高。曲线笔分为单曲线笔和双曲线笔。单曲线笔用来描绘等高线、单线路、水涯线、单线河、双线河等，在描绘地图要素中使用广泛。双曲线笔用来绘双线路、双线堤、双线渠等。由于曲线笔是绘图工具中的主要工具之一，所以必须掌握它的使用和修磨。

（1）单曲线笔的构造和使用

单曲线笔由三部分组成：笔头、套筒、两组螺丝，如图 8-16，笔头由两个弧形刀片组成，轴杆上端有螺丝；套筒套在笔头的轴杆外部，是绘图时的手持部位，因此也叫笔杆；两组螺丝，一组在轴杆上端，用来固定套筒，另一组在笔头的一旁，用于调节笔头两刃片间的间隔，以控制线划的粗细。

曲线笔的持笔方法：以大拇指、食指和中指握住笔杆的下端，如图 8-17。绘图时，以肘关节为依托，沿着曲线方向，用手臂和手腕力运笔。运笔时，笔杆必须与纸面垂直，用力不要过大，但要平稳、均衡，随时保证笔头方向与曲线方向一致，拐弯处要注意提前量，以使曲线不跑线变形，而且圆滑自然。

用曲线笔描绘曲线主要有落笔、运笔、提笔、接头四个基本动作。

落笔：对准曲线，垂直落笔，略停顿后，待墨汁流下后运笔，概括为：对准线、垂直下、稍停留、再运笔。

运笔：一般以从左下向右上的方向运笔绘线最顺手，可绘较长曲线。在运笔过程中，要始终保持笔杆垂直纸面，这样才能保证笔头两刃片同时均衡着纸，笔头运转自如，才能绘出粗细均匀、光滑的线条。视线应放在笔头前方所绘线约5mm 远的范围，才能准确运笔，曲线才能不变形跑线。

转弯时，要提前拉动笔杆，不能等笔头绘至弯曲顶点时，再去拉动笔杆，这样就要跑线；相反地，提前拉动笔杆太早了，也会跑线。总之，提前拉动笔杆量要适中。在急拐弯时，要笔杆慢移，笔头快转；在慢转弯时，笔杆、笔头转动都要慢。只有多练、多体会，笔杆、笔头随所绘曲线的弯曲变化配合好，所绘出的曲线才能准确、光滑。

提笔：线绘至终点或中途提笔，须待笔停稳再提，提笔动作要快，并且垂直提起，提笔动作概括为：到终点，稍停留，垂直起，迅速提。

接头：在绘图过程中，曲线接头是经常出现的，分为落笔接头和起笔接头两种。接好头除落笔和起笔的操作正确外，还要选择好接头位置，接头的位置最好选在急转弯刚刚转过来的位置，这个地方再落笔接头时看得清楚，容易对准。接头提笔和落笔时切记：准、稳。

（2）单曲线笔的修磨

一只良好的曲线笔应当是：钢质坚硬富有弹性，笔轴与笔头的中心平行，笔轴在套管（笔杆）内灵活转动，两钢片等齐、等宽、等薄，能绘出 0.08～0.5mm 的粗细均匀、线条光实饱满的曲线，调节螺丝松紧适中。

笔头形状一般有两种：鸭嘴形和方形。如绘平滑而又较稀疏的曲线或虚线时用方形笔头较好；而绘急转弯或密集曲线时用尖窄的鸭嘴形笔头为好。下面以方形笔头为例，介绍一般的修磨方法。

① 根据绘制曲线需要确定修磨笔形

对于弧度不符合要求的笔头、钢片太宽或宽度不等的笔头，应通过修磨，使其合乎要求。如需磨去部分太多，可先在粗石或砂轮上磨出基本形状，然后再在油石上细磨。磨时，将两钢片合拢，横卧于油石上，且使两钢片平面与油石面垂直，前后或左右平磨，使两钢片宽度一致，并且由上向下逐渐变窄。磨窄后，还应将两侧出现的钝口磨薄，使其形成由中间向两边逐渐变薄的形状，使鸭嘴变窄。应注意，在一般情况下，少磨前侧，多磨

图 8-16 单曲线笔

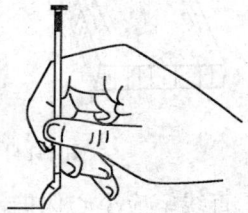

图 8-17 曲线笔的持笔方法

122

背侧，以保持笔头的正确形状。

② 笔头磨齐

曲线笔的笔头两钢片长短不齐，就要刮纸，须修磨一致。其方法是将笔垂直于油石上，向左前方拉磨，用力要均，且次数不要太多，至齐为止。

③ 去棱

笔头磨齐后，两侧会出现明显棱角，尤其是前棱角，对画线影响很大，需要修磨去棱。其方法是：拧动笔杆上端螺丝，使笔头固定，笔杆后倾，使笔头前棱角接触油石面，拉动笔杆，按由小到大的角度，使笔尖由前棱磨到后棱，动作要轻，反复几次即可。检查棱角是否磨掉了，可不加墨，在试笔纸上干绘线，凭感觉进行检查。如运笔流畅、光滑，则说明合乎要求，否则应继续修磨。

④ 磨薄

这是修磨笔头的最后一步，是决定曲线笔好不好用的关键。其修磨方法是：先放松笔头螺丝，使两钢片分开，分片修磨。将笔头一片平放于油石上，底线与油石面吻合，倾角要小，约10°左右。由于曲线笔要求磨得较薄，所以修磨时要小心谨慎，边磨边检查，待一片磨完后再磨另一片。最后要观察笔尖顶部，直至两片厚度及宽窄完全一致。

经过以上各项修磨以后，还要着墨试笔。运笔中笔头与纸之间光滑、自如，能绘出0.1mm实曲线，则说明修好了。否则应查找原因，直至磨好为止。

单曲线笔常见的其他缺点及修理方法

① 笔头歪斜(笔头上部与中心轴不在一条直线上)，用这种笔绘曲线，拐弯时发生摇摆，易跑线。修理方法是：右手用平口钳夹住中心轴下部，左手搬动笔头上部，使中心轴延长线正对鸭嘴开口中心。

② 中心轴弯曲或生锈，用这种笔绘曲线，旋转不灵活，易跑线。修理方法是：须将笔轴严格检查并扳直，细砂纸除锈。

③ 笔杆与笔头接触部位摩擦力太大，转动受阻，修磨方法是：用细砂纸将接触部位磨光。

④ 笔杆(即套筒)内直径与笔头中心轴直径不相适应，此时应更换笔杆。

(3) 双曲线笔

双曲线笔的构造，基本与单曲线笔相同，不同的是笔头部分由两个单曲线笔头组成，笔头的上部与一个中心轴连接，两笔头中间装有微动螺丝，用以调节两笔头间的间距，如图8-18所示。

双曲线笔的绘图要领与单曲线笔基本相同，但更难掌握。划线时，要对准双线符号的中心线，小臂不能在桌面上压得太紧，一般以肘关节为轴，用整个手臂活动用笔。由于是双笔头，在转弯时，没有单曲线笔灵活，同时还常常出现外线断线现象。外线断线主要是由于转弯时两笔头移动快慢不同，用力失去平衡，笔杆倾斜造成外笔头离纸所致，此时，一方面应放慢运笔速度，另一方面应微微用力倾斜。双曲线笔的使用还需多练，摸索经验，掌握力度，才能用好。一支良好的双曲线笔其双笔头应以

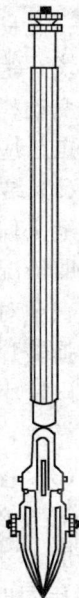

图 8-18　双曲
线笔

123

笔轴中线对称，四个刃片等长、等宽、等薄。双曲线笔的修磨方法与单曲线笔基本相同，应注意的是磨窄时要四片同时靠拢，笔形不能歪斜，保持四片宽窄一致，磨齐去棱时可拧动微动螺丝，使两笔头略分开(0.8~1.0mm)后再去棱。磨薄时，要四个刃片均磨薄，首先将四个刃片分开，把薄油石放在两笔头中间，先磨内侧片，边磨边检查，使四刃片厚薄一致。要细心耐心，一片磨坏，前功尽弃。

使用完后，应调节螺丝，使两笔头恢复正常，放松刃片，以免弹簧久置失去弹性。

8.2.4 小圆规

地形图上各种大小不同的圆和以圆组成的符号，都是用小圆规描绘的，如图8-19所示，小圆规的构造是：一个带螺丝帽的轴针，套在轴针外的套管，固定在套管上的弹簧片，以及连接在弹簧片下端的笔头。套管可沿着轴针上下移动，并带动笔头绕轴针旋转，弹簧片与笔头连接处的微动螺丝，可以调节笔头与轴针之间的距离，使能绘出不同半径的小圆。

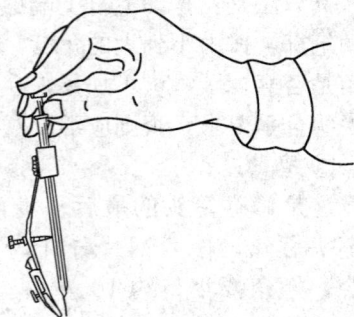

图 8-19　小圆规

（1）小圆规的构造和使用

使用小圆规时，用右手食指按住中心轴针上端的螺丝帽，以拇指和中指捏住套管顶部的螺丝。画圆前先将笔头提起，使轴针轻轻地插在圆心上，再使中心轴针与纸面垂直，然后轻轻放下套管使笔头与纸面接触。画圆时，用中指按顺时针方向拨动套管上方螺丝并带动笔头旋转一周，即可画出小圆。画完圆后，应先提起套管，再提中心轴针。

小圆规的注墨方法及含墨量和直线笔、曲线笔相同，画圆时不可用力猛转或多次旋转，用毕，应将残墨擦洗干净，放入盒中。

一支良好的小圆规应当是：轴针正直，在套管内不晃动；套管转动灵活，针尖通过中心轴线，笔尖与针尖端对正；簧片弹性好，调节螺旋在凹槽里的位置稳定，画圆时直径不发生变动；轴针垂直时，笔头钢片能同时接触纸面；笔头形状呈尖椭圆形，与纸面接触处为一点；应能绘出0.6mm直径的小圆，线粗应能达到0.1mm。

（2）结构部件的修理

笔头偏离轴针，即轴针不与笔头内片中心对正。修正时先使轴针与笔头靠拢，观察轴针偏曲情况，如偏曲过大，须用平头钳将笔头轻轻拨正；偏曲微小时，可修磨笔头突出一侧，直至对正为止。修磨笔头时，要将轴针拉上去，以免将轴针误磨或碰坏。

弹簧片松弛，当螺丝完全放松后，笔头与轴针不能靠拢，形成所绘圆半径易变动或不能绘出较小的圆。修理时用手掰动弹簧片，形成向外凸的弧形，然后再放松调节螺丝，如仍不靠拢，可再调节，直至合乎要求。

（3）笔头修磨

笔头必须圆滑尖锐，与纸面接触为一点，否则应修磨笔头。其修磨方法与直线笔的修磨基本相同。不同的是，小圆规笔头的外刃片要略短些，才能保证在画圆时笔头两片同时接触纸面。其修磨方法是：在修出笔形后，还应将轴针垂直油石，笔头与轴针离开约0.3mm，顺时针方向转动笔头画圆，直至两刃片同时接触油石后，再去棱磨薄。

124

8.3 制 图 字 体

地形图上起说明作用的文字和数字，按其用途分别使用宋体、仿宋体、扁宋体、长宋体、斜宋体、等线体、扁等线体、长等线体、斜等线体等等，统称为制图字体。采用不同的制图字体对不同的地形图要素进行注记说明叫做地形图注记。

注记是地形图内容的主要要素之一。在阅读地图时，首先要读的就是地图注记。没有注记的地形图是没法阅读的，也是没有用处的。

注记有专有名称注记，以注示地理名称，如居民地、河流、山峰等；有说明注记，以为地形图符号的补充，如"砖"字，表明了房屋的建筑材料，"沥青"两字表明了道路的铺面材料等，还有数字注记，以说明数量的多少，如山高、路宽、水深等。

在某种意义下，注记还起到符号的确认作用。如根据对居民地注记字体及大小，可以判断其属于城市、乡镇和村庄，根据变形字体，可以了解河流、山脉的走向等等。

地形图注记要求字体清晰、简明、美观、易读。图面的注记字体是地图质量的主要标志之一。本节将分别简要介绍制图中常用的部分字体。

8.3.1 宋体

宋体字外形秀丽、整齐，是一般书报使用最多的字体。

（1）宋体字的特点

① 字形方正，成正方形。

② 横平竖直，字的横划是水平的，竖划是垂直的，但也有少数例外情况，如：毛、戈、也等。

③ 横细竖粗，横划粗度约为字大的 1/50，竖划的粗度约为字大的 1/10，其他笔划最粗部分也不得超过竖划的粗度。

④ 棱角突出，大部分笔划在起笔、停笔和转折处都有一定的棱角，这些棱角都有规定的形状，且大小适中。

（2）宋体字的基本笔划

汉字虽然字形各异，笔划多少各不相同，但一般是由以下基本笔划组成，其外形特点和书写方法如图 8-20 所示。

① 横划，为与字格上下边平行的直线，左端起笔不要笔锋，右端停笔处有一等腰三角形，其斜边长为横长的 1/5，横划较短时，其斜边可略增长。

② 竖划与字格左右边平行，上端边线稍向右下方倾斜，并突出一棱角，角高约为竖粗的 1/4，下端略带圆弧，并向右上方倾斜。

③ 撇，根据位置和长度不同，又分为竖撇、斜撇、平撇。

④ 捺，分为为斜捺、平捺、顿捺。

⑤ 点，根据方向和位置不同，分为右斜点、左斜点和挑点。

⑥ 挑，似楔形，在不同部位倾斜度也不同。

⑦ 钩，根据方向和位置的不同，分为竖钩、左弯钩、右弯钩、竖平钩、折弯钩和折平钩。

（3）宋体字的结构

结构是组成每个字的笔划、偏旁或组成部分在字格中的大小及位置的规律。一般说，一个字的笔划在字格中要大小适中，间隔均匀，相互对称。

图 8-20　宋体字的基本笔划

为便于分类，汉字将基本笔划先组成若干个"部首"（偏旁），再由这一部首与另一部首或基本笔划组成文字。

（4）宋体字的书写

宋体字的书写应从基本笔划开始，掌握各笔划的外形特点后再练习书写部首。先看后写，看写结合。对一个字应先看它由哪些基本笔划和部首组成，再分析它的结构如何安排，做到心中有数，才能动手书写。

写较大的字要先划出字格，再在字格内用铅笔将各个字的笔划以单线字轻轻写出，作为骨架，然后对照比较并修改，最后再依照骨架用宋体字的笔划形状写出。对靠字格边的大横、大竖笔要注意适当缩格，使各字相比大小一致。练习宋体字应由大到小，笔划由少到多，结构由简到繁，对结构参差和必须缩格的字，更要注意观察研究。

书写宋体字，可以完全按照笔划程序的先后书写，为了更好地在字格内布置结构，一般应先写字的最主要的横或竖划，然后再安排其他笔划。例如"里"字先横后竖，"系"字先写平挑，"通"字先写"之"后写"甬"。总之应根据具体情况，灵活掌握运用。

上墨时，直线笔划不论长短都用小钢笔依靠玻璃棒书写，其他笔划徒手书写，写捺和点时由上向下描，运笔要轻、匀，棱角要清楚，线条要光滑。

（5）宋体汉字在地图上的应用

宋体字在地图上根据图式规定，用来注记居民地、街道、单位、道路、河、湖、山等名称。

8.3.2　等线体

等线体字形端庄、横平竖直、笔划等粗、均匀醒目，等线体分为粗等线体、中等线体和细等线体三种。

（1）等线体的特点

① 结构，基本上和宋体一样，横平竖直，均匀对称，各笔划间的位置安排也和宋体一致。

② 笔划等粗，每个笔划的粗细都是一样的。粗等线体的笔划粗约为字大的 1/10，细

126

等线体的笔划粗约为字大的 $1/20\sim1/40$。横划和竖划过多的笔划可相对略细一些，使字清晰、匀称。

③ 统一笔端，等线体横、竖笔划端点均为直角，其他笔划撇、捺、钩等起笔的一端也是直角，停笔的一端为锐角（约 $75°$）。细等线体因笔划太细，笔划端点及转折处，一律不露棱角，但应略呈弧形。

④ 夸张，为了使笔划棱角清楚、明显，笔划的端点、转折处应稍稍夸张，使字态生动，但不可过度。

（2）基本笔划

图 8-21 为等线体的基本笔划形式。

图 8-21　等线体的基本笔划

等线体的基本笔划说明如下：

横划：与字格上下边平行（个别例外），两端方正。

竖：与字格左右边平行（个别例外），两端方正。

竖撇：起端方正，上半部竖直，下半部渐向左下方斜成弧形，末端左角锐，右角钝。（其他撇划的起、末端与此同）

斜撇：整笔向左下方斜成弧形，弧度视笔划长短和部位不同而定，短斜撇近乎直线。

平撇：整笔成弧形，左部近似水平，右部略向上弯。

斜捺：起端方正，起笔后渐向右下方斜成弧形，末端右角锐，左角钝。（其他捺划的起、末端与此同）

平捺：左部向上弯成弧形，右部约与字格底边平行。

顿捺：与斜捺相似，惟起笔处略露顿角。

点：根据方向和位置不同，分为右斜点、左斜点和挑点。

挑：在不同部位倾斜度不同。

钩：根据方向和位置的不同，分为竖钩、左弯钩、右弯钩、竖平钩、折弯钩和折平钩。

（3）等线体的练习方法

练习等线体字的方法，和练习宋体字的方法基本相同，首先掌握基本笔划的写法，再

127

观察、分析字体结构，才能动手书写。

　　练习时，先在字格内目测组成一个字的各部分比例，用铅笔单笔划写出字形骨架，经修改后再将笔划描至应有的粗度。写较大等线体字时应先写成空心字。

　　上墨时，直线笔划用小钢笔依靠玻璃棒书写，其他笔划徒手写，运笔用正锋，使线条光滑、均匀。熟练后，书写细等线体字，可不作铅笔底稿，在字格内直接用小钢笔结合玻璃棒书写。用预先修磨好的不同粗细的小钢笔可以直接写出不同粗细的等线体字来。

　　书写等线体字时除注意笔划和结构之外，还应注意满格、缩格和出格的运用，使书写的各字体大小一致。

　　（4）等线体汉字在地形图上的应用

　　在地形图上，根据图式规定图名、居民地名称、街道、道路、单位名称、河流、湖泊等均可采用。

8.3.3 仿宋体

　　仿宋体字由宋体和楷书笔法混合而成，字形清秀有力，一般多用于野外原图和编绘原图，在薄膜绘图中应用尤为广泛。

　　仿宋体字分为正仿宋字和长仿宋字两种。长仿宋字高与宽之比有 3：2、4：3、5：4、10：7 等数种，字大以高为标准。图 8-22 为正仿宋体字。

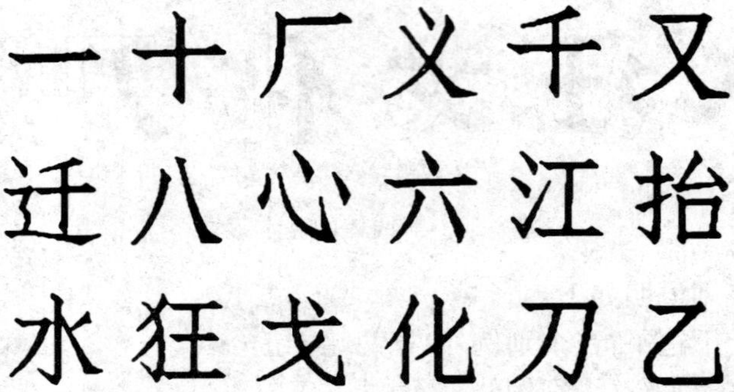

图 8-22

　　（1）仿宋体字的特点

　　① 横斜竖直，横划与字格上下边约成 5°～10°倾斜，竖划垂直。

　　② 粗细一致，各笔划粗细相同，约为字大的 1/20。

　　③ 楷书笔法，各笔划的起笔、运笔、停笔的方法都与楷书大体相同。

　　④ 宋体结构，各部首的比例安排，各笔划的对称关系，间隔、满格、缩格等方面，都与宋体字相同。

　　⑤ 棱角鲜明、挺拔有力，仿宋字的撇、钩、点等笔划均比宋体字尖锐有力，捺挺直有劲，棱角也比宋体字锋利明显。

　　（2）仿宋字的基本笔划的特点

　　① 横划微向上方倾斜，左端上方约成 45°，右端上面有一突出的棱角，高为笔划粗的 1/3。

　　② 竖划上端，左上方约成 45°角，右方突出一个棱角，下端左方露出棱角，右方略带

128

圆形。

③ 捺的形状，捺身近于平直，停笔处略向上方抬起，捺底长约为笔划粗的 3 倍，末端的最粗部分约等于笔划粗的 2 倍。

④ 钩长约等于笔划粗的 4 倍，直钩与竖划夹角成 75°，平钩和折钩与横划夹角约成 90°。

⑤ 点有四种，其中两种带有短挑。

以上是仿宋体字基本笔划中较特殊的几种写法，其他笔划与宋体基本相同。仿宋体字的基本笔划如图 8-23 所示。

图 8-23　仿宋体字的基本笔划

（3）仿宋字的练习方法

先练习基本笔划、部首，再到整体字。从大到小，由简到繁，徒手书写，一气呵成。在地形图上，一般用铅笔和小钢笔书写。

初练仿宋字可能困难一些，但经过一段时间的努力也不难掌握。仿宋字体在测绘工作中被广泛地应用着，我们必须学会它的写法。

8.3.4　数字

地形图上采用的数字有等线体及书版体两种，每类又可分为直立和倾斜两种。数字一般写于长方形的格内，高和宽之比为 7：5，字大以高的尺寸为准。等线体数字的笔划粗约为高的 1/7～1/10，或字宽的 1/5；书版体笔划最粗部分为字高的 1/6～1/8，或字宽的 1/5，最细部分为字高的 1/20～1/50。如图 8-24 所示。

阿拉伯数字的书写要先打字格和起稿，其结构也应注意平衡、稳定、满格和缩格；凡成椭圆和弧线部分，其轴应与字格平行；"2、3、5、8" 要上小下大，上窄下宽；"2、5、7" 的直线段和 "6、9、0" 的宽度应略内缩；"4" 的划应偏右；"7" 的斜画应连到中线左侧。

本节以上所述为制图字体中用的最多的也是最基本的字体。为了表示地图内容的多样性，加强文字的表达能力，使读者由注记文字形体的变化，对所表达的事物和现象发生联想，地形图上还采用了几种变化有规律而且易于书写的变形字，来表示水文、地貌等要素

129

的不同形象。这些变形字有倾斜、长、短宋体字，倾斜、长、扁、耸肩等线体字，它们都是从宋体字和正等线体字加以形态上的变化得到的。在掌握了基本字体书写后也不难掌握。

正等线体 **1234567890**
1 2 3 4 5 6 7 8 9 0

中等线体 **1234567890**
1 2 3 4 5 6 7 8 9 0

长等线体 **1234567890**
1 2 3 4 5 6 7 8 9 0

正书版体 1234567890
1 2 3 4 5 6 7 8 9 0

斜书版体 *1234567890*
1 2 3 4 5 6 7 8 9 0

图 8-24

此外，在地图上还有隶体字、魏体字、拉丁字母等，因用的较少，本节就不再一一叙述了。

8.4 地形图清绘

清绘是制作出版原图或复制底图的绘图作业。清绘是在地形原图、航测原图或裱版晒制的蓝图上，严格地按图式、规范规定，用墨或颜色进行描绘，并加以注记和整饰，这一工作的整个过程，称为清绘。

清绘的目的是使图上的线划、图式符号及各种注记，经过艺术加工，达到精细、美观、清晰、易读的质量标准，以便提供复制印刷，并使底图完整地固定下来，长期地保存下去。

对清绘的一般要求：

（1）保持地形图的精度，不得随意改动底图上的线划位置，应在保证符号的点位、线位准确的基础上进行清绘。绘图误差不得超过限差规定，即控制点、图廓点、独立地物主点误差不得超过±0.1mm，其余线划要素不得超过±0.2mm。

（2）严格按照与地形图比例尺相应的图式规定，重新描绘符号，以达到符号规格化。线划粗细、注记字体与大小，完全合乎规定要求。

（3）处理好各要素符号间的关系，不能一切照底描绘，必须合乎图理。绘图人员要善于发现问题、处理问题，把图面存在的问题妥善解决。

（4）墨色还需浓墨，线划要实在光滑，颜色鲜艳，图面整洁。

（5）还需按清绘顺序进行作业，绘完一种要素，再绘一种要素，仔细检查校对，避免错漏。

8.4.1 清绘前的准备

（1）学习图式、规范和技术设计

图式、规范和技术设计是测图、编绘的指导性文件，清绘前必须认真学习，同时了解原图的成图方法，以及原图成图的有关资料。

查看原图附带的参考资料。地形原图除原图外还应附有地物透写图、高程透写图、接图边、图历表和手簿等；航测原图一般附有调绘片、控制片、曲线片、图历表和手簿等。参考资料供清绘作业时参考，当对原图产生怀疑或原图不清楚时，应查看有关资料。

（2）原图除污

外业簿膜测图完成后，因反复使用，膜面上难免沾染上一些油污汗迹，故在清绘前应做清洁处理。处理方法有两种：一是如果图面上除有油汗迹外，还有墨色污迹，先将薄膜湿水后铺于玻璃板上，然后用泡沫塑料蘸洗衣粉溶液在整个图面上轻轻擦洗，直至洗净，再用清水冲洗晾干。另一种方法是，如果铅笔原图上仅有一些油汗迹，可用纱布蘸 120 号汽油在整个图面擦洗，待汽油挥发后即可。

（3）原图的铅笔整理

外业测量得到的地形原图一般存在着如下问题：表示不统一，图形不完整，简化符号较多，文字、数字不规整，注记布局不合理等。还需经过修图整理（也叫铅笔清绘），消除图面存在的问题，为原图着墨创造条件。

原图检查的主要内容如下：

① 图幅的数字化基础。包括方形图廓、边长和对角线，抽查部分控制点点位、边长和高程。检查应用检定过的坐标尺。

② 等高线的中断、转弯、疏密应协调、合理，注记字方向要正确，无错漏现象。

③ 房屋平面图形一般转角为直角（特殊除外），层数、材料等注记应齐全。

④ 同一平面高程不能相差过大，高程注记和等高线不应有矛盾。

⑤ 电力线、通讯线及其他管线应接通，中断应合乎规定，交待清楚，密集交错时表示合理，邻幅接边符号一致，注记齐全。

⑥ 道路符号、光线法则运用、与居民地关系、路边行道树等应正确、合理。

⑦ 水涯线周边封闭、高程正确，河流与等高线相交正确、合理。

⑧ 冲沟符号运用正确，比高注记齐全，沟底、沟边斜坡、沟顶等高线应对应，表示应合理。

⑨ 地类界应闭合，植被应齐全，注记要合乎要求。

⑩ 图面各种注记布局合理、完备、正确，各要素符号间关系正确、协调，合乎

图理。

以上各项是测图中容易出现的主要问题，还需检查、处理、纠正，修改时要逐项修改，随擦随绘，以免出现错漏。图廓整饰要按图式样式规定进行，各项要求正确齐全。

原图经过铅笔修改整理后，必须使线划、符号和注记整齐、美观、清晰，合乎图式规定要求。如出现新的污迹，还要做一定的清除工作，必要时，再用纱布涂上一层明胶液，浓度约为1%～2%，干后方可移交下一步原图着墨的清绘工作。

8.4.2 清绘的程序和"三清"制度

为达到清绘要求，圆满地完成清绘任务，要求绘图工作者要有丰富的绘图知识和熟练的绘图技巧。同时广大绘图工作者在长期的绘图作业工作中还创造了一整套成功的作业程序和"三清"作业经验。

（1）一般作业程序

清绘作业程序对处理好各要素描绘的先后次序、使重要的要素不致被次要要素影响而移位，保证地形图内容主次分明、精度良好是非常重要的。地形图单色清绘，一般按下列顺序进行：

① 内图廓，是划定地形图幅的界线，用0.1mm细线绘出。

② 控制点及独立地物符号。

③ 布置和书写注记(如剪贴注记，应在各要素绘完之后，但要提前编写植字表)。

④ 水系及其附属建筑物。

⑤ 铁路及其附属建筑物。

⑥ 居民地，按居民地大小次序描绘。

⑦ 道路及其附属物，先绘双线路，后绘单线路。

⑧ 境界、管线、电力线、通信线。

⑨ 植被，先绘地类界，再填绘物种符号。

⑩ 地貌及土质，注记应在地貌描绘之前进行，特殊地貌符号应在等高线描绘之前绘出。

⑪ 图廓整饰。

⑫ 抄接边，一般在清绘前接边，清绘后检查。接边的规定是接西、北边，留东、南边。

⑬ 自校、审校及修改。

以上清绘程序必须逐项依次进行，切忌随意描绘，更不能不看图例，依样照描。否则错漏增多，影响质量。

（2）"三清"制度

广大绘图工作者创造的"三清"制度是消灭错漏的宝贵经验，即："规定清、笔笔清、日项清"。

规定清：清绘前对图式、规范、技术要求、作业制度等有关规定清楚，对本幅图的内容、作业方法、问题处理清楚。不清楚不上图。

笔笔清：每绘一笔都要保证准确无误，即位置准确、符号正确、线粗正确、线划光滑实在、关系清楚。做到细致认真、笔笔清。

日项清：绘一项清一项，绘一天清一天，及时清除错漏。全幅结束，全幅检查。

8.4.3 地形图各种符号的关系及各要素的清绘

（1）符号间的关系

地形图上的各种符号，不仅表示地物、地貌的位置和存在意义，还必须反映出它们之间的联系，并且要主次分明，使之合乎"图理"，达到地形图清晰、易读的目的。一些常见的共性问题，可根据以下原则处理。

① 相接，不同符号相遇，可以连接和相交。这种方法有利于反映地物间的有机联系，且对清晰性无影响。这些符号有：河流与桥梁（如图8-25a所示），等高线与冲沟边线（如图8-25b所示），等高线与陡坎棱线（如图8-25c所示），各种道路相交。

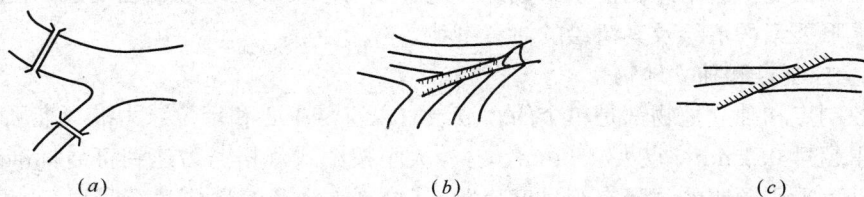

图 8-25 相接

② 相离，指不同符号相交或相遇时，需保持0.3mm的间隔，以便识别。描绘中要突出主要地物、间断次要地物，例如：控制点、独立地物符号与房屋或街区相遇，应间断房屋轮廓或晕线（如图8-26a所示）；道路在居民地的入口处（铁路除外）（如图8-26b所示）；等高线与土堤、非圆形植被符号相遇（如图8-26c所示），各道路通过桥梁，以及各种符号与注记相遇等，都要留出0.3mm的空间。

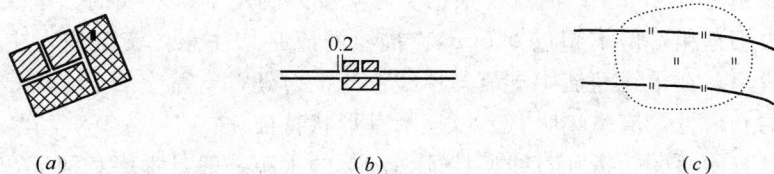

图 8-26 相离

③ 共边，平行分布的线状地物，在地物密集时，采用"共边"描绘，如两路平行，应保持主要道路不移，次要道路绘一边，另一边与主要道路共线（如图8-27a所示）。常见的还有道路旁的独立小屋（如图8-27b所示）等等。

④ 移位，图例中半依比例尺和不依比例尺符号是夸大了的符号，当地物密集时，就会产生重叠，此时，符号尺寸可以缩小三分之一描绘，如缩小后仍有重叠，可将次要的符号略微移动，同时重要的则相互移动，以保持其相关位置。如图8-28所示情况为：独立小屋离道路很近，但绘了道路符号再绘它会产生重叠，此时可将小屋移位并留空0.2mm，以示道路离小屋有一小段距离。

移位是有条件的，即符号按真实位置描绘产生了重叠。移位也是有原则的，即"重要不动次要动，同等重要一起动"。位移量必须限制在0.2mm以内，这同随意改动符号的

133

位置是两个完全不同的概念，随意改动是绝对不允许的。

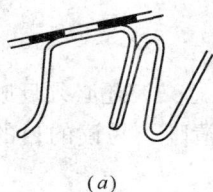 

(a)	(b)
图 8-27　共边	图 8-28　移位

（2）地形图要素清绘

地形图图面是由若干地图要素组成的，地形图清绘实质是地形图各要素的清绘。下面分别介绍地形要素的清绘及其清绘的注意事项。

① 测量控制点和独立地物

测量控制点和独立地物都是单个的，清绘时以符号中心和定位点为准，准确表示。点位误差不得超过 0.1mm，点大 0.2mm，符号大小按图式规格。为达到符号标准化，提高工作效率，可采用预制的"雕空符号模片"。其绘制方法是：用模片符号对准点位，以铅笔轻轻绘出符号的图形，最后再用小钢笔尖着墨。也可采用晒片剪贴的方法，但应注意，其符号必须保持中心点或定位点位置准确。

② 水系

水系往往是地形图的骨架，对其他要素起控制作用，所以水系清绘一般要放在其他要素之前。清绘水系，先从截断水涯线的符号如桥梁、水闸、拦水堤等开始，然后描绘江、河、水库、池塘、沟渠等，最后绘渡口、陡岸、徒涉场等。为了清楚起见，单色图上的池塘内应有写注说明。

水涯线的线粗为 0.15mm，河流是根据实际宽度来确定单、双线的。单线河流由上游向下游，线条由细渐粗，但不超过 0.5mm。描绘河流必须注意：支流注入主流时一般应顺水流方向成锐角；在单线河流中支流与单线主流汇合处，支流应细于主流；支流汇入双线江、河、湖的入口处，应呈喇叭状，以显示其形状特征。

人工沟渠具有明显的转折和直线型特征，沟渠的水源一般是水库和河流，很多沟渠的水源与抽水机房相连，应表示清楚。沟渠与道路、河流可以在不同平面上相交，也可以与等高线相交或平行。

③ 居民地

居民地是重要的地物要素，地形图上表示居民地，要求反映出外轮廓特征和平面位置，分出主次街道，正确显示各类居民地特点。

主要街道一般与主要道路相连接，或贯穿整个居民地，为居民地内的交通干线。主次街道都要反映出与道路的关系。

居民地的清绘，应按居民地的大小顺序进行。每个居民地区又应从描绘街道线开始，然后是街区轮廓、突出房屋、晕线，最后是独立房屋、围墙和栏栅等。

房屋毗连成片，按一定街道或通道排列的居住区，按比例尺当房屋间的图上间隔小于 0.3mm 时，才合并成街区，否则各类房屋均应单独表示。

道路通至居民地出口时，采用相离方法描绘，当一侧有街区而另一侧无街区时，应在无街区的一侧加绘街道线；当围墙与房屋连接时，不能把房屋边线当作围墙符号来描绘，清绘时要分清楚。

独立房屋是指各类单幢房屋，图上分为不依比例尺、半依比例尺和依比例尺三种。当图上长小于1.0mm、宽小于0.7mm时，用不依比例尺的黑块表示。

清绘时一般使用点绘工具点绘，但要保持原方向，并且棱角分明。当图上长大于1.0mm，宽小于0.7mm时，用半依比例尺的长方黑块表示，宽度绘至0.7mm。图上长、宽均大于上述尺寸的独立房屋，为依比例尺表示的房屋，应绘出轮廓，其内绘以单晕线。

④ 道路

道路是连接居民地的纽带，图上各种道路的表示要主次分明。清绘道路时，应先绘切断道路的符号，如桥梁、天桥、信号灯、隧道等，然后按道路等级即铁路、公路、大车路、乡村路、小路的顺序描绘，最后绘涵洞、路标、里程碑、行树、路堤、路堑等符号。同时道路之间的关系，道路与其他要素的关系，清绘时也必须正确处理。

首先是道路间的关系。道路在同一平面相交，主要道路不变，次要道路间断于两侧相接描绘，公路与公路相交，应互相间断圆滑连接，虚线道路相交，交叉点应实部连接。共边描绘的方法，适用于铁路和公路、公路与公路的并列情况，但单线路与铁路、公路并列时，不采用共边方法，应相离0.3mm绘出。

道路在不同平面相交，即立体交叉时，用桥梁符号表示其相交关系，即上层平面的道路与桥梁相离描绘，下层平面的道路间断于桥梁两侧相接描绘。图8-29表示了道路间的关系。

其次是道路与其他要素的关系。道路与水涯线或单线河流平行，应保持

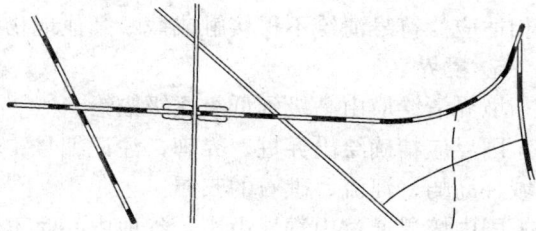

图 8-29

0.3mm的图上间隔，以保持重要不动、次要移动的原则去处理。道路与河流相交，有桥梁、涵洞时，河流与这些符号相接描绘；道路与双线河相交而无桥梁时，若为渡口，按渡口的符号加简注表示，若为徒涉场则绘点加注"涉"字表示；道路通过单线河流而无桥梁，道路符号不间断直接通过。道路通过土堤、铁路、公路加绘路线符号，大车路、乡村路、小路符号间断于堤的两端。道路与堤相交，相交处的道路应描绘出来或加绘路堤符号。

道路通入居民地入口时，应间断0.3mm，单线路必须对正街道口的中心线。铁路通过居民地，铁路不间断，而将房屋相离绘出。

⑤ 地貌

地貌要素的清绘，应先绘陡石山、露岩地、崩崖、陡崖、冲沟、干河床等特殊地貌符号，注明等高线的高程，然后再绘等高线。实际上，在地貌清绘工作中，大量的工作是绘等高线。描绘等高线除了具有良好的绘图基本功外，还要注意以下问题。

首先是协调性。等高线的弯曲反映了地貌的形态，其弯曲顶点应在地貌的结构线上，才能保持结构线的准确位置。等高线的间距，反映了地面斜坡的变化，各地等高线，应沿谷底线转弯，若弯曲顶点偏离了谷底线，则称为不协调。另外其变化，一般应为渐变，突

变明显地不协调。

应该指出，强调协调，并不能理解为等高线间隔一定相等，弯曲一定平行。在一般情况下，原图等高线是不能随便改动的。所以制图人员应在具备一定的地貌知识的情况下，加以认真分析判断，才能较好地处理这一关系。

其次是与其他要素的关系。在单色图上，等高线可以通过单线河、单线道路等单线地物；在与房屋、街道、双线道路、双线河流、独立地物等符号相连时，应间断 0.33mm；在与堤、陡崖、露岩等符号相遇时，也应间断 0.3mm。

⑥ 植被

植被清绘要正确表示其范围、密度，以及有方位作用的独立树、独立丛，还要处理好与其他要素的关系。

植被范围用地类表示，当地类界与地面线状地物（电线、等高线外）重合时，可以线状地物符号代之。

地类界内大面积植被符号填绘，应按图式规定排列进行，整列式可先用铅笔绘网或用膜片刺点，后绘符号。在图幅内分布面积最多的植被（如旱地、稻田），也可不绘符号而用注记说明表示。

同一地类界内有多种植被时，可舍次取主，但符号配置不得超过三种，且应与实地疏密相适应。符号清绘不得接触或截断其他地物符号。

⑦ 境界

境界清绘应由高级到低级逐级描绘。

国界应精确绘出界桩、界碑，注记编号；转折处必须实点、实线；通过水域应表示出水域、岛屿、河流、礁石的归属。

国内境界通过山脊、山头、谷地中心时不应间断；境界以线状地物为界，应于中心绘出，单线地物，可沿两侧间断 3～5cm 交错绘 3～4 节符号，但拐弯点、境界交点、出图界端必须描绘；两级以上境界重合时，只绘高一级界。全部注记符号，均不得压盖境界线的符号。

8.4.4　注记的书写或剪贴植字

（1）书写

注记与地形图符号相配合用以说明地形图各要素的名称、意义和数量特征，是地形图不可缺少的内容，一般是在控制点和独立地物清绘之后进行，其使用字体和字大小，在相应比例尺图式均有统一规定。

布置注记的原则：指示明确，避免压盖地物轮廓、独立地物等，与被注地物间隔一般不小于 0.5mm，又不大于一个字大为宜。

居民地注记，多用水平字列，于图形上方，字隔与图形大小相称。街道名称与街道方向一致，字向斜立，字距相等；中心线与南北图廓交角小于 45°时从上向下排列。机关名称一般为水平字列，直立方向。

水系采用左斜字体，河流名称一般以隔离字和雁形字列注在水部，较窄的双线河或单线河，注在外侧，以上方、右方为主。较长河流每隔 10～15cm 重复注记。水系名称注记，在排列字格时，一定要使字格横划与南北图廓平行，保持字向直立。

地貌注记的山顶或山峰名称，如与在其上设置的三角点名称一致，则可只注记三角点名，山顶名则不再注记。

地形图上的注记绝大部分是直立字向，字头朝北，但如街道和公路宽、等高线高程等的说明注记，则是随被注符号方向确定字向的。

在注记时，字大和位置确定以后，即可作出字格和书写、着墨。

（2）剪贴植字

剪贴植字代替手工书写注记，能加快注记速度，提高成图质量。原图上的独立符号、面积符号、图廓整饰说明等，也大量采用了剪贴方法。

采用市场所售"可制高感光胶片"，由植字机照相植字，即可得到透明基片上黑线划注记，简称透明注记。透明注记可植出20种大小不同的字和25种变形字，满足了地形图注记的需要。

① 编写植字表

将原图上所有的文字和数字，按图式规定的字体、字大和布置注记要求的字列、字隔，依一定顺序，用钢笔填写在植字表上。要求端正清楚，用字正确、规范。

编写植字表，一般以坐标线为准，将全幅图划分为若干行和列，行数在前列数在后，在植字表上标明注记位置，如2.1表示此注记在2行1列；从图幅左上角开始，由左向右，由上至下进行。字级K由大到小，同是一种字体编写在一起，先文字后数字，先正体后变形体，逐行逐列编写。为了剪贴时注记查找方便，可在表格的备注栏内作适当说明。编完表后，应仔细检查，清除错漏。

独立地物、图廓装饰中统一格式的说明文字，采用照相植字方法，可大量植出备用，不需编表。

填写植字表时，每一组字之间空一格，一组字或一个字需多份时，可在其后加括号说明数量。植字机植出的字隔以0.25mm为最小，2mm为最大。如注记的字隔需大于2mm时，可按无字隔填写，剪贴时再裁开。表式及填写如下表。

② 剪贴方法

剪贴工具：镊子、小刀、裁字板、剪子等。

镊子：夹取注记用，要求弹性好尖端齐，两尖片窄而薄。

小刀：用于裁切注记，要求刀刃锋利，一般采用木刻刀，木把可用于压磨注记。

剪字前须先在透明注记的字膜上涂布一层压敏胶，该胶是一种受压力时产生粘性的非固化型粘合剂。涂布方法是：将字的透明注记反贴在玻璃板上，用纱布蘸酒精去污，再用毛笔蘸胶涂布两遍，厚薄均匀，手试粘度适中。涂好后覆上防粘纸，防粘纸是一种半透明防粘材料，附于透明注记后面，起遮尘、免卷翘、防干燥作用。透明注记在防粘纸的保护下，一般可使用15至30天。刷完压敏胶的毛笔，应放在酒精里防干，备下次再用。涂布压敏胶的另一种方法是：先刷甘油再涂压敏胶，可防止卷曲。此法要掌握甘油晾干时间，一般半小时为宜，即干即涂压敏胶。

剪贴注记，须先裁切植字成单个注记，四周均留0.22mm的边，用镊子揭去防粘纸，将注记对准字位放正，然后施加压力（一般用刻刀的木柄），贴好后揭去剥离层，剪贴注记即告完成。

剪贴应按一定顺序进行，一般是居民地、山名、高程、比高、分数式注记和说明注记，最后是河流名称注记。先图内，再图廓间，然后是图廓外整饰注记。

剪贴注记的要求是：笔划清晰、浓黑，粘贴平整四周压牢，图面整洁。贴完并检查后，及时用纸盖好，防止吸尘。

独立地物及大面积说明注记符号，也可采用剪贴方法，剪贴时必须注意其主点位和方向的准确性。

8.4.5 图廓整饰

为了美观和用图方便，地形原图清绘必须进行图廓整饰。其整饰要求在相应比例尺地形图上都做了统一规定。内容包括：内外图廓、分度带、方里网、比例尺、接边表、图廓间和图廓外的各种注记。

(1) 外图廓和方里网

外图廓起装饰作用，其绘法是在内图廓的延长线上，从图廓点起按 6、7.5、8mm 的长度截取分点，铅笔连线后用直线笔上墨，外图廓线粗 0.5mm，可一次绘成。

分度带指粗细间 1.5mm 的空白地带，可在图上计算任意点的地理坐标，根据图廓点的经纬度，以分为单位划分内图廓线，它是经纬线的加密分划。上下图廓间的分度带，是从左边的图廓点起，向右以经差的分为单位进行等分；东西图廓间的分度带，是从下边的图廓点起，向上以纬差的单位进行等分。为了等分准确，以图幅的经纬差去除相应的经纬线之图上长，其商(取毫米以下两位小数)即为等分线段的单位长度，最后按等点在外图廓粗细线之间，作与经、纬线方向一致的短截线，即得分度带。

由坐标线划分的方形图廓，它的外图廓为一条 0.5mm 的粗线，与内图廓相距 12mm。不是经纬线组成的内图廓，不绘分度带。

方里网只绘内外图廓间的一段，图内只在交点处绘出十字线，长度为 10mm。相邻带的方里线一般不绘。

(2) 磁子午线

根据外业各控制点测得的磁方位角，求出磁子午线与坐标纵线的偏角的平均值，作为本图幅的磁坐偏角值(δ)。东偏为"正"，西偏为"负"。设图幅的磁坐偏角 $\delta = +2°$，即磁子午线在纵坐标线以东 2°。

(3) 直线比例尺

直线比例尺供直接在图上量算实地距离使用，具有能与图纸共伸缩的优点，从而提高距离量算精度。直线比例尺绘在外图廓下方的中央，其位置与尺身的长度，在相应比例尺图式均有规定。

(4) 图廓间注记

图廓间应注记的内容有：

经纬度注记——注在内图廓四角的延长线上，直立字向。经度注记跨经线的左右，纬度注记在纬线的上下边。

方里网注记——注记位数按相应比例尺图式要求注记。

到达地注记——铁路、公路到达地注记，注于内外图廓间，字列中心对准道路中心。图廓东西用垂直字列，南北用水平字列。

境界界端注记——注于图廓间界端两侧。

居民地注记——居民地被图廓分开时作居民地名称注记。幅内面积较小时注于内外图廓间，图内不注。面积与邻幅相等时，名称注于方便的图幅内，邻幅注在图廓间。

图廓间注记如有重叠，可移动或省略次要注记。

（5）图廓外注记

北图廓外——左为图幅接合表，正中为图名、图号，右为保密等级。

南图廓外——左为测图方法、出版时间、坐标系、高程系、等高距及使用图式的年版等；中央注直线比例尺；右端附注栏，可说明和注出各专业部门因用图需要而增设的符号、测绘者和检查者姓名。

西图廓外——下方注出版单位或测绘机关全称。

8.4.6　清绘原图的审校

原图清绘结束后要经过审校和修改。

自校是消除错漏的关键。在清绘过程中，作业员每天检查当时完成的工作，为日校；每一要素清绘完毕，进行要素检查，为项校；全图完成，进行全面检查为图幅自校。自校发现的错误，要及时修改。

审校由审校员进行，全面检查清绘工作。审校的方法，可以方里网为界从上到下，从左到右逐格检查；也可以自然界线，如河流、道路为界分片检查；还可以按要素分项检查。审校一般在清绘图上覆一张透明纸，其上绘出内图廓线，用以定位。审校中发现错漏，按位置标绘在透明纸上，并注明错漏情况及修改意见。审校完毕，退回绘图员修改，改正后再复查。最后由审校员对清绘原图作出质量评价。

8.4.7　保护膜

清绘完成后的薄膜原图，为了图面防水、防脏、防透明注记干燥起翘，避免墨线龟裂脱落，达到长期保存的目的，需要在图面上涂布一层透明的保护膜。

保护膜采用硝基清漆的混合液。其配方是：清漆与松节油各半或清漆与香蕉水以1：5的比例混合，搅匀用毛刷涂布。如清绘图是化学涂层的膜面，则采用聚苯乙烯护膜，其配方是苯 300ml、二甲苯 20ml、聚苯乙烯 3g，三者混合而成。注意，硝基清漆不能在化学涂层上使用，否则将使墨线脱落，图面破坏。

薄膜图的保存，平放为好，卷成筒也可以，并防止和化学药品接触。

上了保护膜的地形薄膜清绘图，如要修改，可在修改部分，先用刀片轻轻刮去护膜，涂一层明胶液或修改液（化学涂层使用），干后再修改描绘，该部分膜面要重新涂布保护膜。

8.5　地形图缩放及复制

在许多情况下，需要将已有的地形图缩小或放大。一般测制 1：1000、1：500 比例尺地形图，用于施工设计，而 1：2000、1：5000 或更小比例尺地形图则适用于规划设计。在已有较大比例尺地形图而需要较小比例尺地形图的情况下，就产生了地形图缩小问题，反之则产生了地形图的放大问题。

充分利用原有地形图资料，根据用图的目的和要求，经过缩放编制成新比例尺地形图，其精度是可以满足用图需要的。一般说，缩小地形图，精度较好，放大地形图，其原有误差也随之放大，精度要差些。所以一般不能放大，本节将着重介绍缩小地形图的原理和常用方法。

8.5.1 准备工作

（1）资料的收集

各种比例尺原有地形图和绘制成果，是缩放图的基本资料和依据，此外还要收集与此有关的说明资料等。

（2）任务和要求

① 明确缩放的目的和任务。

② 确定缩放图的基础底图，确定缩放图的方法。

③ 根据缩放图的用途，确定转绘地形图上的内容，明确重要要素及其表示方法，明确地形图元素的取舍原则和方法。

④ 对缩放原图的清绘、复制说明。

（3）基础底图调绘

地形图上所反映的内容总是受时间限制的，随着所要采用缩放的基础底图的成图时间的延长，实地地形、地物要素的变化也就越多，为了提高缩放图的现势性，在缩放开始之前需要进行要素变化的调绘。调绘的主要分类如下：

① 居民地。行政等级变化，名称变化，搬迁和新建等。

② 道路。道路改道和废弃，新造各等级的道路，新建道路设施。

③ 水系。新建和废弃的库、渠、河道及其附属设施等。

④ 地貌。一般为梯田、开采、挖掘等。

⑤ 植被。水田、旱地、林、果等的种植范围变化等。

以上所有地形图要素的调绘均要根据用图的需要有所侧重。

在大比例尺地形图上，地面上地物、地貌、有方位作用的重要地物都是调绘、修补的参照物和依据，所变化的内容与这些地物地貌的相互关系、方向、距离等都不难量测出来，然后再根据原图比例尺补测出来。

调绘工作必须要按照预定的路线，认真细致地进行，调绘结束以后，图面要经过加工整理，并与邻幅调绘接边后，方可作为缩放的基础底图。

8.5.2 展绘图廓和坐标网

和测绘地形图一样，展绘图廓和坐标网是缩放地形图的首要和保证精度的重要工作。在地形图缩放之前必须先在聚酯薄膜上按缩放图的比例尺，展绘坐标网和测量控制点，展绘完成后经过检查，合乎要求后，再进行地形要素的转绘。

8.5.3 缩绘的综合取舍

缩绘工作通常都要按照一定的次序进行。首先是控制点、独立地物及其注记，其次是居民地、道路、境界、植被、地貌及土质以及各自的注记说明。当然这一次序也不是一成不变的，它是与地区和地形图的内容有关系的，因此还要根据具体情况来确定。

在缩图的过程中，综合取舍是不可少的。这是因为，较大比例尺图上的内容，不可能也不必要全部表示到较小比例尺地形图上去，还须根据实际和需要有新概括。这个综合取舍的过程就叫制图综合。

制图综合广泛应用于编制各种地图。随着制图比例尺缩小的程度，其综合的幅度也将逐渐加大。制图综合分为：比例综合、目的综合和感受综合三种。根据缩图的需要，这里只介绍比例综合。即由于地形图比例尺缩小，而引起的图形缩小，一部分会小到不能清晰表示的程度，从而产生取舍和概括问题。比例综合分为如下两个方面。

（1）地物选取

根据表示"主要"的，舍去"次要"的原则，考虑用图需要、地区特点确定地形图要素的主次。地物的选取方法，应按照由高级到低级，由重要到次要，由大到小的次序进行。此外对于地形图的内容也要考虑，舍去过多则不能满足用图需要、不能反映实地情况，选取太密，则图面负荷太大，不便于阅图。

（2）地物、地形总貌

用化简方法对地物、地貌进行形状概括必须反映地物、地形的总貌。其基本方法有删除、扩大、合并、分割等等，这些方法的应用，需根据具体情况决定，有时采用一种方法，有时采用多种方法。

图 8-30 是删除及扩大示例，(a)为删减示例，(b)为扩大示例。

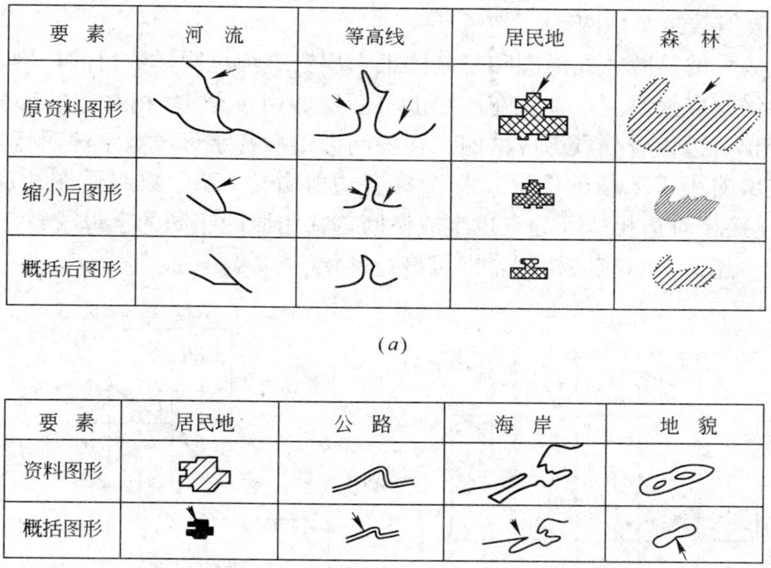

要　素	河　流	等高线	居民地	森　林
原资料图形				
缩小后图形				
概括后图形				

(a)

要　素	居民地	公　路	海　岸	地　貌
资料图形				
概括图形				

(b)

图 8-30

(a)图形碎部的删减；(b)图形碎部的扩大

图 8-31 是合并的示例。

图 8-32 是分割的示例。

应该指出，删去和合并有时是共存的，例如删除小谷等于合并山脊，删除河流的小弯曲，等于把小弯曲合并到大弯曲中去。在制图综合过程中概括湖、河的岸线、等高线、道路、居民地、地类界等的轮廓等都是这样的。

制图综合中地图要素的选取，不是单独进行的，而是要以整体全面考虑的。例如居民地与道路，地貌与水系，水系与道路等都常常相互联系，在制图综合中必须统一考虑，保证图面的合理和统一。

141

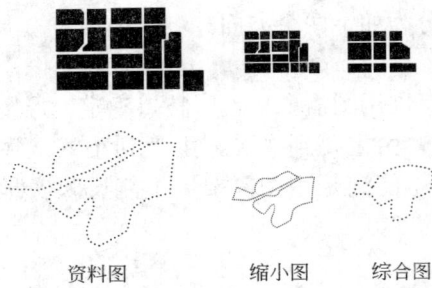

| 资料图 | 缩小图 | 综合图 |

图 8-31　形状综合合并

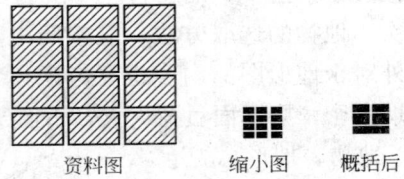

| 资料图 | 缩小图 | 概括后 |

图 8-32　居民地街区图形的分割

8.5.4　缩绘地形图的格网法

这种方法需要的设备少，操作也较方便，但成图时间较慢，在缩绘图幅较少时经常利用此种方法。本法的要点如下：

（1）依缩放倍数绘制格网

依缩小或放大的倍数，在原图和复制图纸上用铅笔绘出同样数目的格网。如将原图比例尺缩小 1/2 倍绘成复制图，首先在原图上将图廓各边等分之（相对边的等分数应相等），再用铅笔连接相对边相应分点组成格网。在格网旁用拼音字母或数字注明行列次序；其次在复制图上作出缩小 1/2 倍的图廓，将图廓各边等分之（等分数跟原图相应边的等分数同），用铅笔连接相对边相应等分点也组成格网，并用原图相同的字母或数字注明列次序，如图 8-33 所示。据此两对应的格网，即可进行转绘。

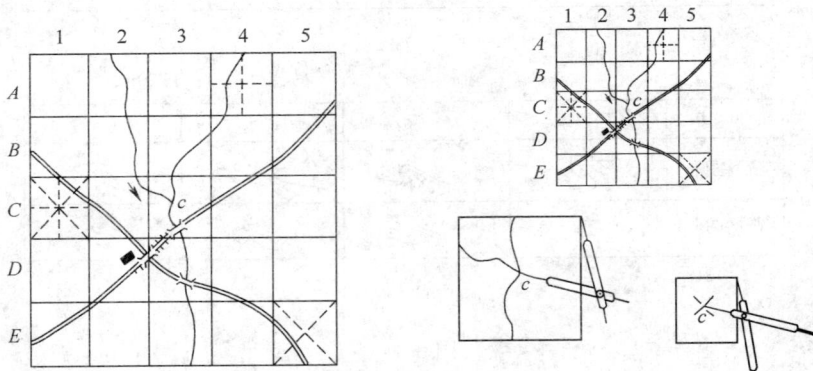

图 8-33

（2）转绘方法

根据缩放倍数 n 定出比例规的比值格网 $\dfrac{AB}{ab}=n$ ，如图 8-34 所示。转绘地图各要素时可逐格进行。首先将符号的特征点（如独立符号的定位点、线状符号的转折点、交会点与格网点的交点等）用比例规在点的所在格网内，以交会点（即分别以符号邻近的两个格网交点为圆心，符号与此两点的距离为半径，作弧交会）或直角坐标法（用模片）在复制图上展出其位置，再将有关的点照原图上的走向连接，即得一些点和中间线位。然后据此定位点和定位线，配以相应符号，如图 8-33 所示。

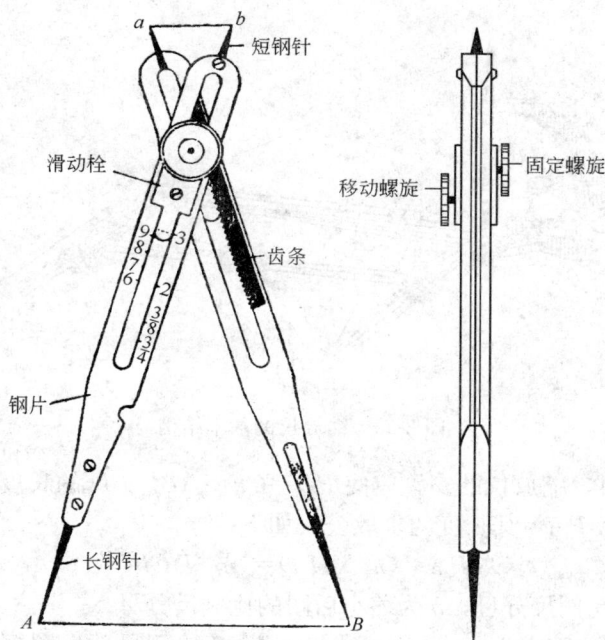

图 8-34

（3）注意事项

格网法转绘的精度与格子的大小有关。网格愈小，线状物体与格网的交点愈多，目测愈容易。研究表明：方格边长为 3～5cm 时，转绘精度可达±0.2mm。故在地图内容复杂处，可在网格内加辅助网格，如图 8-33 虚线所示，以利作业。

此种方法也可以用作地形图的放大，其描绘尺寸与缩绘时相反，但原理相同，这里不再赘述。

8.5.5 缩绘地形图的缩放仪法

缩放仪是一种简单仪器，其基本结构如图 8-35 所示，由四根等长的金属尺杆连结成平行四边形，尺杆 PD、AB、CF 的上面都有毫米刻划尺，AB 上装有活动套筒，两端由滑动套筒所连结，三个套筒均可在尺杆上移动，借助套筒上的制动螺旋、微动螺旋和游标，可得到尺杆上移动 0.1mm 的读数。

缩放仪在 P（极点）点处有一球状连结器，可放在仪器座的球形孔内，尺杆 PC、PD 用钢丝悬挂于仪器座的顶端，尺杆 CF 靠描针 F（又称描点）旁的滑轮支持，这样有助于缩放仪的运转平稳。为了转绘精确，钢丝悬挂点和极点应在同一铅垂线上（$P'P$ 线）。铅垂线的保持，由仪器上的圆水准器及底部螺丝调整座面水平来实现。各尺杆在运转时也应保持水平，其中 PC、PD 尺杆，可用管状水准器置于杆面上，调整钢丝的长短使其水平，尺杆 CF 的水平，则要调整滑动的螺丝升降滑轮来达到。

AB 杆的活动套筒上，装有转绘用的铅笔（绘点 G），为了不使缩放仪在空转时画出多余的线条，铅笔和描针之间用一根细线连系起来，当不需要转绘时，拉起细线即可提起铅笔，松开细线铅笔就落在纸面上。铅笔对图纸的压力，可由增加铅芯管上金属圈的数目来调整。当刺点时，则用刺点针来代替铅笔。

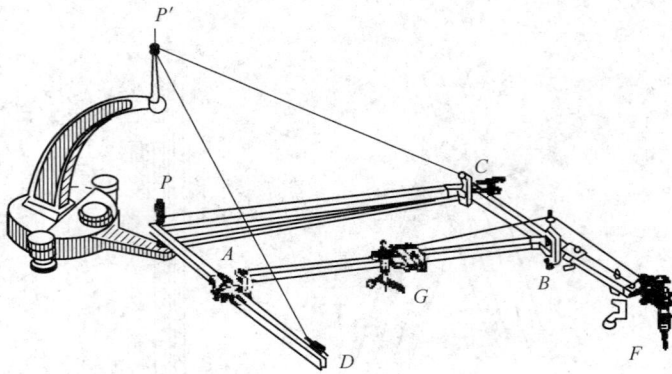

图 8-35　缩放仪的基本结构

在使用缩放仪时，缩放仪的安置应使 $PD=CF=AB$。PD 的长度决定了缩图的倍数，缩放仪装置尺寸称为 PA，其长度的求取公式如下：

$$PA=(n/N)PD=(n/N)CF$$

其中 N 为原图比例尺分母，n 为缩小后图的比例尺分母。

例：设缩放仪杆 PD 长为 960mm，欲将 1/1000 比例尺地形图缩小为 1/2000 比例尺地形图，求缩放仪的装置尺寸 PA 长。

解：$PA=N/nPD=1000/2000\times960mm=480$mm。

即是说装置缩放仪时使 PA 长为 480mm 时，即可将 1/1000 地形图缩绘成 1/2000 地形图。

用缩放仪放大地形图，可将描针和铅笔对调，也可以将极点和绘点位置对调。缩图和放图的原理是相同的，读者在掌握了缩图之后，放图的方法也不难掌握。因放大地形图在实际工作中使用较少，这里就不再详述。

8.5.6　缩绘地形图的照相法

照相法是借助复照仪将地形原图上的内容转绘到新缩绘原图上的一种方法。这种方法速度快、精度高，适用于大量图幅的缩放编图，是目前缩放编绘地图时转绘地图内容的最基本方法。根据作业情况的不同，分为蓝图拼绘法、大版拼贴法、放大标描法等，其中放大标描法在原图与新缩放原图比例尺相差 5 倍以上时采用，这是由复照仪的倍数限制而进行处理的一种方法，本文只就前两种方法的原理及特点进行简单介绍。

（1）蓝图拼绘法

这种方法是将地形原图按缩编图的比例尺进行复照缩小，用取得的底片晒蓝图，然后将蓝图粘在已绘好方格网的薄膜背面（其误差配赋方法和以下将叙述的大版拼贴法相同），再进行薄膜透图、清绘。一幅蓝图透绘完毕以后，经检查即可揭去，再进行以后各幅的缩绘工作。这就是蓝图拼绘法的全部作业过程。

这种方法的优点是：缩图后即可进行绘图，直接取得复制底图。在小于 5 倍的缩编图时是快速而实用的。

（2）大版拼贴法

这种方法是将地形原图拼贴在展绘好坐标网的大图版上，然后按缩编图比例尺照相缩

144

小，取得底片，直接在薄膜上晒制蓝图，再在蓝图上进行清绘。这种方法的准备工作是预先在大版上展绘四个图幅的坐标网，经检查合格后，四个图幅的内图廓线要上墨。拼贴时误差是难免的，一般都比新展绘的图廓尺寸略小，由于纸张变形不均匀，拼贴的技术方法也不一样。利用纸张湿润后伸长、干燥后缩短以及横纹方向易伸缩、纵纹方向不易伸缩的特性，灵活运用。

如原图湿润拉伸后误差超过 0.5mm 时，可采用切块方法配赋误差。一幅图一般允许切成 4～9 块，最好不要沿坐标线切，各块拼贴裂隙应小于 0.3mm。拼贴时胶水浓度适中，图面清洁平整。

此法与蓝图拼绘法不同的是：蓝图拼绘法是先缩后拼绘，此法则相反。其共同的优点都是直接在薄膜上清绘。当原图为裱糊图板或薄膜图时，为了不损坏资料，采用"蓝图拼接法"比较简单；当原图为印刷图时，采用"大版拼贴法"较为适宜。

8.5.7 晒图工作

利用照相底版和薄膜清绘图，与铁盐、银盐和重氮感光低密度曝光，晒制出蓝色、棕色、黑色和紫色图，称为晒图法。由于感光纸制作容易，设备简单，在用图量不大时，采用晒图法较为实用、方便。本文只就最常用的纸张晒蓝图加以介绍。

晒蓝图是用铁盐作感光剂，底片（照相底片）为负像图，晒成后得到的是白底蓝线图；底片（薄膜清绘图）为阳像图，晒成的是蓝底白线图。后者使用不太方便，因此使用较少。通常所说的晒蓝图，指的是阴像底图晒制的白纸蓝线图。

（1）感光液的配方

第一液

| 柠檬酸铁铵 | 25～35g |
| 水 | 500ml |

第二液

| 赤卤盐 | 10～15g |
| 水 | 500ml |

为了使药液便于保存，一、二液应分别贮存在瓶中，一液在有色瓶中，避见强光，使用时两液等量混合。这种感光液的特点是：浓度大，感光速度慢，需曝光时间长。所晒蓝图色深而鲜明，便于阅图。

（2）感光纸的涂布

晒图用的纸要光滑结实，颜色洁白，吸水性能低，不渗透药液。一般为胶版纸或绘图纸，为了防止伸缩，有时也使用聚酯薄膜。

感光液在纸上涂布要在暗室的红光灯下进行。方法是：将纸平铺在玻璃上，用纱布团或软毛刷蘸感光液在纸上左右来回涂刷，动作快速均匀而轻柔，药液涂布均匀且厚度适中，刷好后要及时把感光液纸挂起来，在暗室迅速晾干，呈黄或淡黄绿色，免受潮，避见光，放入密封的铁筒内或用黑纸包卷好贮藏起来，有效期约 1 个月，变蓝则变质失效。

（3）晒图

晒图用晒版机或晒图框在日光或室内灯光下进行。晒图前应将晒图框的玻璃和阴像底片擦干净，底片的正面向下铺在玻璃板上，再把感光纸的药面向下覆盖在底片上，然后铺上垫料，盖好盖板，最后上好压杆。垫料、盖板要平整且厚薄一致，加上压杆后感光纸受压均匀。

以上铺装完成并经检查合乎要求后，即可将晒图框移放直射阳光或灯光下，使玻璃面垂直曝光。曝光时间长短由光源强弱和感光液的浓淡及底片透明度决定。夏季阳光均为 1~3 分钟，冬季时间要加倍；灯光时间则更需长些。用观察感光纸方法可掌握时间，由黄变蓝，由蓝变灰，即曝光充足。如曝光不足，蓝线划淡而虚，曝光过度，则色过深。

（4）显相

晒好的图纸经过水洗显相就可以得到所需要的蓝图。操作方法是：将晒好的图纸，放在清水槽中，药面要全部浸入，并轻轻漂洗，掌握适当时间，经过化学反应，感光药液被全部溶解脱落后，就可以得到蓝色线划的图形，最后再从水中取出晾干即可。

当水洗蓝图数量较多时，水槽中的水就会逐渐变成淡黄色，这时就要另换清水，否则因残余感光液仍附着蓝图上，见光后变色，就影响了蓝图的质量。如蓝图颜色太淡，可用 5% 的赤卤盐或盐酸溶液，浸泡数分钟，加深蓝色，再水洗晾干；如蓝图颜色太重，可用 1% 氢氧化铵水溶液漂洗，或用 3% 的草酸溶液漂洗，都可减淡图形的蓝色，注意这些处理过程中的药液漂洗时间要短些。

如要彻底褪去蓝色，则用 5% 的碳酸钠水溶液漂洗蓝图，即可全部褪除蓝色。这就是褪蓝。

用褪蓝的方法可以对晒蓝图进行修改。其方法是，将要修改的部分用 5% 的碳酸钠水溶液洗刷，蓝线条即可褪成白色，然后再用笔绘出所需的线条。

8.5.8　熏图

熏图比晒蓝的方法简便，成图迅速，普遍用于复制工程、机械图件和一般的图文资料，用这个方法晒成的图，原图上的黑色线条呈紫色，原图透明部分呈白色，其缺点是成图没有蓝图精细、清晰。

熏图感光纸的制造较复杂，一般由专门工厂制造。采购时，要注意包装上标示的有效期限及包装的完好情况。用剩下的图纸用红布、黑布包装严密，保存在干燥阴暗的地方。

熏图的感光物质主要组成如下：

凡拉明蓝盐	0.5g
没食子酸饱和液	50mm
树胶液 12°be	10mm
柠檬酸	0.5g

熏图的作业分为曝光和氨熏两部分。

（1）曝光

曝光的方法与晒蓝图相同。因感光纸的感光性强，装纸、取纸的一套操作要迅速。在日光下曝光时间约 15 秒到 1 分钟，普通阴天要在 5 到 15 分钟。其时间的具体掌握，一般根据感光纸边缘曝光变色的情况而定。未感光的纸是黄色，经曝光作用，黄色逐渐减淡变成白色。根据经验，在曝光时，先用手指盖住感光纸边缘的某一部分，使之不致感光；当纸的曝光部分由黄色开始变成白色时，即移开手指，使手指盖住的部分也一并曝光。当原

146

来由手指盖住的部分也由黄色开始变成白色时，就是感光纸全部曝光恰当的象征，此时即可以取出感光纸，进行氨熏。

（2）熏图

熏图纸的感光剂凡拉明蓝盐的主要成分是一种重氮化合物和酚类。重氮化合物极不稳定，感光就发生分解，改变了原来的性质，使熏图纸的感光部分由原来的黄色变成白色；没有感光的部分仍为重氮化合物和酚类。把曝光后的感光纸放在暗箱中，下面放氨水，由挥发的氨，使重氮化合物与酚类发生反应，并与没食子酸作用，生成紫色的偶氮化合物，所以感光纸上未感光的部分就呈现紫色的图形，于是熏图显相就完成了。感光纸称为晒图纸、熏图纸或重氮纸。

如果感光纸曝光不足，受光部分重氮化合物没有完全分解，残余部分与氨气作用，使图纸带紫底色。如曝光过度，就会使不应受光的部分受到光化作用而分解，变成白色，图形就残缺不全或者全部消失。处方中的柠檬酸有促进作用和保存作用，树胶液是防止药液对纸张的渗透和便于涂布。

以上所述为熏图的一般程序和方法，要掌握这些方法，还要通过亲自实践和总结。

第九章　地形图的识读与应用

9.1　基　本　概　念

9.1.1　地形图

把地面上的地物、地貌沿垂线方向投影到水平面上，按一定的比例关系，用专用符号测绘而成的图，称为地形图。如果仅表示了地物平面位置的叫做地物图或平面图，只有既表示地物平面位置，同时又表示了地面起伏形态的图才能称为地形图。

所谓地物，指地面上有明显轮廓的固定性物体，如房屋、道路、桥梁、梯坎、树木、农田、河流、山丘等等，地貌则是指地球表面自然起伏的状态。

地形图全面、客观地反映了地面现状情况，它是村镇规划和设计，乃至进行各项建设所必须的重要基础资料。村镇用地的分析、建筑物的布置、厂址的选择、村镇道路、给水、排水等各项工程的规划、设计和建设，都需要有准确的地形图提供建设现场的地物、地貌情况。村镇规划的各类成果图纸，无论总体规划还是建设规划，也不论是现状图还是规划图，都首先是在地形图上进行研究、分析、确定方案并最终完成的。可以说，没有准确的，既符合精度要求和现状实际的地形图，就无法编制符合规定要求的村镇规划和设计，也无法进行正确的建设与管理。

9.1.2　地形图的坐标系统

在地形图上画着许多等距离（一般 100mm）的纵横交织的方格子（或无方格而以短"十"字线代替），在图纸的四角标注着数值，这就是坐标格网或称坐标系统。

每一村镇都要建立统一的坐标网，使每一地物或地貌的位置都通过统一的坐标系统表示出来。村镇地形图测绘，在已有全国统一坐标系统覆盖的地方，应尽量与全国坐标系统联网；无全国统一坐标控制点可以利用，也可建立本地或本村镇独立的坐标系统。

用坐标网可以控制地物、地貌的平面位置。例如，知道了地物点的坐标数值，就可以在该地形图上确定出该地物的位置，绘出其平面形状；若在地形图确定了拟建建筑物的位置，随之可求得其坐标，因而就可在实地确定其具体位置；根据坐标值，可以计算出地物、地貌的实际长度、宽度值；知道两直线的各自两组坐标值，也可以确定出它们相交点的位置。

9.1.3　地形图的高程系统

高程是指地面点高低位置。地面某点到大地水准面之间的垂直距离称为该点的绝对高程或海拔。我国现在采用的 1985 年国家高程基准，是以青岛验潮站 1952 年～1979 年验潮资料计算确定的平均海水面作为基准面的高程基准。如图 9-1 所示，H_a 和 H_b 分别为地面点 A 和 B 的绝对高程。

在村镇测图时，如果引测绝对高程有困难，也可以假定水准面为高程起算面。某点到假定水准面的铅垂距离称为该点的相对高程或假定高程。

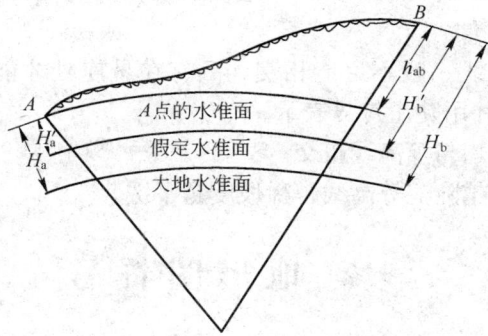

图 9-1

采用假定高程时，先在测区内选定一个基准点并确定其假定高程值，再以这个点为准推算其他各点的高程。

地面上两点的高程之差称为高差。如图 9-1 中 A 点相对于 B 点的高差为 $h_{ab} = H_b - H_a$。

9.1.4 等高线

地面上高程相同的相邻各点连成的闭合曲线，称为等高线。

（1）等高距

地形图相邻两条等高线的高差称为等高距。等高距的大小是根据测图比例尺的大小和测区地面坡度大小选定的。同一幅面中只能采用一种基本等高距，图中等高线的高程应是基本等高距的整倍数。各种比例尺地形图的基本等高距如表 9-1 所示，单位为 m。

各种比例尺地形图的基本等高距   表 9-1

比 例 尺	平 地	丘 陵 地	山 地	高 山 地
1：500	0.5	0.5	0.5, 1.0	1.0
1：1000	0.5	0.5, 1.0	1.0	1.0, 2.0
1：2000	0.5 1.0	1.0	2.0	2.0

（2）等高线平距

相邻等高线间的水平距离称为等高线平距。地面坡度愈大，相应等高线的平距愈小，坡度相同，等高线平距相等。因此，根据等高线疏密，可以一目了然地判断地形坡度的大小。

（3）等高线的种类

基本等高线（首曲线）：地形图上按基本等高距测绘的等高线为基本等高线，用细实线绘制。

计曲线：将高程为 5 倍基本等高距的等高线加粗描绘，并注记其高程，以便于读图。高程注记的字头应向上坡方向。

间曲线：为表示特殊局部地貌的实际形态，还可以测绘 1/2 基本等高距的用长虚线表示的等高线。

（4）等高线的特性

① 同一条等高线上各点，高程相等；但地面上高程相等的点不一定在同一条等高线上。

② 等高线应是闭合曲线，本幅图内不能闭合时，可跨越图廓线在他幅图内闭合，而不能在图内中断。

③ 不同高程的等高线一般不可能相交，只有在悬崖处才能相交，且交点必然成双，只有在陡崖处才能重叠并用陡崖符号表示。

④ 山脊线、山谷线均与等高线正交。

⑤ 等高线越密坡度越陡，等高线越稀坡度越平缓。

9.2 地形图符号

地形图符号是测制、出版地形图和读图、用图的基本依据之一。

地图的内容，如居民地、道路网、水系、地貌等，都是采用一定颜色的点、线、几何图形表示的。这些点、线、几何图形就成为地形图符号。

这种地物、地貌符号的大小、形式，视地图的用途及比例尺的大小不同而不完全一样，为便于一图多用，就要统一地形图符号，因此，国家测绘局编制了各种比例尺的《地形图图式》。

随着社会的不断发展，地面地物形态不断更新，对地图也不断提出新的要求，从而图式符号的形式、内容也要不断更新、充实和提高，故每隔一段时间《地形图图式》就必须予以修订，才能适应需要。

9.2.1 地物符号分类

地面物体多种多样，在地图上不可能包罗万象而把它们一一用符号表示出来，而必须予以科学的分类。符号分类的基本原则是：

（1）按实地物体和符号的比例关系分类

由于实地物体大小差别也很大，按地图比例尺缩小后，其图形大小差别也很明显，有的能保持相似图形，有的缩小成一点或一线，因此把地图上的各种符号分为依比例尺、半依比例尺和不依比例尺的三种。

① 依比例尺符号是实地占有较大面积的物体，依比例尺缩小后，仍能显示其轮廓的，见图 9-2(a)。

② 半依比例尺符号是实地上的线状物体其长度能依比例尺表示，其宽度缩绘到图上就很窄或成一条细线，不能以比例尺表示，而必须放大其尺寸。这类符号表示的物体，在地形图上只能量测它的长度，而不能量测其宽度，见图 9-2(b)。

③ 不依比例尺表示的符号，是实地上面积较小，但有方位意义或其他意义的独立地物，缩小后在地形图上只能显示为一个点，见图 9-2(c)。

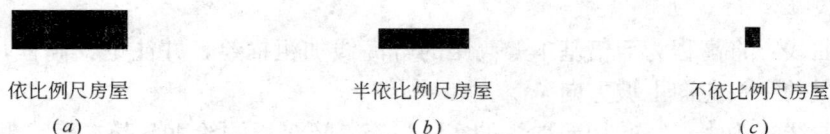

依比例尺房屋	半依比例尺房屋	不依比例尺房屋
(a)	(b)	(c)

图 9-2

（2）按地面物体的性质分类

这是一种比较系统、详细的分类法，物体的性质分为：测量控制点、居民地、独立地物、境界、道路、水系、地貌、土质和植被等。这些要素又可归纳为自然地理要素和社会经济要素两大类。自然地理要素包括水系、地貌、道路网、境界等。

（3）按符号的图形特征分类

① 侧形符号，这类符号近似物体的侧面形象，如独立树、烟囱等，见图9-3(*a*)。

② 正形符号，这类符号近似物体的平面轮廓形状，如房屋、水井等，见图9-3(*b*)。

③ 象征符号，符号本身具有一定的象征性，如三角点等，见图9-3(*c*)。

④ 说明符号，系图上说明注记，如森林的树种、水流的流速等。它们只起说明作用，不表示物体的准确位置，以弥补符号表示的不足，见图9-3(*d*)。

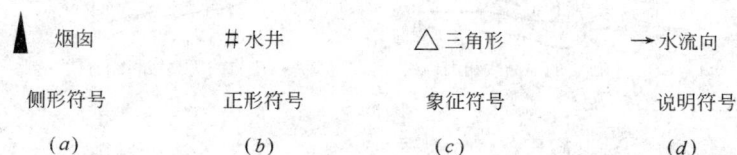

▲ 烟囱	♯ 水井	△ 三角形	→ 水流向
侧形符号	正形符号	象征符号	说明符号
(*a*)	(*b*)	(*c*)	(*d*)

图 9-3

9.2.2 地貌符号

国家颁布的地形测量规范和地形图图式规定用等高线表示地貌。对于冲沟、陡崖等不适于用等高线表示的特殊地貌，用规定的符号表示。这种表示的优点是：既能正确显示地貌的形态，还能根据它求得地面的高程、两点间的坡度等，应用很方便。

几种典型的地貌图形的特点

（1）山丘或盆地的等高线

见图9-4，这是一组相互环绕的闭合曲线。内圈高程大于外圈的表示山头；外圈高程大于内圈的表示盆地。这种区别也可用示坡线（垂直等高线的短线）表示，如图所示，绘在山丘或盆地的最高的等高线上，指向下坡方向。

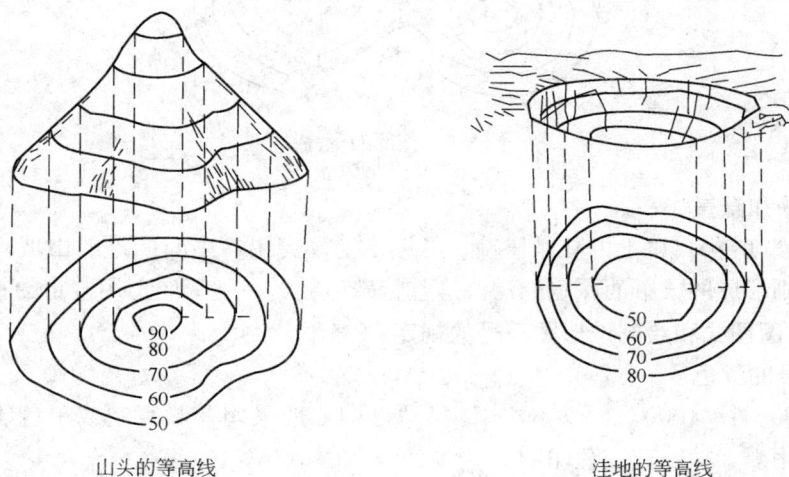

山头的等高线   洼地的等高线

图 9-4

（2）山脊或山谷的等高线

这是一组向某一方向凸出的曲线。凸向低处的是山脊，凸向高处的是山谷，如图 9-5 所示。是山脊还是山谷，可根据等高线的高程或示坡线加以区别。

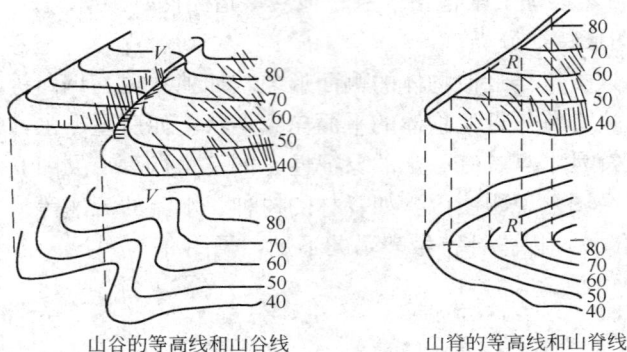

山谷的等高线和山谷线　　　　　　山脊的等高线和山脊线

图 9-5

（3）鞍部的等高线

两个相邻山头之间形似马鞍的部分称为鞍部或垭口。如图 9-6 它是两个山脊的最低点的或两个山谷的最高点的会合处。

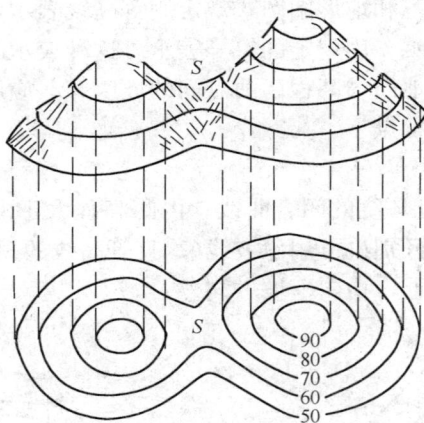

图 9-6　鞍部的等高线

（4）绝壁和悬崖

绝壁指坡度在 70°以上的陡峭崖壁；悬崖指上部突出，中间凹进的山坡；冲沟指坡地上被雨水冲刷形成的狭窄而深陷的沟。这些特殊地貌，在地形图上用规定的符号表示。

9.2.3　地形图图式和绘制地形图符号的规定

（1）符号的颜色

1∶50000、1∶1000、1∶2000 比例尺地形图一般采用蓝晒复制或单色印刷，视用图需要也可采用黑、棕、蓝三色印刷。

黑色——表示人工地物，如居民地、独立地物、道路、境界、植被等。

蓝色——表示水系要素，如河流、湖泊、泉、井等。

棕色——表示地貌土质，如等高线、陡崖、沙地等。

（2）符号尺寸

表示符号大小的尺寸与符号旁注记，单位均为毫米，有以下三种情况：

① 正方形、三角形为符号的边长，圆为直径。

② 单线符号为线划粗。

③ 双线符号为两线中心距离。

凡图式中未注明尺寸的，线划粗为 0.15mm，点直径为 0.25mm，符号外主要部分的线段长为 0.5mm。以虚线表示的线段，凡未注明尺寸的，其实部为 2.0mm，虚部为 1.0mm。

（3）符号定向

符号的描绘方向，是指符号方向与地面要素方向的关系。对于依比例尺符号和半依比例尺符号，都应按真方向绘出，即符号方向与相应地面要素方向一致。

所谓符号定向，主要是对那些不依比例尺表示的独立地物符号而言的。因为它们是记号性符号，存在着符号的描绘方向问题。独立地物符号的定向有固定方向和不固定方向两种。

① 固定方向

固定方向也叫直立方向，符合保持与南北图廓垂直。地图上的绝大部分独立地物符号，都是按固定方向描绘的。

② 不固定方向

不固定方向也叫真方向，即符号方向与实地物体方向一致，如山洞、窑洞、泉等。面积符号范围内的填绘符号，均要垂直于南北图廓，如草地、稻田、竹林等。

（4）符号定位

地形图符号分为依比例尺、半依比例尺、不依比例尺三种，如图 9-7。其中依比例尺符号能反映实地物体形态和方向，因此符号定位主要是指半依比例尺和不依比例尺符号。

除说明符号和填绘符号外，符号中规定有一个点或一条线代表相应地面要素的中心位置，这个点或线即为符号的定位点或定位线，描绘时，必须使定位点、线与相应要素的图上位置重合。此外，一般规定为：

① 半依比例尺符号，由于线状符号的图形不同，定位线的确定也不完全一样，如道路、河流、堤、境界等符号的中心线代表实地中心线位置，而陡岸、斜坡等符号的边缘线为定位线。

② 不依比例尺符号，根据符号的不同图形特点分类，并规定其"定位点"位置。

a. 几何图形符号，其几何中心为定位点，如：三角点、图根点、水准点等。

b. 宽底图形符号，以底线中心为定位点，如岗亭、蒙古包、烟囱等。

c. 底部为直角形的符号，以直角顶点为定位点，如加油站、汽车站、独立树等。

d. 组合形符号，以主体图形或下部图形的几何中心为定位点，如：变电室、照射灯、塔形建筑物。

e. 底部为开口的符号，以其下方两端点的连线中心为定位点，如窑、亭、山洞等。

（5）符号的光线法则

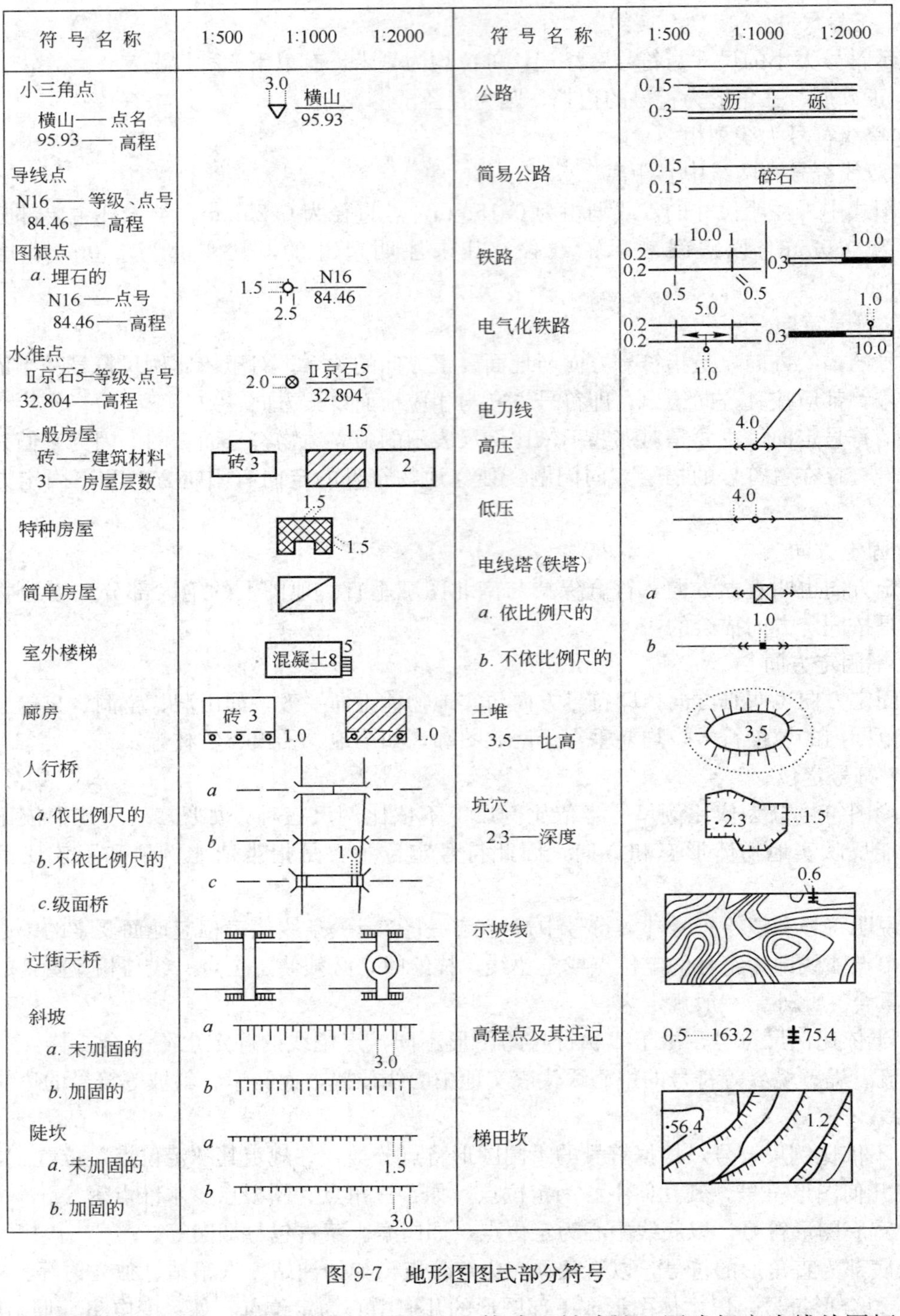

符 号 名 称	1:500 1:1000 1:2000	符 号 名 称	1:500 1:1000 1:2000
小三角点 横山——点名 95.93——高程	3.0 横山 95.93	公路	0.15 / 0.3 沥 砾
导线点 N16——等级、点号 84.46——高程		简易公路	0.15 / 0.15 碎石
图根点 a. 埋石的 N16——点号 84.46——高程	1.5 N16 84.46 2.5	铁路	0.2 1 10.0 1 / 0.5 0.5 / 0.3 10.0
水准点 Ⅱ京石5-等级、点号 32.804——高程	2.0 ⊗ Ⅱ京石5 32.804	电气化铁路	0.2 5.0 / 0.2 0.3 1.0 10.0
一般房屋 砖——建筑材料 3——房屋层数	砖3 1.5 2 1.5	电力线 高压	4.0
特种房屋	1.5	低压	4.0
简单房屋		电线塔（铁塔） a. 依比例尺的 b. 不依比例尺的	a ⊠ 1.0 b
室外楼梯	混凝土8 5	土堆 3.5——比高	3.5
廊房	砖3 1.0 1.0	坑穴 2.3——深度	2.3 1.5
人行桥 a. 依比例尺的 b. 不依比例尺的 c. 级面桥	a b 1.0 c	示坡线	0.6
过街天桥		高程点及其注记	0.5 163.2 75.4
斜坡 a. 未加固的 b. 加固的	a 3.0 b	梯田坎	56.4 1.2
陡坎 a. 未加固的 b. 加固的	a 1.5 b 3.0		

图 9-7　地形图图式部分符号

　　地形图上采用光线法则，能增强符号的立体感和易读性。图式规定光线从图幅的左上方射来，物体承受光线部分为光辉部，背光部分称为暗影部。地形图上的某些符号，在描绘时应按光线法则分出光辉和暗影部分，即：

凡具有粗细线表示的符号，如公路，细线绘在光辉部，粗线绘在暗影部。凡具备虚实线表示的符号，如大车路、乡村路，则虚线绘在光辉部，实线绘在暗影部。图9-8为光线法则图解。路面材料注记的字向也按图中所注方向。

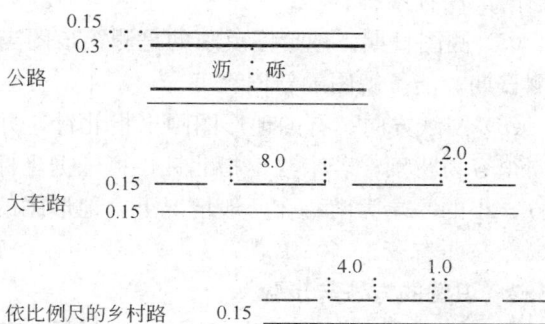

(6) 符号在图上的正确显示

① 为了使各种地物的大小能正确地表示在图上，图示中所引符号有三种情况：一种是不依比例尺绘的，符号旁注尺寸；另一种是依比例尺绘的，符号旁不注尺寸；再一种是地物轮廓依比例尺绘，其内绘不依比例尺说明符号的，其内说明符号绘于适中位置上。

② 各符号间的距离，不应小于0.3mm。在符号密集相距很近的情况下，允许将符号缩小1/3描绘。如缩小后其位置仍不够时，可将次要符号略为移动，个别情况下，还可以省略。

③ 符号旁所注记的深度、比高数字一般注至0.1m。

④ 简要说明中各种数字，凡"大于"者含数字本身，"小于"者不含数字本身。

图9-8

9.3 地形图的识读

9.3.1 地形图的数字要素

地形图虽然内容丰富、标示复杂，但概括而言可归纳为数字要素和地形要素两大类。地物符号和地貌符号为地形要素，前已述及。数字要素为轮廓、图名、坐标格网及比例尺坐标高程系统等。

(1) 图名和图幅接合表。以本图幅内最大的或最主要的居民点或厂矿单位名称作为图名。在荒漠地区可用其他地理名称来命名。注记在北图廓线上方中央。图名的下面是本幅图的图幅编号。

茶园	白杨湾	新村
砖厂	//////	水泥厂
金水桥	陈家村	草坪

图9-9

图幅接合表。为了用图方便，测绘地形图时，通常在图幅的左上方绘有该表，表中注记本图幅四周八幅图的图名，如图9-9，斜线位置为本幅图位置。在需要多幅地形图时，根据该表可索取和拼接相邻的图幅。

(2) 测图比例尺注记在南图廓线下方的中央。根据比例尺，可以求算实地的长度和面积等，也可判断图上点位精度是否满足要求。

(3) 图廓。图面上的内图廓是图幅的边界，为纵、横坐标的起始边线，其四角注有相应的纵横坐标值。外图廓用粗实线描绘，起装饰作用。

(4) 坐标和高程系统。在南图廓线下方的左侧，注有地形图所采用的平面坐标系统、高程系统、基本等高距和地形图图式。我国现已启用《1985年国家高程基准》作为实测

155

地形图的高程系统。

（5）测图日期。地形图反映的是测绘该图当时的地面现状情况。掌握地形图的测绘或修测日期，能了解图的新旧程度。

（6）图纸方向。有的地形图画出指北针，并在其箭头注明"北"或"N"字，则各个方向很容易辨别；若未绘出指北针，可依据坐标网辨别它的方向，坐标数值大的一端表示北方，小的一端为南；在一般情况下，地形图的上框表示北方，下框表示南方，即：上北下南，左西右东。

9.3.2 识图的方法与步骤

阅读地形图不仅局限于认识图上哪里是村庄、哪里是河流、哪里是山头等孤立现象，而且要能分析地形图，把图上显示的各种符号和注记综合起来构成一个整体的立体模型展现在人们眼前。因此，首先要了解图外一些注记内容，然后再阅读图内的地物、地貌。下面举例说明阅读的过程和方法。

（1）图廓外的有关注记

图 9-10 为整幅图中的一部分。图幅正下方注有比例尺（1：2000）；左下方注有平面坐标、高程系统、基本等高距以及采用的地形图图式版本；图的正上方注有图名（柑园村）和图号（21.0—10.0）。图号是以图幅西南角坐标表示的。图的左上方标有相邻图幅接合图表。图的方向以纵坐标线向上为正北方。若图幅纵坐标线上方不是正北，则在图边另画有

茶园	白杨湾	新村
砖厂	▨	水泥厂
金水桥	陈家村	草坪

柑园村
21.0—10.0

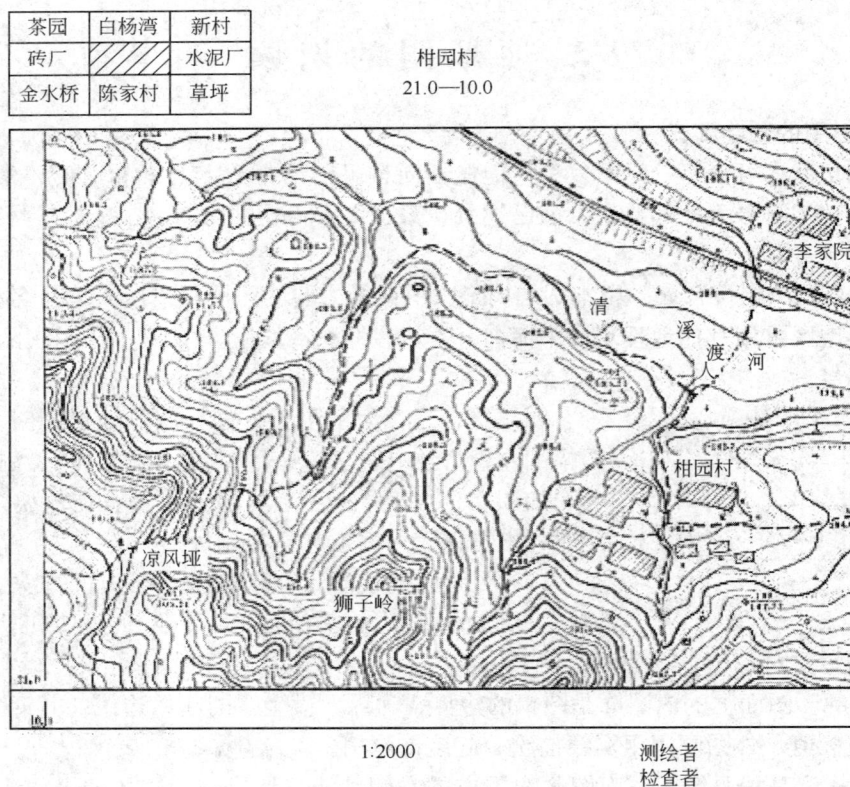

1：2000

测绘者
检查者

图 9-10

156

指北方向线。此外，还注有测绘方法、单位和日期。

（2）地物分布

本幅图从北至南有李家院、柑园村两个居民地，两地之间有清溪河，以人渡相联。河的北边有铁路和简易公路，路旁有路堑和路堤；河的南边有四条小溪汇流入清溪河。

从柑园村往东、西、南三方各有小路通往邻幅，柑园村的北面有小桥、墓地、石碑；图的西南角有一庙宇及小三角点，点旁注记的分子 A51 为点号，分母 A51 为点的高程；正南和东北角分别有 5 号、7 号埋石的图根点。另外，图内 10mm 长的“＋”字线中心为坐标格网交点。

（3）地貌分布

图幅的西、南两方是逶迤起伏的山地，其中南面狮子岭往北是一山脊，其两侧是谷地，西北角小溪的谷源附近有两处冲沟地段；西南角附近有一鞍部，地名叫凉风垭，东北角是起伏不大的山丘；清溪河沿岸是平坦地带。另外图幅内还较均匀地注记了一些高程点。

（4）植被分布

图的西、南方及东北角山丘上都是疏林和灌木，清溪河沿岸是稻田，柑园村东面是旱地、南面是果树林。李家院与柑园村周围都有零星树和竹丛。

通过以上分析，则本图幅中的复杂地形像立体模型，逼真地展现在我们面前。

由以上阅读方法得知，必须掌握地形图图式所规定的地物、地貌符号、注记和形式等，才能顺利地阅读地形图。在阅图时，要看清所采用的坐标、高程系统，以防用错。同时，在识读地形图时，应注意地面上的地物和地貌不是一成不变的。由于城乡建设的迅速发展，地面上的地物、地貌也随之发生变化，因而地形图上所反映的情况往往落后于现实。所以，在应用地形图进行规划以及解决工程设计和施工中的各种问题时，除了细致识读地形图外，还需要结合实地勘察，对建设用地作全面正确的了解。

9.4 地形图的应用

9.4.1 图面上点的确定

（1）确定图上某点的平面坐标

如图 9-11 所示，先根据图廓坐标值确定 A 点所在方格西南角点的平面直角坐标值 Xa、Ya；然后过 A 点作 X 轴和 Y 轴的平行线，交方格于 e、f、g、h；再量得方格边线 ad、ab 的长度，则 A 点的坐标由公式 9-1 计算而得。式中，L 为坐标方格的边长（通常为 100mm），M 为地形图比例尺分母。用 9-1 式计算坐标，可减少图纸的伸缩造成的误差。

$$X_A = Xa + L/ab \cdot ag \cdot M$$
$$Y_A = Ya + L/ad \cdot ae \cdot M \tag{9-1}$$

（2）确定图上某点的高程

若欲求某点高程，它恰好位于某一条等高线上，则此点高程等于该等高线高程。如图 9-12 上 m 点高程为 27mm。当所求 k 点位于两条等高线之间时，先过 k 点作垂直于这两条等高线的线段 mn。图量得长度 mk 和 mn。k 点高程可由公式 9-2 计算得出。式中，h 为等高距，Hm 为 m 点所在等高线的高程。在实际工作中，k 点高程也可按上述原理采用目估法确定。

$$Hk=Hm+mk/mn \cdot h \qquad (9\text{-}2)$$

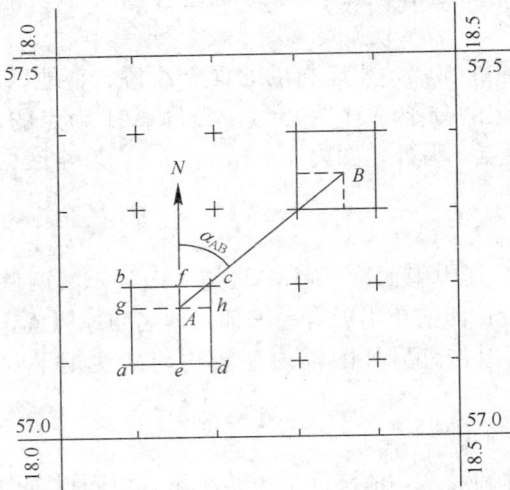

图 9-11

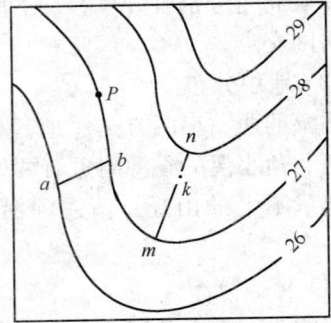

图 9-12

9.4.2　方向、距离在图上确定

（1）计算两点间的水平距离

若求图 9-11 上 A、B 两点间的水平距离，而这两点在同一张图幅上，可用分规在图上量取长度，依据图示比例尺计算或量读出实际长度，再根据公式 9-1 原理修正图纸伸缩误差。若精度要求不高，可用比例尺在图上直接量取并读出实际水平距离。

当 A、B 两点不在同一幅图上时，可按公式 9-1 先求出 A、B 两点的坐标 X_A、Y_A、X_B、Y_B，再按公式 9-3 计算这两点间的水平距离。

$$D_{AB}=\sqrt{(X_B-X_A)^2+(Y_B-Y_A)^2} \qquad (9\text{-}3)$$

（2）计算图上直线的方向

欲求图 9-11 中直线 AB 的坐标方位角，可先按公式 9-1 求得 A、B 两点的平面内坐标 X_A、Y_A、X_B、Y_B，再按公式 9-4 计算得出。

$$\alpha_{AB}=\arctan(Y_B-Y_A)/(X_B-X_A) \qquad (9\text{-}4)$$

（3）计算图上两点间的坡度

地面上 A、B 两点间的高差 h_{AB} 与水平距离 D_{AB} 之比，称为 A 点到 B 点坡度，通常用百分率（%）或千分率（‰）表示，即

$$i_{AB}=h_{AB}/D_{AB} \cdot 100\% \qquad (9\text{-}5)$$

应用公式 9-5 的原理可以求得 A、B 间坡度。

设 $h_{AB}=2.4\text{m}$，其水平距离为 40m。则两点间的坡度为 $i_{AB}=2.4/40=6\%=60‰$。查三角函数表其倾角为 $\alpha=3°26'$。

（4）按已定坡度选定线路

在村镇道路、管线设计中，一般都有最大坡度限制。在满足坡度要求的前提下，最短

线路应该是经济合理的方案。实际设计中，都是先在地形图上按最大坡度要求，选择出最短路线，以此为基础，在实地选线时再根据坡长、曲线少、少占耕地等的要求进行比较，最后选定路线。

如图 9-13 所示，某村镇欲从 A 点向山顶 B 方向修一条公路，已知等高距为 $h=5\text{m}$，最大限制坡度 $i\not>5\%$，地形图比例尺 M 为 $1:5000$。设计步骤如下。

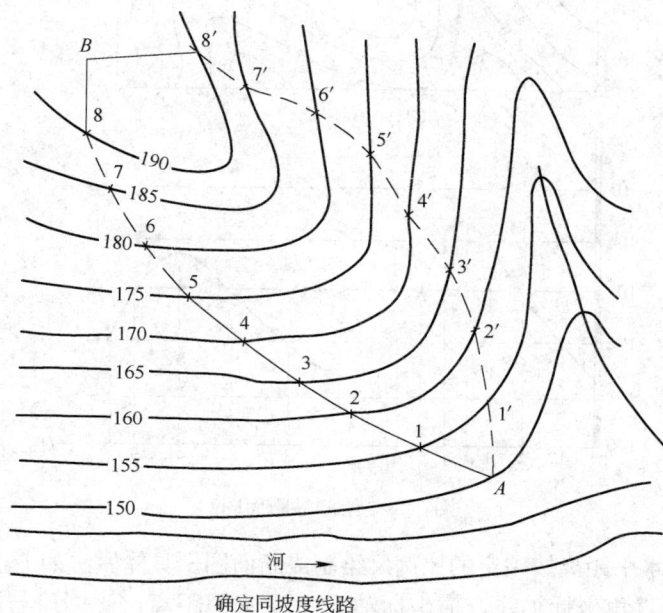

确定同坡度线路

图 9-13

首先，根据等高距 h 限制坡度 i，由公式 9-6 计算出图面上该线路由一条等高线上升到相邻的另一条等高线时所需要的最短距离 d

$$d=h/i \cdot M=5/0.05\times5000=0.020\text{m} \tag{9-6}$$

然后，以 A 点为圆心，以 d 为半径作圆弧交 155m 等高线于 1 点，再以 1 点为圆心得到 2 点，以此类推，一直到达山顶 B 点，将 A、1、2…B 等相邻点连接起来，就是符合最大坡度要求的最短路线。

当等高线平距大于 d 时，所做圆弧将不能和等高线相交，说明地面最大坡度已小于设计限制坡度 $i=5\%$，这时可按两等高线间的最短距离确定路线方向。

在实际工作中，还应考虑其他因素进行综合经济效果比较，对图上方案进行调整，得出最后采用的线路最佳方案。

9.4.3 面、体的图上测算

（1）绘制一定方向的断面图

在道路和管渠工程设计中，为合理确定线路纵坡和估算土石方量，常需绘制沿中线方向地面断面图，以便了解现状地面的高低起伏变化情况。欲绘制地形图上 MN 方向断面图，方法如图 9-14。

首先要确定方向线 MN 与等高线交点 1、2……9 的高程及各交点至起点 M 的水平距离，

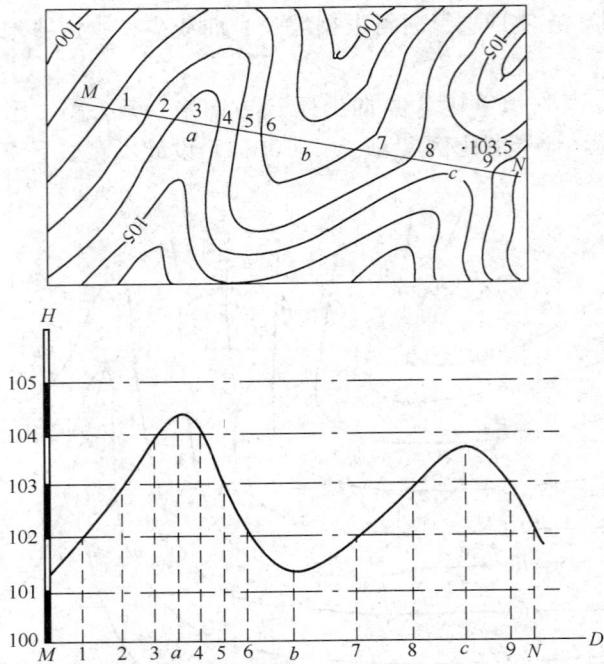

图 9-14　绘制纵断面图

再根据点的高程及水平距离按一定的比例尺绘制成断面图。具体做法如下：

第一步：绘制直角坐标轴线，横坐标轴 D 表示水平距离，比例尺与图上比例尺相同；纵坐标轴 H 表示高程，为能更显示地面起伏形态，其比例尺是水平距离比例尺的 10 或 20 倍。并在纵轴上注明高程，高程的起始值选择要恰当，使断面图位置适中。

第二步：确定断面点，先用分规在地形图上分别量取 $M1$、$M2$……MN 的距离，再在横坐标轴 D 上，以 M 为起点，量出长度 $M1$、$M2$……MN 以定出 M、1、2……N 点。通过这些点做垂线，就得到与相应高程线的交点，这些点为断面点。

绘断面图时，还必须将方向线 MN 与山脊线、山谷线、鞍部的交点 a、b、c 绘在断面图上。这些点的高程是根据等高线或碎部点高程按比例内插法求得。最后，用光滑曲线或折线将各断面点连接起来，即得 MN 方向的断面图。

（2）计算汇水面积

在某一区域范围内，地面上的雨水都流向同一河流或小溪，这一范围称为流域；两相邻流域的分界线称为分水线；由分水线和某一断面（如欲建拦洪坝）所围成的面积称为汇水面积，如图 9-15 所示坝体以上 $abcdefg$ 各点所围成的面积即为一汇水面积。

在地形图上量测汇水面积的常用方法：有透明方格纸法、图解法和求积仪法。图解法是将需量测的面积划分成若干简单的几何图形，如三角形、平行四边形、梯形等，然后根据相应公式求得其面积。求积仪法将在"9.5"节中叙述。透明方格纸法是：首先把透明方格纸覆盖在欲求面积的图形上，如图 9-16 所示，数出图形整方格数 n_1 和不完整方格数 n_2（不完整方格近似看作半格），实地汇水面积 A 按公式 9-7 计算。

$$A=(n_1+1/2n_2)a \cdot M^2 \times 10^{-6} \tag{9-7}$$

160

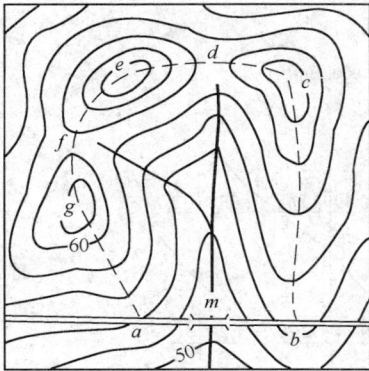

图 9-15　汇水面积的确定

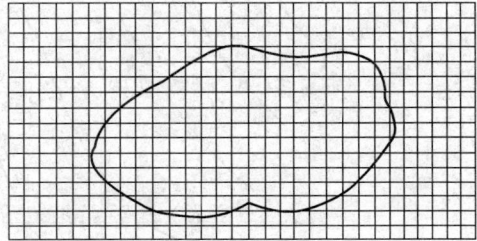

图 9-16　方格纸法求面积

式中 a 为方格纸每格面积数以 mm^2 计，M 为地形图比例尺分母。

（3）计算库容量

水库库容可根据等高线进行计算。首先按计算汇水面积的方法计算各等高线的面积，再乘以等高距即可求出相邻两个等高线层间的体积；各层体积相加，即得库容量。设 A_0、A_1、A_2、A_3、$\cdots A_k$ 分别为某库由溢洪坎顶至底各等高线层的面积，h 为等高距，h' 为库底与最低层等高线的高差，则库容应按公式 9-8 计算。

$$V = h \cdot (A_0/2 + A_1 + A_2 + \cdots + A_k/2) + 1/3 \cdot h' \cdot A_k \qquad (9\text{-}8)$$

反之，若已知汇水面积和年降水量等资料，依据上式，也可确定水库的溢洪道起点高程和水库的淹没范围。

（4）场地平整中的土方量估算

村镇建设中，常常涉及场地平整工作。在保持挖方总量平衡的情况下，要求平整为某一高程的平面，也有的平整为某一坡度的倾斜面，然后估算填挖土方量。本书只叙述平整成某一高程的平面的概算方法，平整成一定坡度倾斜面的概算方法见有关测量书籍。

对于大面积的土石方估算常用此法。如图 9-17 所示，要求将原有一定起伏的地形平整成一水平场地，其步骤如下：

① 绘方格网并求各方格顶点的高程

在地形图的拟平整场地内绘制方格网。方格网的大小取决于地形的复杂程度、地形图比例尺大小，以及土石方概算精度，一般为 10m 或 20m。然后根据等高线目估内插各方格顶点地面高程，并注记在格点右上方。

② 计算设计高程

设计高程应根据工程的具体要求来确定。大多数工程要求挖填土石方量大致平衡，这时，设计高程的计算方法是：将每一方格 4 个顶点的高程加起来除以 4，得到各方格的平均高程 H_i，再把每个方格的平均高程相加除以方格总数 n，就得到设计高程 H_0，即

$$H_0 = \frac{H_1 + H_2 + \cdots + H_n}{n}$$

实际计算时并非这样，而是根据方格顶点的地面高程及各方格顶点在计算每格平均高

161

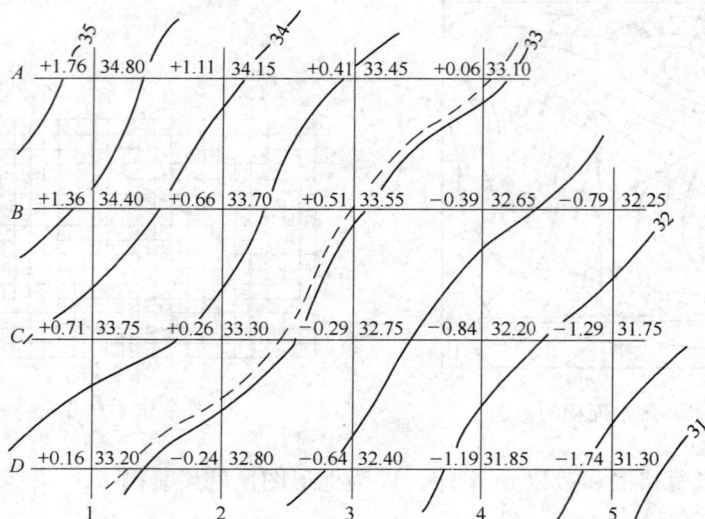

图 9-17　设计成水平场地的土石方计算

程时出现的次数来进行计算的。从图中可以看出：方格网的角点 A_1、D_1、D_5、B_5、A_4 的地面高程，在计算平均高程时只用到一次，边点 A_2、A_3、B_1、C_1、C_5、D_2、D_3、D_4 的高程用了二次。拐点 B_4 的高程用了三次，而中间点 B_2、B_3、C_2、C_3、C_4 的高程用了四次。因此，将上式按各方格顶点的高程在计算中出现的次数进行整理，则

$$H_0 = \frac{\Sigma H_{角} + 2\Sigma H_{边} + 3\Sigma H_{拐} + 4\Sigma H_{中}}{4n} \tag{9-9}$$

现将图中各方格顶点的高程及方格总数代入式 9-9 得设计高程为 33.04m。在地形图中内插出 33.04m 等高线(图中虚线)，这就是不挖不填的边界线，成为填、挖边界线，又叫零线。

③ 计算填、挖高度

各方格顶点填挖高度为该点的地面高程与设计高程之差，即：

$$h = H_{地} - H_{设} \tag{9-10}$$

h 为"＋"表示挖深，为"－"表示填高。并将 h 值注于相应方格顶点的左上方。

④ 计算挖、填土方量

填、挖土石方量可分别以角点、边点、拐点和中点计算。

$$\left.\begin{array}{l}\text{角点：填(挖)高} \times \dfrac{1}{4}\text{方格面积} \\[2mm] \text{边点：填(挖)高} \times \dfrac{2}{4}\text{方格面积} \\[2mm] \text{拐点：填(挖)高} \times \dfrac{3}{4}\text{方格面积} \\[2mm] \text{中点：填(挖)高} \times 1\text{方格面积}\end{array}\right\} \tag{9-11}$$

如图 9-17 所示：设每一方格面积为 400m²，计算的设计高程是 33.04m，每一方格的填高或挖深数据已分别按式 9-10 计算出来，并注记在相应方格顶点的左上方。于是可按

162

式 9-11 计算出挖方量和填方量。

实际计算时，可按方格线依次计算挖、填方量，然后再计算挖方量总和及填方量总和。图 9-17 中土石方量计算如下：

A：
$$V_w = \frac{1}{4} \times 400 \times (1.76 + 0.06) + \frac{2}{4} \times 400 \times (1.11 + 0.41) = +486 m^3$$

B：
$$V_w = \frac{2}{4} \times 400 \times 1.36 + 400 \times (0.66 + 0.51) = +740 m^3$$

$$V_T = \frac{1}{4} \times 400 \times (-0.79) + \frac{3}{4} \times 400 \times (-0.39) = -196 m^3$$

C：
$$V_w = \frac{2}{4} \times 400 \times 0.71 + 400 \times 0.26 = +246 m^3$$

$$V_T = \frac{2}{4} \times 400 \times (-1.29) + 400 \times (-0.84 - 0.29) = -710 m^3$$

$$V_w = \frac{1}{4} \times 400 \times 0.16 = +16 m^3$$

D：
$$V_T = \frac{1}{4} \times 400 \times (-1.74) + \frac{2}{4} \times 400 \times (-0.24 - 0.64 - 1.19) = -588 m^3$$

总挖方量为：$V_w = +1488 m^3$

总填方量为：$V_T = -1494 m^3$

实际计算时，也可按式 9-11 列表计算（特别当方格网较复杂时，表格更适用）。图 9-17 例计算结果见表 9-2。

从计算结果可以看出，总挖方量和总填方量相差 $6 m^3$，产生原因有两个：一是因为计算取位的关系；二是因为，实际上在 20m 见方的方格内，地面还有较多起伏变化，而我们计算土方时则将表面近似认为是一个平面。若算出的填、挖土方之差小于总土方的 7%，在工程实际中是允许的，可人为满足"填、挖方平衡"的要求。因此我们认为上例满足"填、挖方平衡"的要求。

表 9-2

点　　号	挖深(m)	填高(m)	所占面积(m²)	挖方量(m³)	填方量(m³)
A_1	+1.76		100	176	
A_2	+1.11		200	222	
A_3	+0.41		200	82	
A_4	+0.06		100	6	
B_1	+1.36		200	272	
B_2	+0.66		400	264	
B_3	+0.51		400	204	
B_4		-0.39	300		117
B_5		-0.79	100		79
C_1	+0.71		200	142	
C_2	+0.26		400	104	
C_3		-0.29	400		116
C_4		-0.84	400		336
C_5		-1.29	200		258
D_1	+0.16		100	16	
D_2		-0.24	200		48
D_3		-0.64	200		128
D_4		-1.19	200		238
D_5		-1.74	100		174
				1488	1494

9.5　求积仪及其应用

求积仪是专供量算图形面积的仪器，其优点是量算速度快，操作简便，特别适用于量算不规则图形的面积，并能满足一定的精度要求。目前常用的有极点求积仪和数字求积仪两种。

9.5.1　极点求积仪

（1）求积仪的构造

如图 9-18 所示，极点求积仪主要由极臂（1）、描迹臂（5）和计数器三大部分组成。

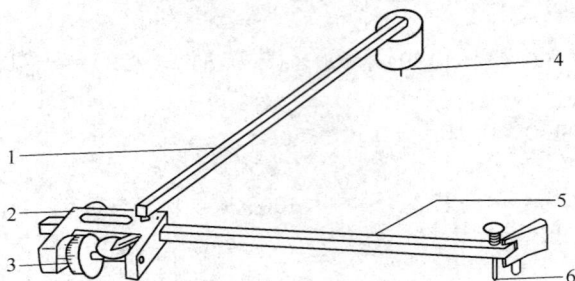

1—极臂　2—框架　3—测轮　4—极点　5—描迹臂　6—描迹针

图 9-18　机械求积仪的结构

极臂的一端有一个下面带有短针、称为极点（4）的重锤。将短针刺入图纸，借助重锤的重力，可保持极点固定不动；极臂另一端为带有球形端部的短柄，使用时，将球形端部插入接合套的插孔内，则极臂的这一端能随描迹臂协调移动。

根据描迹臂长度是否可以伸缩，极点求积仪分为定臂和活臂两种。定臂求积仪的描迹臂长是固定的，而活臂求积仪的臂长，可利用接合套上的制动螺旋和微动螺旋进行调整。

计数器由计数圆盘、计数小轮和游标三部分组成，如图 9-19 所示。当描迹臂移动时，计数器也随之联合转动。在计数小轮旁附有游标，游标上刻有十个分划线，0 和 10 分划线注有数字，其中 0 分划线称做指标。

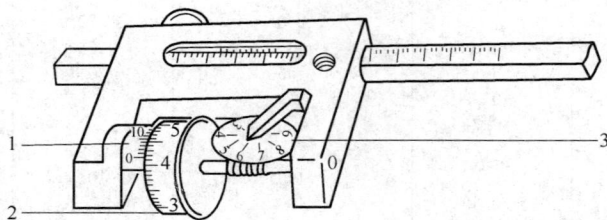

1—游标　2—测轮　3—计数盘

图 9-19　机械求积仪的读数设备

极点求积仪可以读到 4 位数，首先在计数圆盘上读取千位数，如本例为 5，然后看游标 0 分划线指在计数小轮刻度值 4 和 5 之间，如 10 等份小格的 1 和 2 小格之间，最后看游标和计数器完全对齐的刻度小格为游标小格 4，则此例读数为 5414。

（2）求积仪的使用

用求积仪量测图形面积，可分为极点在图形之外和极点在图形之内两种情况。

① 极点在图形外的量测

a. 首先，把图纸固定在图板上，然后把求积仪的极点固定在图形 P 之外，如图 9-20（*b*）所示。

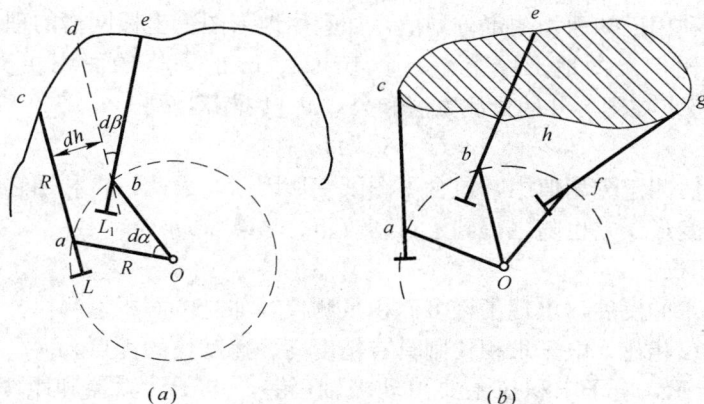

图 9-20　求积仪极点安置在图形内和图形外

b. 把航针置于图形中心，使描迹臂与极臂大致垂直。

c. 在图形的边界上选择一点作为测量的起点，并置航针于该点，在计数器上读数，得 n；

d. 手握求积仪手柄，使航针对准所测图形的边线，沿顺时针方向扫描图形边线一周，回到起始点后再从计数器上读数，得 n_2；

最后，按公式 9-12 计算图形面积 A

$$A = C \cdot (n_2 - n_1) \tag{9-12}$$

式中，C 为求积仪的分划值。

若图形面积较大，可将其划分成若干部分，分别量算面积，然后相加得图形总面积。

② 极点在图形内的量测

当图形面积极大时，也可将极点布置于图形之内，如图 9-20（*a*）所示，其操作方法与极点在图形外时相同，然后，按公式 9-13 计算图形面积 A

$$A = C \cdot (n_2 - n_1 + a) \tag{9-13}$$

式中，a 为附加常数。

（3）求积仪分划值的确定

分划值是指求积仪单位读数所代表的实际面积，亦即游标上的每一个分划值所代表的实际面积。通常，购买求积仪时皆附有单位分划值和附加常数表，见表 9-3。

<table>
<tr><td colspan="4" align="center">**AMSLER 求积仪单位分划值表**</td><td align="right">表 9-3</td></tr>
<tr><td align="center">图形比例尺</td><td align="center">航臂位置</td><td align="center">$C(m^2)$</td><td align="center">a</td></tr>
<tr><td align="center">1：500</td><td align="center">0.08</td><td align="center">2</td><td align="center">17221</td></tr>
<tr><td align="center">1：1000</td><td align="center">0.1</td><td align="center">10</td><td align="center">16724</td></tr>
<tr><td align="center">1：2000</td><td align="center">0.06</td><td align="center">24</td><td align="center"></td></tr>
<tr><td align="center">1：5000</td><td align="center">0.04</td><td align="center">100</td><td align="center"></td></tr>
</table>

有时，也可利用已知面积测定分划值，如利用地形图上坐标网格的理论面积测定分划值。在 1：1000 比例尺的地形图上，一个 $10 \times 10cm$ 的网格的面积相当于实际地面上 $10000m^2$。利用极点在图形外的量测方法和公式 9-14 推算，则：

$$C=A/(n_2-n_1) \tag{9-14}$$

利用上述方法测定分划值中，包含了图纸变形因素，因此，再利用它量算同幅图上的其他面积，图纸变形误差也随之得到了自动改正。

9.5.2 电子求积仪

随着电力技术的发展，出现了许多面积量测仪，如光电面积量测仪、电力扫描面积仪等。与机械求积仪相比，电子求积仪则具有精度高、速度快的优点。

如图 9-21 所示，电子求积仪主要由动极轴（轮）、电子计算器和跟踪臂三部分组成，动极轮可以滚动，跟踪放大镜与机械求积仪中的航针功能相同，仪器的底面有一个积分轮，它随跟踪放大镜的移动而转动，其量由电力计算器计测，由显示器显示出面积值。

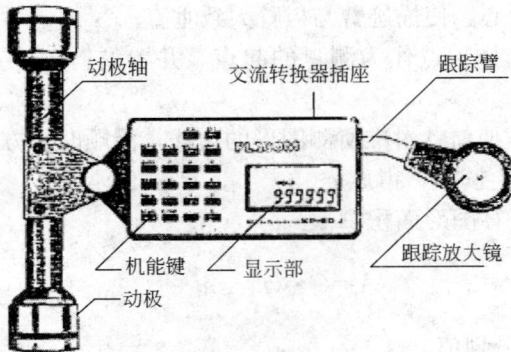

图 9-21 动极式电子求积仪

电子求积仪的操作方法与机械求积仪基本相同，其不同点仅在于用跟踪放大镜代替航针沿图形边线走描，并由显示器自动显示面积。具体操作方法可见产品说明书，这里不需赘述。

第十章　测设原理及主要工作

村镇建设中，无论建筑工程，还是线路工程如道路、管线工程等，均有一些特征点、线要确定其位置，而这些特征点、线之间的关系又都是由水平角、水平距离和高程这三个基本要素所构成。测设中定位测量亦称放样，是将图纸上的建筑物、构筑物、道路、管线等的位置和高程，依据设计要求标定到实地上，以作为施工的依据。测设的主要工作是使用测量仪器和设备，应用选定的方法，按照设计要求的精度来测设上述三个基本要素。线路工程则具体表现为测设中线、圆曲线和纵横断面等。

10.1　测　设　基　本　原　理

10.1.1　水平角的测设

测设水平角是根据地面上已经确定的一个方向，按设计的水平角值，在地面上用经纬仪定出另一个方向。一般用盘左盘右分中法测设。

测设时，先把经纬仪安置于 O 点，如图 10-1 所示。用盘左瞄准 A 点并读数；接着将望远镜沿顺时针方向转过 α 角，视准线指向 OB' 方向，随即将 B' 点标定在地面上；而后用盘右重新瞄准 A 点并用同样的方法将 B'' 点标定在地面上；最后取 B' 和 B'' 中点作为 B 点的最终位置。此时，$\angle AOB$ 即为测设到地面上的 α 角。

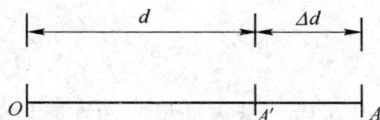

10.1.2　水平距离的测设

测设已知长度的水平距离，是从一个已知点开始，沿待定的方向，用钢尺等工具量出设计的水平距离。在地面上定出另一端点的位置，工作中常用往返测设分中法进行测设。

如图 10-2 所示，设 O 为地面上已知点，d 为设计的水平距离，要在地面上沿后定 OA 方向上测设出水平距离 d，以定出另一端点 A。具体测设方法是：

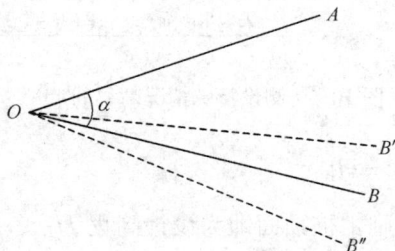

图 10-1　测设水平角　　　　　　　　　图 10-2　水平距离的测设

由 O 点开始沿 OA 方向用钢尺等直接先量取设计长度 d，并在地面上临时标出其端点 A'，这一过程称为往测；而后从 A' 向 O 点再量 d 长度，称为返测。往测与返测长度之差称为较差。若较差在允许范围（1/3000－1/2000）之内，则取其平均值 Δd，并按差值 Δd 将 A' 点加以改正，求得 A 点的最后位置。当往测大于返测，终点向返方向移动；反之，则向往方向移动。此时，用标志将终点定下来，测设即告完成。采用这一方法测设已知长度的水平距离，既可提高测设精度，又可进行校核，防止出现差错。

10.1.3　已知高程点的测设

测设待定的高程是根据附近一个已知高程的水准点，用水准测量的方法，将设计高程测设到地面上另一点，如图 10-3 所示。

将水准仪安置在已知水准点 A 和待测水准点 B 之间，并尽可能使前后视距相等。若已知 A 的高程为 H_A，后视 A 点水准尺的读数为 a，点 B 的设计高程为 H_B，则前视 B 点水准尺读数 b 应按下式计算：

$$b = H_A + a - H_B$$

测设时，将 B 点水准尺贴靠在木桩的一侧，上下移动尺子，直至水准尺读数为 b 时，再沿尺子底面在木桩侧面画一红线，此线即为 B 点设计高程 H_B 的 B 点位置。

若测设的高程点和水准点之间的高差很大时，可用悬挂钢卷尺代替水准尺，以测设给定的高程。

如图 10-4 所示，已知水准点 A 的高程为 H_A，要在基坑内测设出设计高程位 H_B 的 B 点位置。基坑内悬一根下端系有重锤的钢卷尺，零点在下端，在地面上和基坑内先后安置水准仪，依次读数 a_1、b_1、a_2。基坑内前视读数 b_2 应为：

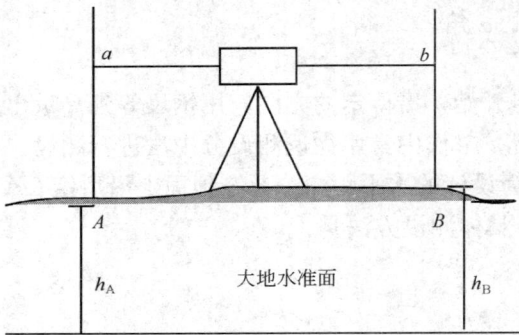

图 10-3　测设已知高程的点

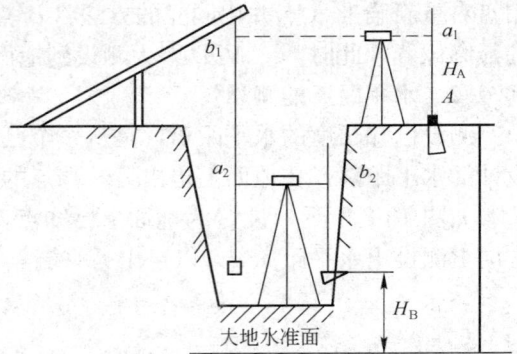

图 10-4　测设特殊情况高程的点

$$b_2 = H_A + a_1 - b_1 + a_2 - H_B$$

读得 b_2 后，沿水准尺底面在基坑侧面钉设木桩，则木桩顶面即为设计高程 H_B。

10.1.4　已知坡度线的测设

在修筑道路、铺设管道和平整土地过程中，经常需要在场地上测设给定的坡度线。基本原理是根据已知水准点的高程、设计坡度和坡度线端点的设计高程，用高程测设的方法将坡度线上各点的设计高程标定在地面上，测设过程如下：

如图 10-5 所示，M、N 为设计坡度线的两端点，其设计高程分别为 H_M 和 H_N，

设计坡度值为 i，P_{II} 为已知水准点，高程为 H_{pII}。为方便施工，保证坡度准确，需在 MN 方向上，每隔一定距离 d，钉设一木桩（标志），并在木桩上做出坡度线标记。

① 沿 MN 方向，钉设间距为 d 的中间点 I、II、III。

② 计算各桩点的设计高程：$H_I = H_M + i \cdot d$　$H_{II} = H_M + i \cdot 2d$

$H_{III} = H_M + 3 \cdot i \cdot d$　　须注意 i 前有正负号之别。

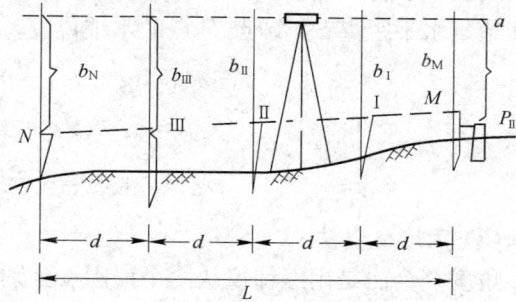

图 10-5　水平视线测设已知坡度线

③ 安置水准仪注意前后视距相等，后视读数 a，计算各测设点的应读前视读数为：

$$b_I = H_P + a - H_1 \quad b_{II} = H_P + a - H_{II} \quad b_{III} = H_M + a - H_{III}$$

④ 将水准尺分别贴靠在各木桩的侧面，上下移动尺子，直至尺面读数为 b_I（b_{II}、b_{III}）时，便在木桩上水准尺底面处画标记线，即为 MN 上的坡度线。

10.1.5　点位的测设

所谓点位，是指符合一定设计条件的点的平面位置。在场地上测设点位的常用方法有直角坐标法、极坐标法、角度交会法和距离交会法等。

（1）直角坐标法

直角坐标法是建立在直角坐标原理基础上确定点位的一种方法。当建筑场地已建立有相互垂直的主轴线或矩形方格网时，一般采用此法。

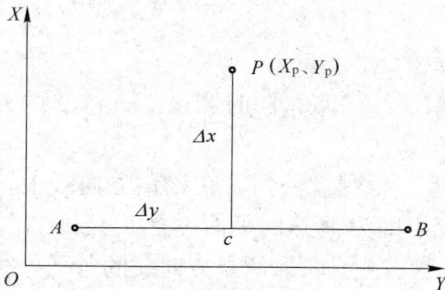

图 10-6　直角坐标法测设点的平面位置

如图 10-6 所示，A、B 为建筑方格网点，其坐标已知，P 为设计的点，其坐标（X_p、Y_p）可从设计图上查获。欲将 P 点测设于地上，首先计算纵距（$\triangle x$）、横距（$\triangle y$）

$$\triangle x = X_p - X_A$$

$$\triangle y = Y_p - Y_A$$

然后在 A 点安置经纬仪，瞄准 B 点，沿视线方向测设横距 $\triangle y$，定出 C 点；又在 C 点安置经纬仪，瞄准 A 点后向右测设 90 度角，沿视线方向测设横距 $\triangle x$，就得 P 点的地面位置。该法计算简单，测设方便，是较常用的一种方法。

（2）极坐标法

极坐标法是根据一个角度和一个边长来测设点的平面位置的方法。图 10-7 中，点 A、点 B 为已知控制点，坐标分别为 X_A、Y_A、X_B、Y_B。欲测设 P 点，规划设计部门已给出坐标为 X_P、Y_P。AB 和 AP 的坐标方位角为 α_{AB} 和 α_{AP}，它们的夹角 $\beta = \alpha_{AP} - \alpha_{AB}$。

测设时，将经纬仪安置于 A 点，瞄准 B 点后，顺拨 β 角，得出 AP 方向线；再由 A 点开始量水平距离 S，即点 P 点的水平位置。其中

$$\alpha_{AB}=\text{tg}^{-1}(Y_B-Y_A)/(X_B-X_A)$$

$$\alpha_{AP}=\text{tg}^{-1}(Y_P-Y_A)/(X_P-X_A)$$

$$S=\sqrt{(X_P-X_A)^2+(Y_P-Y_A)^2}$$

（3）角度交会法

角度交会法是用经纬仪从两个控制点分别测设出两个已知水平角的方向，交会出欲测设点的平面位置。它适用于不便量距的独立点位，如桥梁墩、台中心点等。

如图 10-8 所示，M、N 为两个控制点，坐标值已知；P 为欲测设点，其坐标为 X_P、Y_P。施测时：

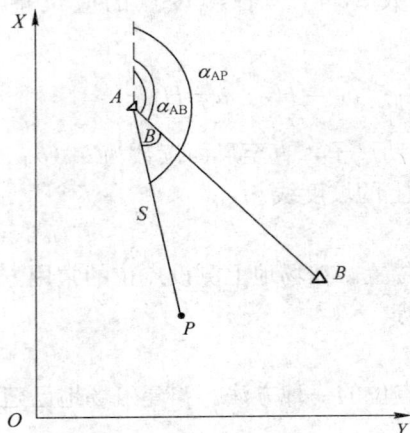

图 10-7 极坐标法测设点的平面位置

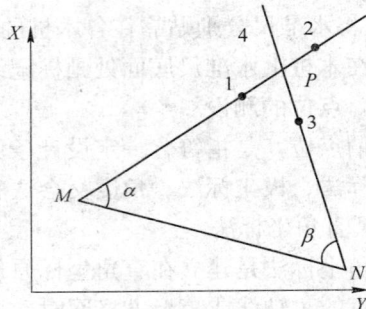

图 10-8 角度交会法测设点位

a. 根据 M、N、P 的坐标计算出 $\angle\alpha$、$\angle\beta$ 值；

b. 若现场有两台经纬仪，可将其分别安置在 M、N 二点，同时测设 $\angle\alpha$、$\angle\beta$ 的方向线，其交点即为欲测设 P 点的平面位置；

c. 若利用一台经纬仪，可分别在二控制点安置，每测设一角，在该角方向线上，估计 P 点的前后钉插测针并连以细线，两条细线的交点即为 P 点的平面位置。

注意：为测设精确计，每一角度可利用盘左、盘右测设，取两条方向线的角平分线为该角度的方向线。

（4）距离交会法

如果建筑场地平坦、没有障碍物，而且已知点到待定点的距离不超过一整尺长，可用距离交会法，即由两已知点向待定点丈量两段距离来标定点位。

如图 10-9 所示，先按坐标反算求出距离 D_1 和 D_2，再在 A、B 点上同时用两盘钢尺分别从

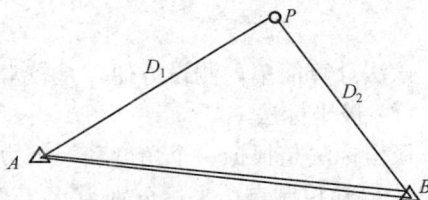

图 10-9 距离交会法测设点位

两个已知点量取设定的两个长度 D_1 和 D，摆动钢尺，其交点即为欲测设点的平面位置。

10.2 中 线 测 设

在道路及给水、排水、热力等管线施工前，根据规划设计给定的条件，将这些线路的中心线测设到现场地面上，称为中线测设。它的主要任务有：测设中线各交点、转折角、里程桩和加桩、曲线主点及辅点等。

10.2.1 测设中线交点

村镇建设中，道路或管线中线的起点，终点和中间的交点称为中线交点，有的是在实地踏勘选线中，根据地形地物的条件与限制，确定位置，有的是结合建筑现状及与固定地物点的关系，在图纸上确定定位条件，图解或计算出各点的坐标。测设时可根据这些定位条件直接或由坐标反算出角度和距离。然后采用极坐标、直角坐标等不同方法测设点位，并用木桩、混凝土桩标定，并作好点标记。测设过程如图 10-10 所示。欲在现有建筑 A、B、C、D 间开辟一条道路以连接现有路 P 和 G，结合现场踏勘，在 1：1000 地形图上，AB 两栋建筑之间取中点 M'，C、D 建筑间中点 N'，连接 $M'N'$，并延长，与现有道路 P 和 G 相交于 M 和 N 点。在实地上测设 M 和 N 点，经检验，符合规划要求，则设桩标定；若存在问题经修正后再予以标定。

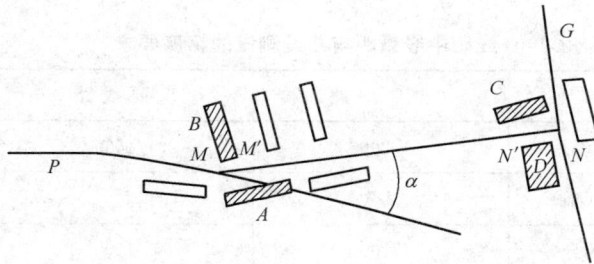

图 10-10　测设中线交点

10.2.2 测定转折角

线路的转折角也可称为偏角，即道路或管线的中线由一个方向转变到另一个方向时，转变后的方向与线路原方向延长线的夹角，如图 10-10 和图 10-11 所示，由于中线在交点处可以转变不同的方向，故当偏转后的方向位于原方

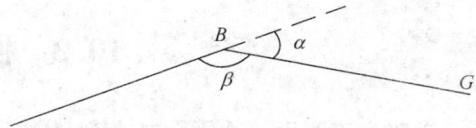

图 10-11

向的左边时，称为左偏角 $\alpha_左$，位于右边时则为右偏角 $\alpha_右$，钉好中线的交点桩以后，即应测出各交点的转折角。

观测时，将经纬仪安置在交点 B 上，用测回法测定线路之右角 $\beta_右$，测一测回；然后根据右角 $\beta_右$ 计算偏角 α。当 $\beta_右 < 180°$ 时，$\alpha_右 = 180° - \beta_右$，为右偏角；当 $\beta_右 > 180°$ 时，$\alpha_左 = \beta_右 - 180°$，为左偏角。

10.2.3 测设里程桩和加桩

在道路或管线工程中，线路长度是一项主要的计算量。为此在钉设线路中心桩时，须将每一个中心桩距起点的距离在桩上表示出来。这种既表示线路中心，又能表示距起点距离的桩，称为里程桩。

里程桩由线路起点开始，沿中线方向根据地形变化每隔20～50m钉设一桩；曲线段上应按曲线半径和长度选定中桩间距，一般为10～40m，而且曲线的起点、中点、终点和细部应钉设曲线加桩。在中线上地面坡度变化处和中线两侧地形变化较大处，要钉设地形加桩；在所测设线路与其他线路相交处，及欲建桥梁、涵洞处，要设地物加桩。

里程桩和加桩都以线路起点到该桩的中线距离编号，称里程桩号或桩号。线路起点的桩号为0＋000。其中，"＋"号前面的数字表示公里数，"＋"号后面为米数。如2＋135.43号，即表示此桩距线路起点的距离为2135.43m。

线路种类不同，其桩号的起点即0＋000桩号的位置也不同。道路以开始点为起点，供水管道以水源作为起点；排水管道以下游出口为起点；热力、煤气管道以锅炉房、供热站、调压室为起点等。

各桩的桩号应用红油漆标注在桩的侧面，字面要朝向线路起点方向；也可写在附近的地物上。桩号标写以后应认真校核，里程桩和加桩一般不钉中心钉，但在距线路起点每桩200或500m的整倍数桩，重要地物加桩，如桥位桩、隧道定位桩，以及曲线主点桩，均钉大木桩并钉中心钉表示准确位置。

测设里程桩是用经纬仪定向，用钢尺量距。对于市政工程，线路各线量距精度要求不应低于表10-1的规定。

线距中线量距与曲线测设的精度要求   表 10-1

线路类别		主要线路	次要线路	山地线路
直线	纵向相对误差	1/2000	1/1000	1/500
	横向偏差（cm）	2.5	5	10
曲线	纵向相对闭合差	1/2000	1/1000	1/500
	横向闭合差（cm）	5	7.5	10

10.3 圆曲线测设

道路或管线由一个方向转变到另一个方向时，两条直线间需用具有一定半径的圆曲线相连接，以使线路沿曲线缓缓变化。圆曲线的测设分为主点测设和细部点测设两步进行。

10.3.1 主点的测设

（1）曲线元素

曲线半径 R，线路转折角 α，切线长 T，曲线长 L 和外矢距 E 是测设圆曲线的主要元素，如图10-10所示。转折角 α 和半径 R 为规划设计中已给出，其余元素计算公式如下：

切线长 $T = R \cdot \mathrm{tg}\alpha/2$

曲线长 $L = R \cdot \alpha\pi/180°$

外矢矩 $E = (R \cdot \sec\alpha/2) - R = R(\sec\alpha/2 - 1)$

172

切曲差　　$D=2T-L$

这些元素值可用电子计算器快速计算而得，也可由《曲线测设用表》直接查取。

（2）曲线主点的桩号

如图 10-12 所示，圆曲线的起点 BC，中点 SP，终点 EC 和转折点或交点 IP，为线路物主要点，简称主点。

各主点桩号计算公式如下：

起点 BC　桩号＝交点 IP 桩号－T

中点 SP　桩号＝BC 桩号＋$L/2$

终点 EC　桩号＝BC 桩号＋L

桩号计算可用切曲线差来校核，其公式为

EC 桩号＝IP 桩号＋$T-D$

（3）实例计算

已知 $I.P.$ 的全程桩号为 $2+183.45$，折成右角 $\Phi\alpha=43°06'$，曲线半径设计采用 $R=750\mathrm{m}$，用计算法求测设元素和主点的里程桩号。

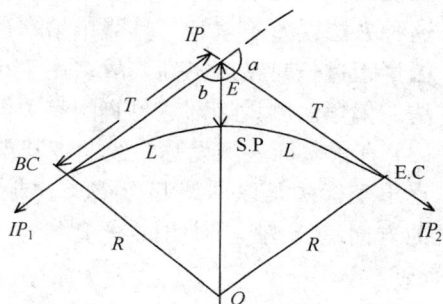

图 10-12

计算曲线元素：

切线长：$T = R \cdot \mathrm{tg}\,\alpha/2 = 750 \cdot \mathrm{tg}(43°06'/2) = 296.19\mathrm{m}$

曲线长 $L = R \cdot \alpha\pi/180 = 750 \cdot 43°06'\pi/180 = 564.18\mathrm{m}$

外矢矩 $E = R(\sec\alpha/2-1) = 750 \cdot (\dfrac{1}{\cos 43°06'/2}-1) = 56.37\mathrm{m}$

切曲线差 $D = 2T - L = 2\times296.19 - 564.18 = 28.20\mathrm{m}$

计算交点的桩号：

起点 $B.C$ 桩号为：$2183.45 - 296.19 = 1887.26$

中点 $S.P.$ 桩号为：$1887.26 + 564.18/2 = 2169.35$

终点 $E.C.$ 桩号为：$1887.26 + 564.18 = 2451.44$

校核终点 $E.C.$ 桩号又为：

$I.P$ 桩号＋$T-D = 2183.45 + 296.19 - 28.20 = 2451.44$

校核与计算所得 $E.C$ 桩号一致，证明计算无误。

（4）实地测设

计算得出曲线元素以后，即可进行主点测设，见图 10-12。在交点 $I.P.$ 安设经纬仪，后视来向 $IP.$ 方向，自 $I.P.$ 起沿此方向量取切线长 T，得曲线起点 $B.C.$ 钉设标志桩；经纬仪转过 β 角前视 IP_2 方向，再量取 T 定出曲线终点 $E.C.$ 并钉设标志桩；使水平度盘对零，仪器仍前视 IP_2 方向，松开照准部，顺时针转动望远镜，使读数为 $\beta/2$，视线即指向曲线圆心方向。自 $I.P.$ 点起沿此方向量取外矢矩 E 值，定出曲线中点 $S.P.$，并设桩标示，这样，就完成主点的实地测设。

10.3.2　细部点的测设

（1）设置原则

当曲线长度较短时，如道路曲线小于 40m 时，测设三个主点一般就可以满足施工的需要。但当曲线较长或半径较小时，依据三个主点施工尚嫌不足，还需要测设一定数量的辅点，成为细部点。设置细部点的一般原则是：

当曲线半径 $R \geqslant 150\text{m}$ 时，曲线上每隔 20m 设置一个细部点；

当 $R \leqslant 50\text{m}$ 时，在曲线上每隔 5m 设置一个细部点。

（2）实地测设

测设圆曲线的细部点常用的方法有直角坐标法和偏角法两种。直角坐标法也称支矩法，这种方法误差不累计，且简单易掌握。

因量距过长时精度不高，故多用于小半径的村镇线路测设中。下面简要介绍测设过程与方法。偏角法测设细部点可查阅有关测量书籍。

（3）直角坐标法测设圆曲线的细部点

直角坐标法是以曲线起点 B.C. 或终点 E.C. 为坐标点，以切线 T 为 x 轴，垂直于切线的方向为 Y 轴，利用曲线上各点在两轴上的坐标 (x, y) 值测设曲线，如图 10-13 所示。

① 坐标计算

设曲线上两相邻细部点的弧长为 L，所对的圆心角为 ϕ，则 ϕ 及各细部点①、②、③的坐标值为：

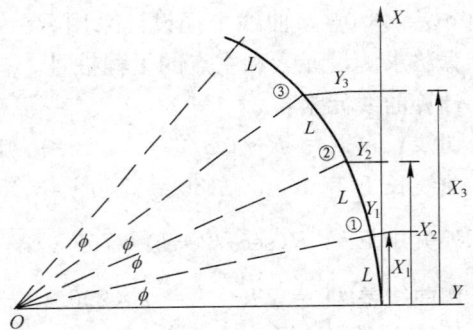

图 10-13

$$\phi = 180/\pi \cdot L/R$$

$$x_1 = R \cdot \sin\phi$$

$$y_1 = R - R \cdot \cos\phi = 2R\sin^2\phi/2$$

$$x_2 = R \cdot \sin 2\phi$$

$$y_2 = R - R \cdot \cos 2\phi = 2R\sin^2\phi/4$$

$$x_3 = R \cdot \sin 3\phi$$

$$y_3 = R - R \cdot \cos 2\phi = 2R\sin^2\frac{3}{2}\phi$$

......

实际工作中，x_i 与 y_i 的值可以计算得出，也可由曲线测设用表中查得。

② 测设步骤

a. 按 10.3.1 所述方法测设得 B.C.S.P. 和 E.C. 点；

由 B.C. 开始沿切线方向（即 B.C.−I.P. 方向）量取 x_i 值即为①点的垂足；

b. 由垂足沿 y 方向量取 y_i 值得①点的实际位置；

c. 同法逐步测设②、③……各点直至终点 S.P. 处；

d. 同样由曲线终点 E.C. 应用同法测设另一半曲线上各细部点。

为提高测设精确度，测设时应保障丈量的精度和测设直角的准确性。最好用经纬仪测直角，垂线长度一般不宜大于 20m。

利用几何学原理，同圆上相同长度曲线所对应的弦线也相等，据此，点位测设以后，要利用弦长来检验所测设细部点位的精确性。

174

10.4　纵断面图测绘

纵断面测绘的任务是用水准测量的方法测出线路中线各里程桩的地面高程，然后根据桩号里程和测得的相应地面高程，按一定比例绘制中线纵断面图，为线路的竖向设计和计算土石方量等提供依据。线路水准测量划分为测设水准点和纵断面测量两个阶段。

10.4.1　测设水准点

为了保证路线测量的精度，一般沿中线每隔 1～2km 以及桥梁、隧道两端设置永久水准点，并按四等水准测量精度施测，作为全线高程的主要控制点，在永久水准点之间以及桥涵等附近还应设置临时水准点，供纵断面测量分段闭合及施工引测高程用。

水准点的位置选择原则是：使用方便、标志明显、点位牢固、易于保存。选好位置后，应按顺序编号，并作点标记。

测设水准点，应与区域高级水准点联测，以获得绝对高程。然后按水准测量的方法测定各水准点的高程。

10.4.2　纵断面的测量

水准点测设之后，亦可进行纵断面测量，也称中桩(中线各里程桩)水准测量。这种测量一般是以相邻两个水准点为一测段，从一个水准点出发，逐个施测中桩地面高程，然后附合在另一个水准点上做测段校核。

施测时，由于中桩较多，且各桩间距一般不大，故可相隔几桩设一测站。在每一测站除测出转点的后、前视读数外，还需测出两个转点间所有中桩的前视读数。施测读数的取位，一般中桩可读到厘米，重要点位的高程应读到毫米。施测步骤及高程计算见水准测量。

10.4.3　纵断面图绘制

纵断面图是以中桩的里程为横坐标，以中桩的地面高程为纵坐标绘制而成表示中线方向地面起伏和纵坡变化的现状图。它反映现状和规划设计道路的纵坡大小及管线的埋设尺寸，是线路工程规划设计和施工的主要成果和重要依据。

(1) 纵断面图的比例

绘制纵断面图时，为了突出地面线的起伏变化，一般按高程比例尺与里程比例尺之比等于 10 进行绘制。比如里程比例尺若为 1：1000，则高程比例尺取为 1：100。纵断面图一般绘在透明的毫米方格纸上。

(2) 纵断面图的内容

纵断面的内容分为二部分，如图 10-14 所示。图的上半部从左到右横贯全图的折线，其中细实线表示自然地面线，粗实线表示设计路面线或管道设计线。图的下半部绘有几栏表格，注记中线纵断测量和路面、管线纵坡设计的资料，具体内容是：

① 里程桩——按横坐标比例尺所标注的里程桩位置；

② 距离——表示相邻两桩号间的距离；

极坐标法是根据一个角度和一个边长来测设点的平面位置的方法。

③ 设计地面高程——所设计的中桩各桩号的路面高程；

④ 管底高程——管底的设计高程。根据设计纵坡由管线起点逐点推算而得；

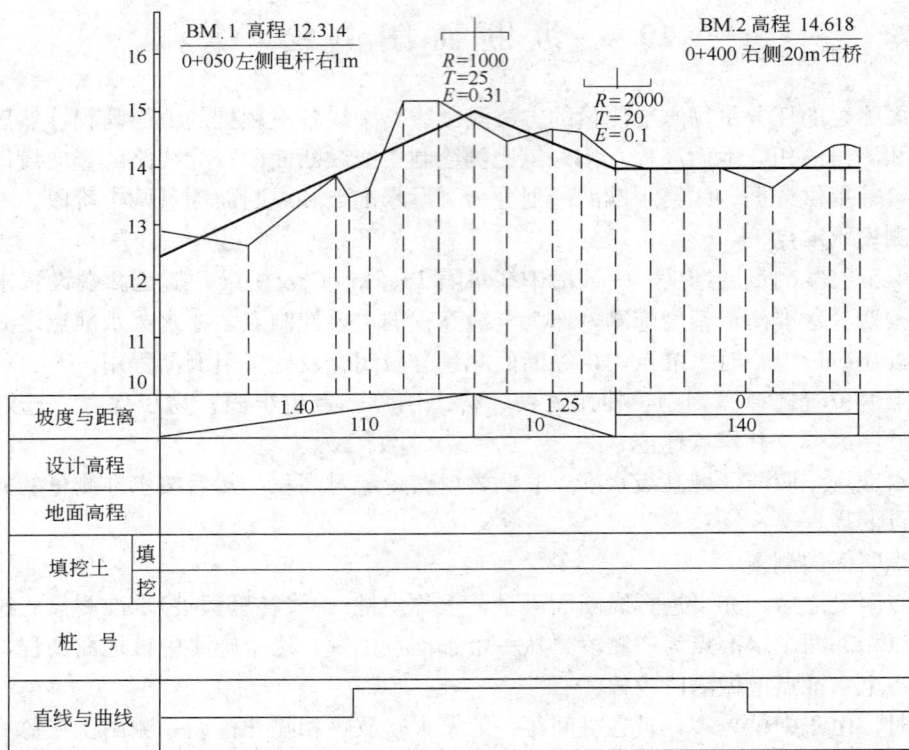

BM.1 高程 12.314
0+050左侧电杆右1m

$R=1000$
$T=25$
$E=0.31$

$R=2000$
$T=20$
$E=0.1$

BM.2 高程 14.618
0+400 右侧20m石桥

坡度与距离	1.40 110	1.25 10	0 140
设计高程			
地面高程			
填挖土　填			
挖			
桩　号			
直线与曲线			

图 10-14

⑤ 地面高程——按中桩水准测量成果填写各桩号的自然地面高程；

⑥ 埋设深度——指管底的埋设深度；

⑦ 管径——所设计埋设的管道的直径；

⑧ 坡度——用斜线表示实际的路面或管道的纵坡。从左到右向上斜，表示上坡或正坡；向下斜，表示下坡或负坡。斜线上面以千分比表示纵坡值，斜线下注记表示两桩之间的距离；

⑨ 平曲线——表示某段线路为曲线，并应注明各立点的桩号、转角、半径及测设元素 T、L、E、D 等数值。

注：以上内容视道路总断面图或管线纵断面图而取舍。

（3）纵断面图的绘制步骤

① 打格制表：按规定尺寸（见图 10-14）绘制表格，填写有关测量数据；

② 绘自然地面线和设计地面线应在图上首先选定起始高程点，以使绘出的地面线处于图上适当位置；然后依据里程和高程依次点出中桩的位置；最后用直线连接相邻两点，即绘得地面线。

③ 纵坡设计、计算管底设计高程：设计道路或管线纵坡应按相应专业的设计原理进行。由设计纵坡和距离，便可逐个计算各点设计高程。

④ 计算埋置深度，填、挖深度：同一桩号的地面高程减管底高程或设计地面高程减自然高程。

176

⑤ 在图上注记有关资料：如新旧管道交叉处的高程、各自管径；用符号或数字将水准点、桥涵、竖曲线表示在纵断面线上方的相应里程处。

10.5 横断面图测绘

所谓横断面测量是指对垂直于线路中线方向的地面的高低起伏变化所进行的测量工作，根据测量结果绘制成的图形成为横断面图。线路横断面图是路基横断面设计、土石方量计算及确定路基填挖边界的依据。

10.5.1 横断面图测绘的一般规定

（1）横断面的方向

所测绘的横断面，在线路直线段上是指与线路相垂直的方向，一般可用十字形方向架确定。将方向架立于预测横断面的中线桩点上，将架的一肢对准中线方向，与之相垂直的另一肢则指向该桩的横断面方向。

若测绘的横断面位于线路的曲线端上则是指垂直于该点切线的方向，如图 10-15 所示。

（2）精度要求

在横断面测量中，距离读数精确到分米，高差读到厘米即可满足工程的要求。因此，横断面测量多采用简易测法以加快测图进度。

（3）施测宽度

线路横断面的施测宽度，应根据路基宽度和地形、地质情况而定，一般要求在中线两侧各测 15～30m。

（4）比例尺

根据方便与计算的要求，横断面图的水平距离与高程比例尺应该相同，一般取为1：100 或 1：200。

图 10-15

10.5.2 横断面图的施测方法

村镇建设中常用标杆皮尺法施测线路横断面图，如图 10-16 所示。施测时，将一根标杆立于中桩上，将另一根标杆立于横断面方向的特征点上，用皮尺从中桩杆的地面处开始水平拉至另一杆，读出水平距离数和皮尺截于标杆的红白格数，每格 0.02m，即为两点的高差。同法连续地测出每两点间的水平距离与高差，直至需要的宽度为止。水平距离与高差读数记入表 10-2 中。

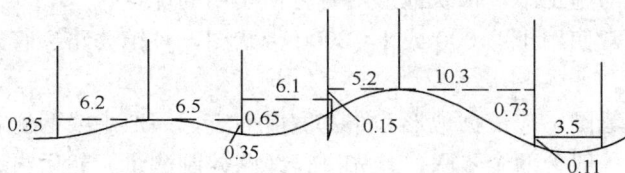

图 10-16 横断面图的施测

表 10-2

左 侧		中心桩号	右 侧	
−0.35	+0.35		0.15	−0.73
−0.65		1+127	+0.11	
6.2	6.5		5.2	10.3
6.1			3.5	

10.5.3 横断面图的绘制

线路横断面图的画法，以中线地面为准，以水平距离为横坐标，高差为纵坐标，将地面各特征点标绘在毫米方格纸上。

标绘时，先在图纸上由下而上以一定间隔定出各断面的中心位置，并注上相应的桩号和高程，然后根据记录的水平距离和高程，按确定的比例尺绘出地面上各特征点的位置，并用直线将相邻点连接起来，即为自然地面线，再标注上有关的地物和数据等，横断面图即告绘制完成，如图 10-17 所示。

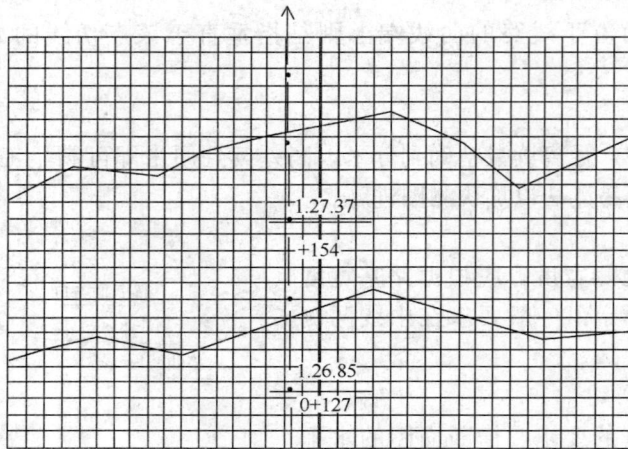

图 10-17

横断面图的绘法比较简单，但断面多，绘制工作量大。因此，一般是在现场边测边绘草图，以提高工效，防止错误。

10.6 带状地形图测绘

在村镇建设中，村庄道路、乡镇公路，以及各种管线的设计与施工过程中，常常用到带状地形图。在设计与施工中，带状地形图有方便实用的优点。

村镇建设中，经常使用 1∶1000 或 1∶2000 带状图，乡镇公路、管线建设中有时也用到 1∶5000 的带状图。

带状地图的测绘范围，应依据地形和路基宽度而定，一般中线两侧各测出 30～100m。

施测带状地形图一般分两个步骤，首先进行线路控制测量，然后再测绘碎部点。碎部点测量的方法见第七章有关内容，此不赘述。带状图控制测量的方法简介如下：

带状地形图的控制测量，一般以道路中线为测图导线。在村镇内，可以根据道路交点

178

或控制点的坐标在带状图上展绘中线；乡镇公路则根据交点的间距和转角采用正切法展绘中线。已知线路的 A、B 两交点和转角 α，求第三点 C，见图 10-18。一般的做法是：

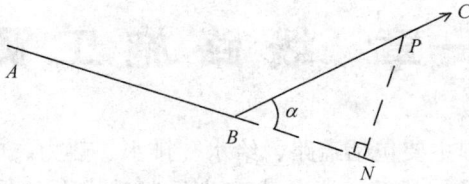

图 10-18

① 在草图上绘出起始边 AB。

② 将 AB 边延长 100mm 至 N 点，按照 α 的转向，准确地绘出过 N 点的垂线。

③ 根据 $NP = 100 \cdot \mathrm{tg}\alpha$，由 N 点按比例起量 NP 长得 P 点，连接 BP 并延长。

④ 用量角器校核 α 角无误，亦可截取 BC 长得 C 点。同法可展绘其他交点、控制点。在正式图纸上布置点位、线路。在展绘中线图时，施测纵横断面所得高程点数据也可同时绘出。

第十一章 线路施工测量

村镇建设中的线路工程主要包括道路、给水、排水、热力、电力、电信以及桥涵和各种工业管线等。它们对于维持村镇正常的生产生活起着重要的保证作用。这些线路种类多，分布广，纵横交错，遍布于地上、地下，村庄内外。因此，必须准确测量，合理布设。

线路工程在勘察设计阶段所进行的测量主要包括中线、曲线，纵横断面及带状地形图等的测量，在前章已有简述。线路施工测量是指线路施工管理阶段所进行的测量，主要任务是按照设计和施工要求，测设路基、路面、桥涵各种管线及附属建构筑物的线型、位置、高程，以保证它们的定位和相互关系的准确，并作为施工管理的依据。鉴于村镇建设及管理的实际需要，对线路施工测量在专门的章节介绍。

11.1 道路工程施工测量

村镇道路(公路)工程测量可分为三个阶段进行，即路线初测阶段、路线定测阶段和施工阶段的测量。前二阶段为勘测设计阶段的测量，简单工程也可合并为一个阶段进行；后一阶段为施工管理阶段的测量。

路线初测阶段的测量是根据初步拟定的路线方案，进行实地选线时的测量工作，其内容有插大旗，导线测量，水准测量和地形测量等；定线测量包括定线，中线和纵断面测量等工作，目的是把在地形图上选定的道路中线的交点、转点测设到地面上。道路施工测量的主要任务是根据综合施工进度的需要，及时恢复道路中线桩、测设高程和放坡标志等。此节对道路施工测量作一简要叙述。

11.1.1 施工前的测量

测量是施工的依据，因此，施工测量的主要工作发生在施工开始以前，包括熟悉施工要求、补中线桩、测设施工控制桩、加密水准点和路基放线等。

(1) 熟悉施工要求

熟悉施工要求，包括熟悉设计图纸、现场情况和测设条件等。接受施工测量任务后，即应着手这项工作。图纸包括线路平面图、纵横断面图、标准横断面图和附属构建筑物位置图等。在了解设计意图及对测量的精度要求的基础上，掌握道路中线位置和附属构、建筑物位置的施测数据及相互关系，并认真校核各部分的关系。在熟悉图纸的基础上踏勘施工现场，了解工程及地形的一般情况，查清仍在原位置妥善保留的各转点桩、里程桩和水准点，还要核实现有的地下管线的情况。

(2) 补设中线桩

在勘察设计阶段所测设的路线中线桩到开始施工时大部分不会发生碰撞移位或缺少现象。因此，在施工前应根据原定线条件认真复核各桩，校正好移位的、补设好缺少的桩，并定出附属的挡土墙、涵洞等构筑物的位置。

（3）测设施工控制桩

路线勘察设计时所钉设的各种中线桩、点在施工时都可能被挖掉或掩盖，一般在施工前应选择不受施工影响、便于引用的地方测设施工控制桩。一般常用的方法是平行线法，其作法是：在路基两侧距中线等距处测设平行于中线的施工控制桩，间距宜为 10～20m，如图 11-1 所示。

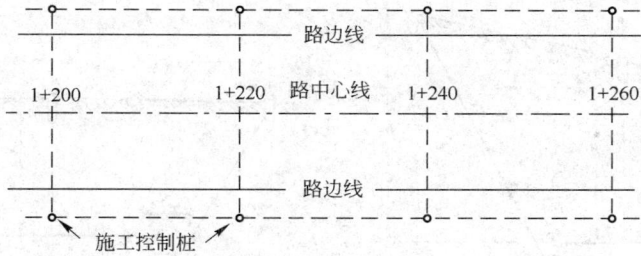

图 11-1

（4）加密水准点

为方便于施工，施工前应在原有水准点之间，每隔 100～200m 再加设一个临时水准点，构筑物附近均应加设水准点。

（5）路基放线

路基放线是根据设计横断面图给定的上口宽度 m、边坡坡度 $1:n$、各桩的填挖深度 h、测设坡脚 A 和 B、坡顶 C 和 D 及路中心 O 点，以构成路基的轮廓，作为施工的依据。路基放线可分为高于自然地面的路堑和低于自然地面的路堤两种方式。

① 路堤放线：如图 11-2 所示，在平原地区放路堤线是由原地面路中心 O' 点向两侧各量路基下口宽度的一半 l，即：$l = l_左 = l_右 = B/2 + m \cdot h$ 得坡脚 A、B 二点。在路中心桩点及其左右两侧距离 l 处钉设三个小木杆并量取填方高度 h 得 C、O、D 三点。然后，用细线绳连接 $ACODB$ 即得到路基的轮廓线，并沿同侧相邻坡脚的连线撒白灰作为填方的底边界。

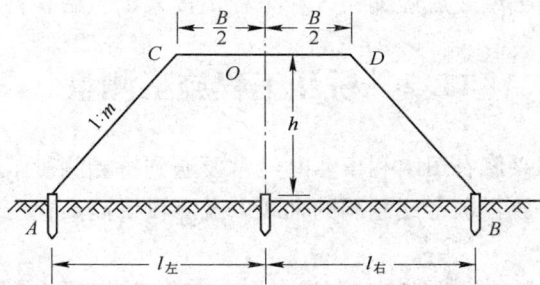

图 11-2

山坡地段路基边桩测设如图 11-3 所示。在山坡上测设路基边桩左右边桩至中线桩的距离为：

$$l_{左}=B/2+m \cdot h_{左}+S$$
$$l_{右}=B/2+m \cdot h_{右}+S$$

② 路堑放线：上宽下窄的路堑放线与上窄下宽的路堤放线的原理基本相同，只不过步骤相异而已。平坦地形放路堑时，根据：$l=l_{左}=l_{右}=B/2+S+mh$，先量得坡顶 A、B 点，然后依据坡度尺掌握边坡的挖深量，见图 11-4。

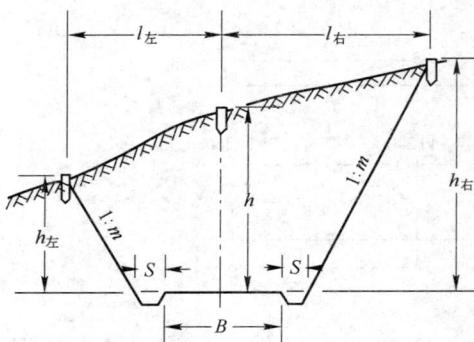

图 11-3

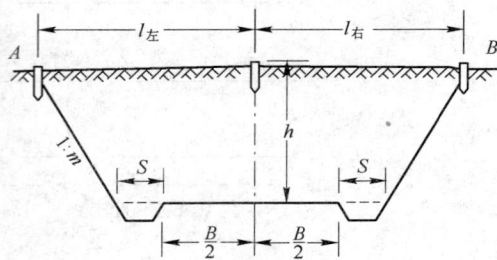

图 11-4

11.1.2 施工中的测量

施工过程中的测量工作主要是及时补设被挖掉或掩埋掉的各种桩、点；测设桩顶高程，在桩侧面测设路面中心的设计高程。另外，当土方路基等隐蔽工程施工结束后，应及时进行检查验收测量，内容包括各种尺寸、位置和高程是否符合设计要求。有关规范规定，隐蔽工程检查合格并验收后，才能进行下一道工序的施工。

11.1.3 竣工测量

竣工资料和竣工图是工程交付使用后进行管理维修或改扩建的依据，道路工程的竣工资料和竣工图也必不可少。因此，道路工程竣工后，应及时编绘这些图纸和资料。内容包括路基、结构层路面和各种附属工程的验收记录。这些资料应在施工过程中随时观测收集整理而得，竣工图可在设计图的基础上根据设计变更及各项验收测量记录修绘而得。

竣工资料及竣工图编绘完成经编绘人和工程负责人签名后妥善存档以备查用。

11.2 桥涵工程施工测量

在村镇道路建设和兴修农田水利事业时经常要遇到桥涵测量工作。桥、涵测量的主要任务是测定桥涵位置，放样墩台或涵洞的轴线以及测设桥涵高程三部分。

11.2.1 桥涵定位测量

定位是桥、涵建设中最关键的一项测量工作。它是按线路及桥涵设计要求，按规定精度放样出桥梁墩台中心或涵洞中心的位置。村镇建设中一般多采用直接丈量法测定桥涵位置。

如图 11-5 和图 11-6 所示。根据桥梁墩台中心 P_1、P_2、P_3 或涵洞中心 O 的设计里程与桥涵位置控制桩，或道路交点桩 JD 的里程，计算出它们之间的距离。然后用钢尺直接量出各段长度，就确定出了桥梁墩台中心 P_1、P_2、P_3 或涵洞中心 O 的位置。

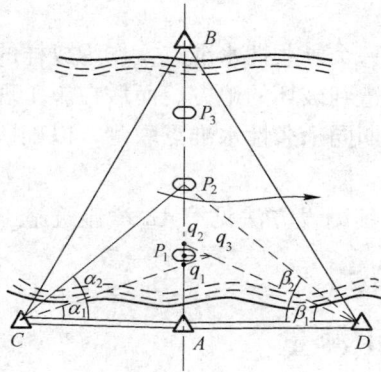

图 11-5

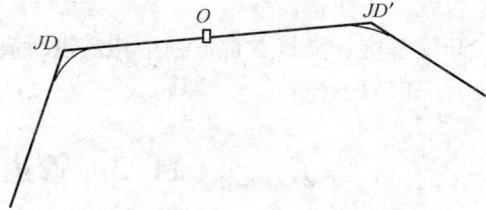

图 11-6

桥涵定位，尤其是桥梁轴线长度 AB 的精度要求较高，当轴线长度为 50～100m 时，其丈量误差不得超过 2cm。因此，测设时应注意尺长误差、温度误差和倾斜误差的改正。

测设时，将经纬仪安设于控制点 A，瞄准对岸控制点 B，根据计算量取 AP_1、AP_2、AP_3 数值，即可标定 P_1、P_2、P_3 点。

测设涵洞中心时，将经纬仪安设于控制桩 JD 点，瞄准另侧控制点 JD'，根据计算，准确量取计算数值即得涵洞中心 O 点。

11.2.2 桥涵放样测量

桥涵放样，是在测定桥梁墩台或涵洞中心的基础上测设它们的纵横轴线。

如图 11-7 所示，将经纬仪安设到测设出的桥台（涵洞）中心桩位 A、B、C 点上，并选择在基坑开挖线以外 1～2m 处的方向桩 k_1、k_2、k_3 和 k_4 加以控制。

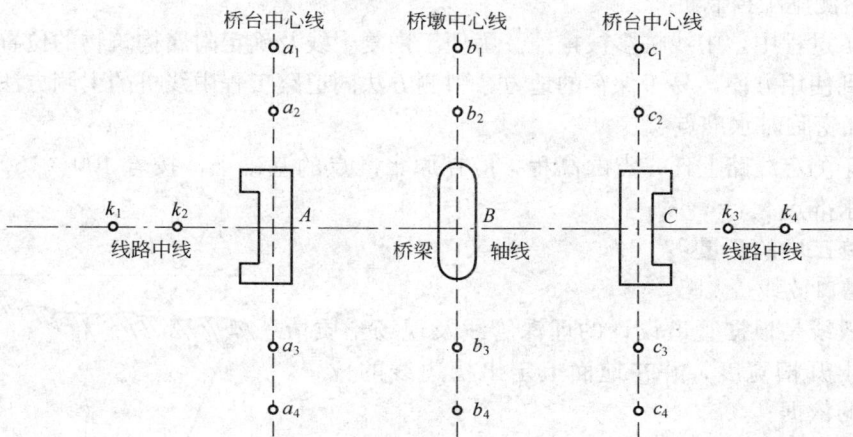

图 11-7

然后，将望远镜转过 90°，找出桥台（涵洞）的横轴方向，按同样的原则和方法，钉设

方向桩 a_1、a_2、a_3、a_4、b_1、b_2、b_3、b_4、c_1、c_2、c_3、c_4。这些方向桩点即控制住了桥台或涵洞的纵、横轴线，依此便可撒灰线开挖施工。

11.2.3　桥、涵高程测设

对于村镇建设中的中小桥梁，可在河流两岸各设一个永久性水准点，作为放样的高程基准和沉降观测的依据。它应深埋在地基稳定，不易遭到破坏的地方。而后在施工现场测设若干个临时水准点，以方便使用。这类水准点应定期同永久性水准点联测，以确认其高程是否发生了变化。

开挖基坑、浇筑墩台过程中均需进行高程传递，其测设方法见第 12 章建筑施工高程传递有关内容。

11.3　管道工程施工测量

如前所述，村镇管道工程主要包括给水、排水、供热，经济发达地区也包括燃气管道等。管道施工测量的任务主要是依据施工进度的要求，及时提供管道的中线及高程标志，以指导施工依照设计顺利进行。同时应注意测设的精度必须满足管道设计和施工规范的要求。

11.3.1　施工前的测量

（1）熟悉图纸和现场情况

在认真熟悉图纸过程中，了解设计意图、精度要求和工程进度，掌握管线的平面、竖向位置和各种施测数据，也要注意校核图纸。

（2）校核中线

中线测量中所钉设的各种桩、点，待到开始施工时容易发生丢失或移动的情况。因此，在施工前根据管线设计给出的定线条件进行复核，并补齐丢失的桩点，同时定出管线附属构筑物及支线的位置。

（3）引测施工控制桩

在施工过程中，中线桩多被挖掉。为便于恢复中线及确定附属构筑物的位置，应将中线桩引测到使用方便、易于保存的地方，引测方法同道路工程中线桩的引测方法。

（4）加密临时水准点

为便于测定线路上任一点的高程，应在原水准点的基础上，按着 100～150m 的间距增设临时水准点。

11.3.2　施工中的测量

（1）槽口放线

槽口放线是根据管道设计的埋深管线及现场土质情况，计算出开槽宽度，并在地面上定出槽边线的位置，作为开槽的依据。

当现场地形比较平坦时，如图 11-8 所示，槽子口宽度计算公式为：

半幅槽口宽度 $m_{左} = m_{右} = b/2 + m \cdot h$

式中　b——设计槽底宽；

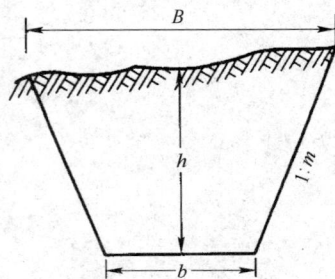

图 11-8

h——设计挖槽深度；

m——槽边坡度。

当现场地形倾斜较大时，中线两侧槽口宽度不一致，应按上式原理计算，由于倾斜所致的槽口宽度变化应将两侧槽宽相应增加或减少。

（2）设置坡度板

类似建筑施工中应用的龙门板，管道施工的坡度板是检制管道中心、附属构筑物的位置和管道设计高程的基本标志。

坡度板一般跨槽设置，最好不露出地面，通常在检查井处和沿中线每 10～20m 设 1 个。设置时，先在槽旁牢固钉设木桩，然后将坡度板钉于木桩上，坡度板上板面应保持水平。

钉好坡度板后，依据控制桩，用经纬仪把管道中线投设到坡度板上，并钉铁钉表示，称为中线钉。同时，测出各坡度板的板顶高程。如图 11-9 所示。

（3）测设坡度钉

由于地面的起伏变化，由各坡度板顶往下的开挖深度不一致；同时，由于坡度板之间有一定的距离，而只根据坡度板处数值指导施工既不方便，也难准确。因此，施工中常采用在高程板上钉一坡度钉来控制管槽和管道的高程和坡度，如图 11-10 所示，若测得某号坡度板处板顶高程 $H_{顶}=56.675\text{m}$，管底的设计高程 $H_{设}=55.023\text{m}$，两者之差为由板顶往下控制的开挖深度，称为下返数，以 ΔH 表示，即：$\Delta H=H_{顶}-H_{设}=56.675-55.023=1.652\text{m}$。

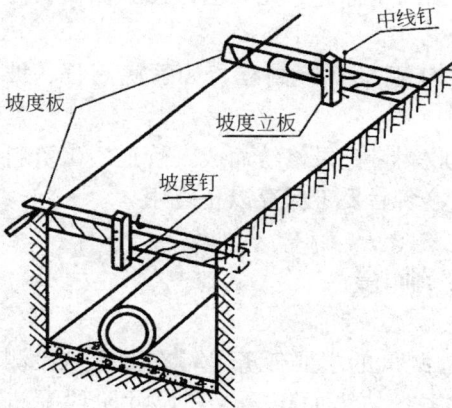

图 11-9

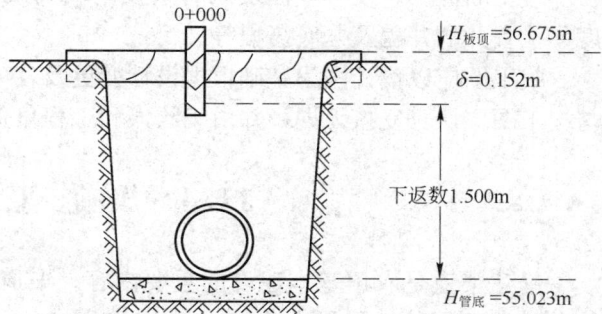

图 11-10

所得 ΔH 为一小数，使用起来很不方便，故在测设时常在高程板上设钉控制各板下返数为一整分米数，则使用起来方便多了，此钉称为坡度钉。此例下返数 ΔH 取为 1.50m，则坡度钉应钉设于自板顶向下返：

$$\delta=\Delta H_0-\Delta H=1.50-1.652=-0.152\text{m}$$

在相邻坡度钉上系一细绳，自绳下返 1.50m，即为设计的管底高程，再下返垫层厚度，即为槽底高程。坡度钉是管道施工时控制高程的重要标志，初视后必须复查一次。另外，也应定期检查，以防止坡度板下沉造成影响。

坡度钉应随坡度板测设，并作成表 11-1 形式，以备查用。

坡度钉测设手簿 表 11-1

板 号	距 离	坡 度	管底高程 $H_{设}$(m)	板顶高程 $H_{顶}$(m)	板管高差 ΔH(m)	预定下返数 ΔH_0(m)	坡度钉下返数 Δ(m)	坡度钉高程(m)
1	2	3	4	5	6	7	8	9
0+000	10		55.023	56.675	1.652	1.50	−0.152	56.523
0+010	10		54.973	56.876	1.903		−0.407	56.473
0+020	10	−5%	54.923	56.594	1.611		−0.171	56.423
0+030	10		54.873	55.991	1.118		+0.382	56.373
0+040	10		54.823	55.980	1.157		+0.345	56.323

表 11-1 中管底高程是前一板号的管底高程与两坡号间距离和坡度乘积的代数和。例 0+010 板号的管底高程：$4_{010}=4_{000}+2\times3=55.023+10\times(-0.005)=54.973$

如此类推，得出全部管底高程。

11.3.3 竣工测量

为如实地反映管道工程完工后各部分的实际位置和尺寸，正确评定工程质量，为交工后的使用管理、维修、改建或扩建提供可靠依据，工程竣工后应及时整理并编绘全面的竣工资料和竣工图，主要内容是编绘竣工平面图和断面图。

竣工平面图全面反映管道及附属构筑物的平面位置，如它们与附近重要地物的相互关系、竣工后的现状地形情况、管道转折点及重要构筑物的坐标等。尤其应注意全面而具体地反映地下埋设管线及构筑物的位置及相互关系。

竣工断面图并没有全面反映管道及附属构筑物竣工后的实际高程，如管底高程、坡度、检查井的井盖及井底高程等。

竣工图应以设计图为基础根据设计变更及各项验收测量记录修绘而成。管道竣工资料与竣工图应认真复核无误，并由编绘人和工程负责人签名后妥善保存以备查用。

11.4 渠道工程测量

修建渠道是农田基本建设的重要内容。渠道工程测量的主要任务是，在勘察阶段测绘各种比例尺的地形图，供图上确定灌溉和排涝方案、估算面积等；在设计阶段要进行控制测量，中线测量、纵横断面测量；在施工阶段则要进行边坡放样及测设各类附属工程等。

11.4.1 渠道的基本知识

按其使用功能，渠道工程可分为灌溉渠和排水渠两大类；按它们在渠道系统中的作用，又可划分为干、支、斗、农、毛渠五级；依建设方式，有明渠和暗渠之分。各类渠道一般都有闸、跌水、渡槽和倒虹吸等附属工程。

干、支渠起跌水到灌区或集水入江河的作用；斗、农、毛渠则分配来水到田间或汇集地面水入干、支渠；闸有进水、分水、节制闸几种，起取水、控制、分配水量的作用；跌水起减缓流速的作用；倒虹吸则可导水在下面流过渠道或道路；渡槽能引水跨过山谷、河

186

流或低洼地带。

11.4.2 渠道的选线与中线测量

渠道选线就是选择一条从渠口开始经过整个灌区的渠道位置。选线应和农田规划同步进行，应考虑灌溉面积、受益范围等多种因素；要按照投资少、见效快、少占良田的原则进行。

建设乡、村域渠道，可根据地形、地质条件、灌溉范围等首先在 1∶5000～1∶10000地形图上选线，而后组织有关方面人员到现场实地勘察，以确定渠道的起点、转折点和终点位置。平原地区渠道应为直线型，在山区则宜沿等高线布设。

渠道中线测量类同于线路工程，但精度要求稍低。渠道里程桩间距以 50m 或 100m 为宜。逢遇公路、铁路或其他管线，以及闸、跌水、倒虹吸等处钉地物加桩；地形变化较大区段，在坡顶和坡脚应增钉地形加桩。为防止冲刷，使水流顺畅，在渠道转折处应设置圆曲线。

11.4.3 纵横断面测量

渠道纵、横断面的作用与施测方法类同于线路工程，详见 10.4、10.5 节的叙述。

渠道工程高程控制水准点一般应与国家水准点联测，采用统一高程系统；联测困难，也可建立独立高程系统。一般可利用渠道中线附近的桥墩、房角、涵洞顶以及公路、铁路的公里桩作为水准点，用红漆编号并绘点之记，以便于使用。横断面测量宽度取决于渠道的宽度、深度、地质情况以及两侧筑堤和布置绿化带的宽度。

11.4.4 土方量计算

渠道工程土方既有挖方也有填方，应根据纵横断面图分别计算。计算式为：

$$V_{AB} = 1/2(F_1 + F_2) \cdot L$$

式中 V_{AB}——A、B 断面间挖（填）方量；

$F_1 + F_2$——A、B 两处的横断面面积；

L——A、B 间的距离。

分段计算挖、填方后，加在一起得总土方量。

11.4.5 渠道施工测量

渠道工程施工测量包括放样边坡、中线和高程三个方面。测设方法参见 11.1 节中的有关内容及图 11-10 所示。

开挖前首先放样内、外坡脚，钉出坡脚桩并涂撒灰线；在开挖过程中要随时依据设计检查渠和堤的边坡率、堤顶和渠底的高程和宽度。

第十二章 建筑施工测量

村镇建设规划的图纸上，统筹安排布置了大量的住宅建筑、工业建筑和各种公共建筑以及各类市政基础设施的构筑物。欲使这些建筑物和构筑物依照规划设计意图，位置准确、形体逼真地在地面上矗立起来变成实体的建筑，一项必不可少的重要工作就是建筑施工测量。它是规划设计与建筑施工之间一座必需的桥梁，并且贯穿于整个建筑施工过程的始终。

12.1 概　　述

12.1.1 建筑施工测量的定义与内容

（1）定义

建筑工程在施工阶段所进行的测量工作称为建筑工程测量。与地形测量相反，施工测量的基本任务是用测量仪器、根据测量的基本原理和方法，把图纸上规划设计的建筑物、构筑物的平面位置和高程，以一定的精度测设到地面上，并设立标志作为施工的依据。并且，在施工过程中还要进行一系列的测量工作，包括衔接和指导各工序间的施工、为建筑工程施工和运营管理提供必需的依据、图纸和资料。

（2）内容

施工测量贯穿于建筑施工的全过程，主要内容包括：建筑工程施工控制网的建立；建筑物定位和基础放线；施工中各道工序的细部测设，如混凝土基础模板的测设、砌筑工程、构件安装以及设备安装测设等；工程竣工后，为了便于管理，维修或扩建而进行的竣工测量；有些高大或特殊建筑物在施工和使用期间测定其平面和高程方面产生位移或沉降的变形观测。

12.1.2 建筑施工测量的重要性

施工阶段和竣工运营阶段对测量工作的要求是：建立施工控制网、确定建筑物的测设精度和测设方法，并将建筑物的设计位置和有关要素标定在地面上作为施工的依据、测绘竣工图和监测建筑物的稳定性。

随着社会的进步和建筑业的发展，村镇建筑的规模、功能、结构和施工方法日新月异。在规模上，从单栋独家建设发展为建筑群甚至整个村镇的新建或改建；功能上从单一的居住栖身建筑发展为住宅楼、办公楼、教学楼甚至高级旅馆、影剧院等大型公共建筑，这些变化使建筑物的平面、立面造型日趋复杂；结构形式上从单层砖木、砖混单栋小房向多层，甚至高层建筑发展；在施工方法上，就更不仅仅是砌土坯、砖石，而常常是预制构件的现场安装、机械化施工、大量的钢筋混凝土施工。这些对测量工作在方法、精度和速度方面都提出了较高的要求。

在村镇建设中，建设助理员和施工技术员应领导测量放线工作，指导重要工程的测量定位和放线，复查一般工程测量定位和水准点的引测工作。可见，建筑助理员和施工技术员都应掌握足够的测量放线理论知识和必要的操作技能才能胜任本职工作。

12.1.3 施工测量的基本准则

（1）施工测量的目的是为建筑施工服务，要坚持按图施测和对建筑施工进度负责原则。

（2）遵守先整体（即先测设场地总体控制网）后局部，即以总体控制网为依据进行各局部建筑物的定位、放线，高精度控制低精度的工作程序。

（3）选用科学、简捷、精度合理相称的施测方法。在合理选择、正确使用、精心爱护仪器在测量精度满足工程需要的前提下，力争做到省工、省时、省费用。

（4）施测前要全面核对测量起始点位和起始数据的正确性，施工中一定要有切实可靠的校核措施，以保证精度、避免错误、防止事故，坚持测量作业与计算工作步步有校核的工作方法。

（5）用好管好设计图纸和有关资料，实测时要当场做好原始记录，测后要及时保护好桩位。一切定位、放线工作在经自检、互检合格后，方可申请主管技术部门预检及规划质检部门验线。

（6）严格执行安全操作规程，紧密配合施工。尽量利用施工间隙，施测保证安全。同时，为施工创造方便条件。发扬实事求是，认真负责的工作作风。

12.2 施 工 测 量 准 备

为了保证施工测量的质量、进度，除应遵守前述的施工测量的基本准则外，还必须了解设计意图、熟悉设计图纸、清楚现场情况、了解施工方案和进度安排。做好施工测量前的充分准备，不仅能使施工开始前的测量工作进展顺利，而且对整个施工过程中的测量工作都有重要影响。

12.2.1 熟悉图纸、掌握定位要素

（1）熟悉设计图纸，了解设计意图

① 看设计图纸，应先看总说明，了解总平面图部分，以全面了解工程概况、设计要求、工程所在位置、周围环境及与原有建筑物的关系，现场地形及拆迁情况，红线桩位置及坐标，水准点位置及高程，建筑物的朝向、定位依据、定位条件及建筑物主要轴线的间距及夹角，首层宅内±0.00的绝对高程，宅外地坪的竖向布置及道路、地上、地下管线的安排等。

② 掌握总图以后，继续熟悉建筑施工图部分，以对建筑物的平面形状、尺寸有全面的了解，这是整个工程施工放线的依据。要特别注意各轴线尺寸，各层高程和总图中的有关部分是否对应；熟悉结构施工图部分，着重掌握轴线尺寸、层高、结构尺寸，如房屋进深、梁板跨度、墙柱断面等；设备图要对照和结合土建图一并熟悉。尤其要注意某些设备安装，其精度要求直接受控于结构工程，或要求结构施工预埋铁件、预留孔洞等。

③ 在熟悉图纸的过程中，要对图上全部尺寸进行核对。不仅核对各单张图纸，而且要核对总平面图、底层平面图、标准层、基础图的轴线、高程及有关尺寸。

（2）校核轴线

对测量放线人员来说，要按以下方法着重对总平面图和各单栋建筑的周边外墙轴线尺寸是否交圈进行核算。

① 对于矩形平面，要核算两对边尺寸是否相符，有关轴线关系，尤其是两侧不贯通的轴线是否对应等。

② 对于多边形平面，先要核算其内角和是否等于 $(n-2) \times 180°$，（n 为多边形的边数）。再核算其周长是否交圈；其方法：$a.$ 多边形边长在任意两坐标轴上投影的代数和应等于零；$b.$ 或以任意角顶为极，将多边形划分成 $(n-2)$ 个三角形，先以一侧的已知两边一夹角的三角形开始，用余弦定理解得第三边后，再用正弦定理解得其余两夹角，然后依次逐个解算各三角形。当最后一个三角形解算出来的边长及夹角等于已知值时，此多边形边长交圈。

（3）了解定位依据和定位条件

① 定位依据是指确定新建筑物位置所依据的基本点和线。常遇到的有两种情况：一种是依据现有的建筑物或构筑物定位；另一种是根据城市规划管理部门所测定得出的建筑红线。

如以现有建筑物或构筑物为定位依据，则它必须是内廓或中心线规整的永久性建（构）筑物，而不应是外廓不明显的临时性建（构）筑物。

② 定位条件是以给定的定位依据为准，能惟一确定建筑物位置的几何条件。最基本的定位条件，是能惟一确定建筑物的一个点位和一个边的方向。

（4）掌握设计对测量精度的要求

通过熟悉图纸，掌握设计人按常规的有关规范对精度的要求，以及还有哪些对测量放线精度的特殊要求：如铝合金门窗对柱间距的要求、电梯安装对结构竖向精度的要求等，以便使测量放线工作更能达到设计的要求。

12.2.2 熟悉现场与施工情况

（1）了解现场情况

首先从设计总平面图上了解现场的原地形地貌，以及建筑物的总体设计布局。然后，从甲方或城乡建设或规划部门取得施工现场的现状大比例尺地形图，根据设计要素把将施工的建筑物转绘到地形图上，携带图纸到现场进行实地核对。这样就能对现场有更多、更深入具体的了解。在现场实地核对时，尤其要注意地下管线和检查井的情况，以便采取必要措施合理地利用。

（2）了解施工安排

一般应从施工现场布置和施工进度两方面了解。施工现场暂设工程的布置，直接关系到测量控制网点的布局和保护利用等方面。施工进度安排，直接关系到测量放线的先后顺序与时间要求。全面掌握上述情况，以便制定切实可行的施工测量方案。

（3）校核红线桩和水准点

① 由城建规划部门批准并测定的建筑红线在法律上起着标志建筑位置基准的作用。在使用前要进行校核，施工过程中要保护好其桩位，以作为建筑物定位和检查定位的依据。

② 校测水准点

用水准仪实地校测甲方所给水准点间的高差，发现问题请甲方及时处理。

12.2.3 仪器与器材准备

（1）检校仪器

施工测量中使用的主要仪器是经纬仪和水准仪。检校的重点是，经纬仪检校水准管轴（LL）、垂直竖轴（VV）和视准轴（CC）、垂直横轴（HH）；水准仪重点检校水准管轴（LL）、平行视准轴（CC）。使用自动安平水准仪时，也应对视准轴的 i 角进行检校。

（2）检定钢尺

对所用钢尺的实长应根据计量法的要求，到有关计量部门进行检定，这是一项十分必要的工作，尤其是精度要求高的工程中，若尺长没有检定，无法保证精度要求。在实际应用中，为了解决温度对尺长的影响，可用不同的拉力抵消之。其规律是：50m 钢尺温度每变化 $\pm1℃$，尺长就变化 $\pm0.6mm$；断面积为 $2.5mm^2$ 的 50m 钢尺，拉力每变化 $\pm9.8N$（11cgt），尺长就变化 $\pm1mm$，即温度每变化 $\pm5℃$，可用拉力变化 $\pm29.4N$（31cgt）去抵消其温度影响。

（3）器材准备

根据工程精度要求，选择适合的经纬仪和水准仪。另外还要配备函数型计算器、弹簧秤、记录本、木桩、小钉以及斧锯等。

12.2.4 制定测量放线方案

对于大型较为复杂的工程测量放线方案属于施工组织设计中的一部分。对于小型工程施工，施工放线工作由工地施工技术人员一并安排与实施。测量放线方案应包含以下内容：

（1）工程概况及对测量放线的基本要求；

（2）平面控制网的测定与桩位保护；

（3）高程控制网的测定与桩位保护；

（4）±0.000 以下的施工放线工作；

（5）±0.000 以上的施工放线与高层建筑竖直方向的测定；特殊工程项目（钢结构、铝合金门窗等）的测量放线工作；

（6）变形观测与竣工测量等。

12.3 施 工 控 制 测 量

12.3.1 控制网的作用与布网原则

（1）作用

根据"从整体到局部，先控制后碎部"的原则，在施工开始前，首先建立测量控制网作为放样的基准，通常称这类控制网为施工控制网。它是整个场地内各栋建筑物、构筑物定位的依据，是保证整个施工区内测量精度和顺利进行工作的基础。

（2）布网原则

① 相邻点必须通视并应使控制点在整个施工过程中不遭破坏；

② 点位的密度和精度应能保证定位放线工作的顺利进行；

③ 控制网的图形应简捷，以便于计算。

12.3.2 平面控制网的类型与精度

村镇建设规模一般较小，村镇规划成果中一般均确定道路的中线、交叉点、转折点的坐标，路段长以及街坊内建筑物与道路及建筑物之间的相对位置关系，并且村镇建筑体量一般较小，形体简捷，街坊建筑群规模不大。因此，所使用的测量控制网也较简单，常用的有建筑基线网和导线网(也称多边形网)。

(1) 建筑基线网

在面积不大，地形较平坦的建筑场地上，布设一条或几条基准线，作为施工测量的平面控制，称为建筑基线网。

建筑基线网可根据村镇建设规划总平面图上建筑物的分布，现场地形条件及原有测图控制点的分布情况，布设成(*a*)三点一字形，(*b*)三点 L 形，(*c*)四点 T 形，(*d*)五点十字形等形式，如图 12-1 所示。

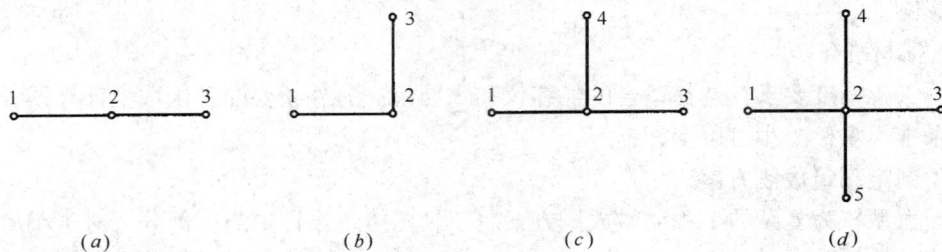

图 12-1

布设建筑基线网的原则：建筑基线应平行或垂直于主要建筑物的主轴线，以使用直角坐标法进行测设；建筑基线相邻点间应互相通视；点位不受施工影响，且能长期保存；基线点应不少于 3 个，以便检测该网本身有无变动。因规划设计图中已得出建筑间及与道路的相对位置关系，因此，在适当位置测设出道路的平行线即可作为建筑基线。

(2) 导线网或多边形网

当建筑场地呈多边形或建筑物的外形和建筑群的布置较为复杂时，可采用守线网或多边形网作为施工控制网。导线网一般由闭合导线组成，导线点的选择宜和建筑物轴线控制点的选择相结合使部分导线边平行于建筑物的主轴线，或部分导线点并作轴线点。

图 12-2 表示一个导线网，图中 *H*、1、2、……8 为建筑物的特征点；*A*、*B*、*C*……*H* 为导线点。设计时，使导线 *AB* 和 *EF* 平行于主轴线 *H*1、27，导线 *AH*、*DE* 平行于轴线 21、34、……导线点 *H* 并作轴线控制点，这样的布设便于建筑物的放样。

(3) 平面控制网的精度

丈量距离的精度应高于 1/10000，即丈量 50m 时，误差应小于 5mm，测水平角或延长直线的误差应小于±20″。

为能达到精度要求，量距时应使用经过尺长检定的钢尺，用弹簧秤控制拉力精确至±2.5N，丈量时要加尺长、温度及倾斜改正。测水平角或延长直线，应使用经过检校的有光学对中的 6″级经纬仪。

12.3.3 高程控制网的测定

在整个场地各主要栋号附近均应设置栋号水准点，或±0.000 水平线相互间距不超过

100m，并使之构成闭合的场地高程控制网。

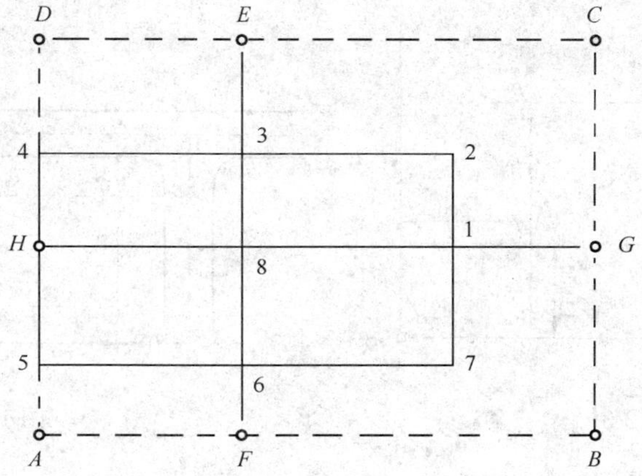

图 12-2

再根据设计指定的水准点，将已知高程引测到场地内，联测各栋号水准点或±0.000水平线后，到另一指定的水准点做附合校对，闭合差应小于$\pm 5\sqrt{n}$mm（n为测站数）或$20\sqrt{L}$mm（L为测线长度），以km为单位。闭合差合格后，应按测站数或距离成正比例分配之。

12.3.4 控制网的验线及桩位保护

整个场地内各栋号水准点高程和±0.000水平线高程，经自检、有关技术部门及甲方检测合格后方可使用。各水准点和±0.000水平线应妥善保护，并应定期复测，以保证建筑高程的准确性。

平面控制网与主轴线测完后，也应对桩位采取切实的保护措施，以便长期保留使用。还应将控制网和各点点位绘制到现场总平面图上，并将测量数据妥善保存，以备一旦个别点位被破坏，得以顺利恢复。

12.4 建筑物的定位与放线

12.4.1 建筑物的定位

建筑物的定位，是根据村镇规划设计中给定的位置要素以及场地平面控制网，将建筑物外廓的各轴线交点（简称角点）测设到地面上，作为基础放线和细部放线的依据。它是确定建筑物平面位置的关键环节，施测中必须保证精度，避免错误，否则后果难以处理。村镇建设中常用的定位方法有如下几种。

（1）根据与原有建筑物及道路的关系定位

在村镇规划图上，一般都给出了拟建建筑物与道路中心线或原有建筑物的关系，如图12-3中所示，若道路为规划路并为实施时，可按规划设计要素直接测设道路中心线或其平行线，（可称为前节所述的建筑基线），再测设拟建建筑物。

如图12-4所示，拟建建筑工地物$M_3N_3Q_3P_3$与道路中心线平行，根据图示条件，主轴线的测设可用直角坐标法。测法是先找出（已有道路）或测出道路（未建规划路）中心线，然后用经纬仪作垂线，定出拟建建筑物的轴线。

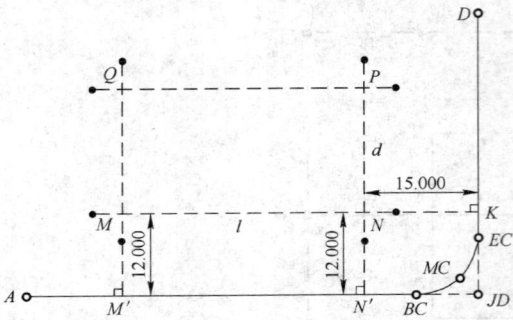

图 12-3

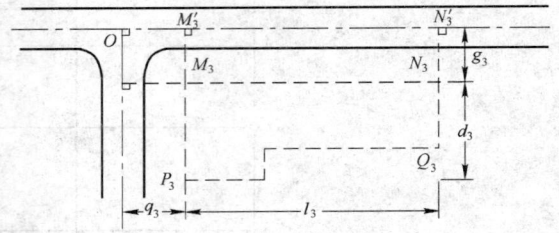

图 12-4

如图 12-5 所示，拟建的建筑物轴线 M_1、N_1 在原有建筑物轴线 A_1、B_1 的延长线上，可用延长直线法定位。为了准确地测设 M_1、N_1，应先作 A_1、B_1 的平行线 A_1'、B_1'，在地面上定出 A_1' 和 B_1' 两点作为建筑基线。安置经纬仪于 A_1' 点，照准 B_1' 点，然后沿视线方向，根据规划设计图上给现的 B_1M_1 和 M_1N_1 尺寸，从 B_1' 点用钢尺量距依次定出 $M_1'N_1'$ 两点再安置经纬仪于 M_1' 和 N_1' 测设 $90°$ 而定出 M_1P_1 和 N_1Q_1。

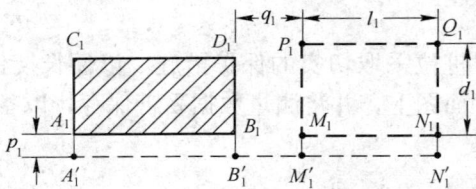

图 12-5　延长直线法

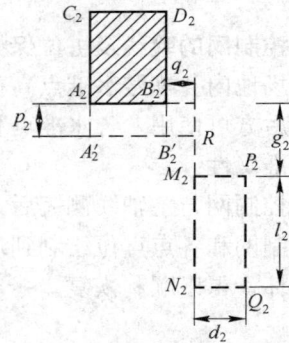

图 12-6

图 12-6 所示情况，可用直角坐标法定位。先按上法依次定出 R 点，安设经纬仪于 R 点测设 $90°$ 角，依次量距定出 M_2、N_2 点。最后在 M_2、N_2 点安放经纬仪测设 $90°$，根据建筑物的宽度而定出 P_2 和 Q_2 点。

（2）根据建筑方格网定位

在建筑场地已设有建筑方格网（正交棋盘式道路可代替之），可根据建筑物和附近方格网点的坐标，用直角坐标法测设。如图 12-7 所示。由建筑物的 $ABCD$ 四点可算出其长度 d 和宽度 c。测设建筑物定位点 A、B、C、D

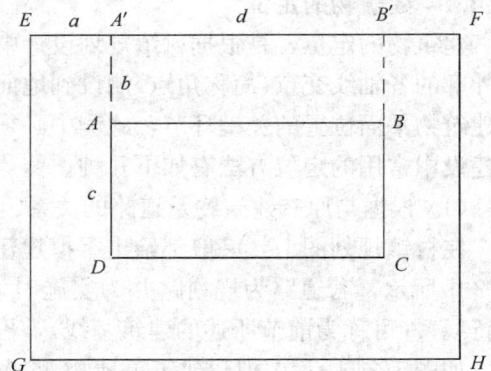

图 12-7

194

时，先把经纬仪安置在方格点 E 上，照准 F 点沿视线方向自 E 点用钢尺量距 a 得 A' 点，再由 A' 量距 d 得 B' 点。安设经纬仪于 A' 点，度盘转到 $90°$ 角，并在视线上量距 b 得 A 点，再由 A 点继续量取距 c 得 D 点。同样得出 B、C 二点，用钢尺丈量 AB、CD 及 AD、BC，校核是否等于建筑物的设计长度。

12.4.2　建筑物的放线

建筑物放线是指根据定位的主轴线桩（角桩），详细测设其他各轴线交点的位置，并用木桩（桩顶钉小钉）标定出来，称为中心桩。据此按基础宽和放坡宽用白灰线撒出基槽边导线。

由于在施工开挖基槽时中心桩要被挖掉，因此，在基槽外各轴线延长线的两端应钉轴线控制桩，也叫引桩或保险桩。控制桩一般钉在槽边外 $2\sim4m$ 不受施工影响并便于引测和保存桩位的地方。

在村镇建筑施工中，常在基槽开挖之前将各轴线引测至槽外的水平木板上，以作为各阶段施工恢复轴线的依据。水平木板称为龙门板，固定木板的木桩称为龙门桩，如图 12-8 所示。设置龙门板的步骤如下。

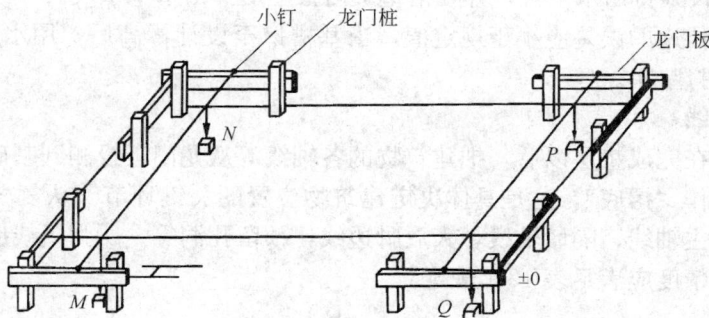

图 12-8

（1）在建筑物四角和隔墙两端基槽外边约 $1\sim2m$（根据土质和槽深而定）处钉设龙门桩，桩要钉得竖直、牢固，桩侧面与基槽平行。

（2）根据高程控制网附近水准点的高程，在每个龙门桩上测设出宅内 ±0.00 高程线，并沿此线钉设龙门板。

（3）用经纬仪将墙柱中心线投测到龙门板顶面上，并钉小钉标明，称为中心钉。

（4）沿龙门板顶面丈量中心钉的间距以作为测设校核，校对合格后，以中心钉为准，将墙宽、基槽宽标示在龙门板上。最后根据基槽上口宽度拉撒出基槽灰线。

龙门板标志明显便于使用，它可以控制 ±0.00 以下高程和槽宽、基础宽、墙宽，但它需要木材较多，基槽挖槽时不易保存。所以也有的在施工中不钉或少钉龙门板而只钉中心桩和控制桩。

12.5　施工过程中的测量工作

根据准确的定位和放线，建筑物就可以破土动工了，在施工过程中，还涉及到一系列的测量工作，如基槽高程控制、基础放线、砌墙皮数杆的测定、多层或高层建筑的轴线投测、高程传递等，这些都直接影响建筑施工的质量和进度。

12.5.1 基槽高程控制

为控制基槽或基坑开挖深度，需要向槽(坑)内传递高程。一般做法是，当将要挖至槽底设计标高时，用水准仪在槽壁每隔 3～4m 和各拐弯处测设一个水平木桩，并使木桩上表面高出槽底设计标高一个固定值(通常取 0.5m)。这种木桩称为平桩，供清底和打基础垫层时控制标高用。

基槽水平桩一般多根据施工现场已测设好的±0 水平线测定。如图 12-9，槽底设计高程为－1.750m，为测设比槽底设计高程高 0.5m 的水平桩，首先利用±0 水平线测得后视读数为 a，计算得出水平桩上应读前视读数 $b=a+(1.75-0.50)$，然后立尺于槽边并上下移动，当水准仪视线正读到 C 值时，即可沿尺底钉出水平桩，并在槽垫上沿桩上皮弹出水平墨线。

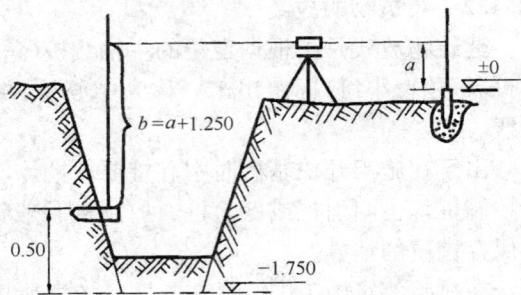

图 12-9

基槽内高程传递的误差应小于规定值。当基槽挖至设计标高后，用水准仪进行检查，合格后即可开始打垫层。

12.5.2 基础放线

基础放线是在完成垫层以后，把建筑物的各轴线等从龙门板投测到基础垫层上。这项工作习惯上也称作"摽底"，这是具体决定建筑物位置的关键环节。从复核控制桩闭合无误，再详细放出主轴线，隔墙轴线，大放脚边线，预留孔洞等。所弹墨线应准确、清晰。

基础放线的精度应满足表 12-1 规定。

基础放线允许偏差   表 12-1

基槽长度 L(m)	允许偏差(mm)	基槽长度 L(m)	允许偏差(mm)
$L \leqslant 30$	±5	$60 < L \leqslant 90$	±15
$30 < L \leqslant 60$	±10	$90 < L$	±20

摽底线经自检后，请甲方和有关部门验线。验线通过后方可正式开始施工。

12.5.3 测定砌墙皮数杆

皮数杆是砌筑砖石墙时掌握高程和砖(石)行水平的主要依据，一般立在建筑物拐角和隔墙外侧离边线 1～2cm 处，钉牢在预先埋放好的大木桩上。皮数杆上画出砖的行数，门窗口、过梁、预留孔。

立杆时，先用水准仪在木桩上测出±0.000 标高线，而后将它与线杆上的零线对齐钉牢，经检查无误后方可使用。

12.5.4 多层建筑物轴线的投测

基础工程完成以后，随着主体工程的不断升高，要逐层向上投测轴线。投测方法一般有吊线坠法，经纬仪竖向投测法及激光铅垂仪法等几种。

（1）吊线坠法

一般多层建筑可用吊线坠法逐层向上投测轴线。其作法是：将较重线坠(也称垂球)悬挂在楼板或柱顶边缘(稍离开墙、柱,否则线坠不能自由摆动),当线坠尖对准基础上或墙底部定位轴线时,线在上部的位置即为楼层轴线端点位置,画短线作为标志,同样投测另一端点。两端连线即为定位轴线,因垂线离开了墙或柱,为避免视线误差,可同时垂吊轴线两端并在其间拉通长直线,所定轴线更为准确。同法投测其他轴线,并用钢尺校核各轴线间的距离,准确无误后可继续施工。

为避免误差累积,宜在每砌二、三层后,结合经纬仪竖向投测,以校核逐层传递的轴线位置是否正确。

吊线坠法简便易行,不受场地限制,一般能够保证施工质量。但要注意尽量减小风力对准确性的影响。

(2) 经纬仪竖向投测法

这是当前多层、尤其是高层建筑施工中,向上逐层投测轴线,控制竖向偏差的最常用方法,由于场地情况限制,安设仪器位置不同,又可分为两种不同的方式。

当场地宽阔,建筑物轴线可延伸到其总高度以外,或附近的建筑平顶面上时,可在延长的建筑轴线上安设仪器,以首层轴线为准,逐层向上投测。如图 12-10 所示。

应用经纬仪投测轴线要注意:轴线的延长和外借桩点均必须准确无误、标志显明、保护妥贴,每次投测前均须复核。每次投测均应尽量以首层轴线为准;测前要对经纬仪的轴线关系进行严格的检校,观测时要精密安平,并采用正倒镜观测取中的投测方法。

12.5.5 多层建筑物的高程传递

在多层(以及高层)建筑施工中,通常方法是沿外墙、外柱竖直向上,用钢尺丈量来传递高程。一般多层建筑至少要由二处向上传递高程,以便于使用并相互校核。测法是先用水准仪根据统一的±0.000 水平线,在各传递始点准确地测出相同的起始高程线

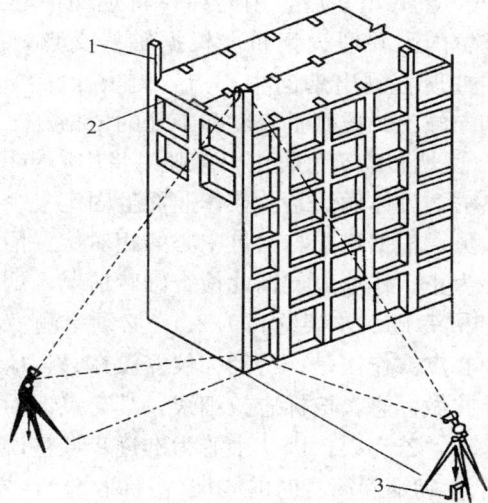

图 12-10

1—柱;2—梁;3—控制桩

(一般为±0.500m 的水平线)。然后,用钢尺沿竖直方向向上量至施工层,并画出水平线,标记高程数值。高差超过一整钢尺长时,应在该层精确测定第二条起始高程线,作为继续向上传递的依据。最后,把水准仪安置在施工层,校测由下面传递上来的各水平线,误差应在±3mm 以内。在各层平时,应后视两条水平线以作校核。

为保证高层传递的精度,施测时应注意:观测时尽量做到前后视线等长;所用钢尺应经过检定,量高差时尺身应竖直并用规定的拉力,要进行尺长拉力和温度改正。

12.5.6 烟囱施工测量

烟囱为高耸建筑物,施工测量的主要目的就是严格控制烟囱的中心位置,以保证烟囱主体的垂直,测量工作主要有烟囱定位和施工测量。

(1) 烟囱的定位

根据给定的烟囱与原有建筑物道路的关系或在控制网中的位置，用直角坐标法或极坐标法，在现场定出烟囱中心位置 O，同时定出以 O 为交点的两条相互垂直的轴线 AB 和 CD（见图 12-11）。A、B、C、D 4 个控制点至 O 点的距离一般应大于烟囱的高度，在"十"字形轴线上尽量靠近烟囱处埋设 E、F、G、H 等桩，作为安设经纬仪向基坑底投射烟囱中心点之用。各桩点应妥善保护，以便施工中随时投测之用。

　　（2）施工测量

　　① 定出烟囱中心点 O 后，用皮尺丈量烟囱底半径 r，基坑放样宽度 b，并画二个同心圆，沿轨迹撒灰线作为挖基坑的依据（见图 12-11）。

　　② 当基坑将要挖到设计标高时，在坑底周围打木桩，用水准仪在木桩侧面测出高于坑底标高为整分米数的标高线，据此继续挖土到基坑底。

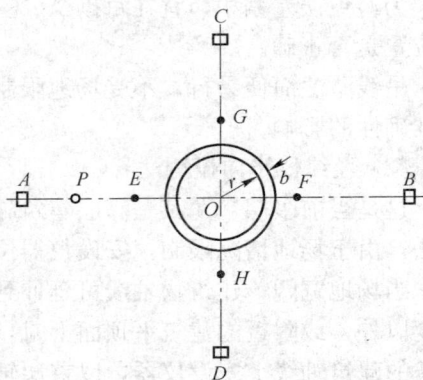

图 12-11

　　③ 坑底填平后，用经纬仪将烟囱中心投测在基坑内，并埋设钢桩。根据轴线交点，准确地在桩顶上测出烟囱中心点，刻上十字线，作为烟囱施工时控制垂直度和半径的依据。

　　④ 烟囱砌筑过程中，应随时将中心点引测到作业面上检查施工质量。引测多采用吊线坠法，具体做法是：在作业面上固定一个木方棒，下悬约 10kg 重的大重球，烟囱内地面人员，根据重心与钢桩中心的相对位置情况，指挥作业面人员移动垂线，直到重心对准桩心为止。作业人员据此检查砌砖情况，烟囱中心误差不应超过已砌烟囱高度的 1/1000。

　　⑤ 每砌一步架约高 1.2m，必须引测一次中心点；每升高 10m，必须用经纬仪检查一次中心点。作法是：将经纬仪安设在 A、B、C、D 4 个固定桩上，把各轴线投测到施工面上，并做标志，按标志拉细线，其交点即为烟囱中心点。用此中心点与重球引测的中心点相比较，若有误，以此中心为准逐步调整误差。

　　⑥ 砌烟囱筒身时的收坡（俗称收分），方法之一是在砌筑过程中随时用符合设计收坡的靠尺板检查；二是用引测烟囱中心的方法进行控制，任意施工高度 H' 的设计半径 rH' 都可用下式求得：$rH'=R-H'm$。式中 R 为设计筒身底面半径，m 为收坡系数，其计算式为 $m=R-r/H$，r 为设计筒身顶面外半径，H 为设计筒身高度。

　　⑦ 烟囱筒身的高度控制是先用水准仪在烟囱底部外壁上测设出 ±0.500 标高线，然后以此为准，用钢尺直接向上量取。在砌筑过程中，应经常用水平尺检查上口水平，发现偏差应随时纠正。

12.6　建筑物的竣工测量与变形观测

12.6.1　建筑物的竣工测量

　　（1）竣工测量的目的

　　竣工测量是指工程全面竣工后对场区现状实际情况的测绘，所得现状图称为竣工总平面图。

如果工程是严格按照设计总平面图进行施工的，就无需再进行实地测量。设计总平面即为竣工总平面图；对于因各种原因进行了变更设计，使实际竣工的建筑物与设计图不完全符合，则竣工测量是在原设计图基础上测绘实际变化了的建筑物。也可采用方格网施工设计图编绘实际变化的内容的方法完成竣工图。

（2）竣工图和竣工资料的内容

① 场地控制点的点位和数据资料，如场地红线桩、平面控制网点、主轴线点以及场地永久性高程控制点等。

② 地上、地下建筑物的坐标位置，几何尺寸、尺数、高程、建筑面积及开工、竣工日期。

③ 室外地上和地下给水、排水、热力、电力、电信等各种管线和化粪池检查井等构筑物的位置、高程、管径、管材、流向、尺寸等。

④ 宅外环境工程，如绿化带、草地、游园等的位置，几何尺寸及高程等。

（3）竣工测绘的方法

竣工测量通常采取边完工、边测量、边编绘、边积累资料的方法进行。尤其对于地下管线工程的竣工测量，必须在回填土以前测定它们的实际位置、高程、记录管径、管材等有关的资料数据。

编绘竣工图所依据的图纸资料有：设计总平面图、单位工程平面图、纵横断面图、设计变更资料、施工放线资料、施工检查测量及竣工测量资料、甲方和有关部门的具体要求等。

竣工总平面图的编绘程序如下：

① 首先在图纸上绘制坐标方格网，并展绘控制点。精度要求坐标网同地形测图，展点对临近的方格而言，其允许误差应小于±0.3mm。

② 用铅笔在坐标方格网图上展绘设计总平面图作为底图。

③ 用墨线随工程进度逐步展绘竣工总平面图，凡按设计坐标定位施工的工程，用墨线描绘，肯定有关图面上的内容；若原设计变更，则应根据设计变更资料编绘。

④ 对于设计总平面图上没有确定位置的工程，包括多次变更无法定位的工程、竣工现场的竖向布置、围墙保留的施工临建、绿化，及竣工后的地貌等应根据外业实测资料上图。

为便于使用，根据工程的复杂程度，可分别编绘综合竣工总平面图、道路竣工总平面图和管线竣工总平面图等。

竣工总平面图和包括原始测量记录在内的其他竣工资料等编绘完毕，应由编绘人员和工程负责人签名后交甲方和有关档案部门保管。

12.6.2 建筑物的变形观测

随着经济的发展，高层、大跨、精密建筑工程在村镇建设中也有出现，这些建筑在自身荷载、使用荷载及风和地表等外力作用下，常会发生变形。如果变形超出设计允许限值，就会危及建筑物的正常使用和安全。因此对变形应定期进行观测，以决策采取必要的措施。这种观测称为变形观测，包括沉降、裂缝、位移等方面。因村镇建筑中较少进行，故仅简要介绍。

（1）沉降观测

沉降观测包括：施工对邻近建筑物影响的观测，如打护坡桩和抽水降低水位，会使邻近建筑物产生不均匀的下沉和裂缝；地基回弹观测，一般情况下，基坑越深，挖土后基底向上回弹量越大，建成后建筑物下沉量也较大；建筑物的沉降观测，这是沉降观测的主要内容，用水准测量的方法，多次观测水准点与设置在建筑物上的观测点间高差的变化而得出建筑物的沉降量。观测点一般用 $\phi 20mm$ 钢筋或角钢埋设在外墙脚处。

沉降观测要求精度高，一般规定测量误差应小于变形量的 $1/10 \sim 1/20$，应使用精密水准测量方法；各类沉降观测的首次观测必须按时进行，否则得不到原始记录，将使整个观测失去意义。其他各阶段的观测，也必须根据工程进展按时进行，观测成果要可靠，资料要完整。

（2）裂缝观测

裂缝观测是测定建筑物某一部位裂缝发展状况的工作。当裂缝发生之后，应及时进行观测。观测时，先在裂缝的两侧各设置一个固定的标志，然后定期量取两标志的相对位移，其位移量即为开裂量。

建筑物产生裂缝往往与不均匀沉降有关，因此，在裂缝观测的同时，一般应同时进行沉降观测，以便进行综合分析并及时采取相应的措施。

（3）倾斜观测

进行倾斜观测，对于高耸建（构）筑物尤其必要。观测前在其上、下部同一竖直面内设置两点观测标志，安置经纬仪在大于建（构）筑物高度处，观测两观测点，若该两点不在同一竖直面内，如其平移距离为 a，两观测点的高程差为 H，则建筑物的倾斜度为 $i=a/H$。

建（构）筑物的倾斜观测应在相互垂直的两个竖直面上进行，若观测结果倾斜值分别为 a 和 b，则该建（构）筑物的总倾斜度 $i=\sqrt{a^2+b^2}/H$。

第十三章 地 籍 测 绘

地籍是土地的户籍。地籍测绘是为建立土地的地籍而进行的测绘工作。其主要任务是测绘土地的权属界、房产对土地的利用界以及对土地管理、房产管理和土地利用有价值的地物，计算土地面积。地籍测绘具有基础性、多功能性的特点，其成果具有法律性。

地籍测绘的成果包括地籍图和地籍簿册，这些资料为土地、房产、税收管理、城乡规划、国土开发与整治、交通建设、环境保护、旅游开发等方面提供及时、可靠和适用的重要基础资料。

由于地籍测绘的成果资料要满足国民经济多部门的需要，因此要求测绘作业人员除能掌握普通测量学科的技术、技能外，还必须掌握地籍测绘专业所特有的知识、技术和技能。本章将从地籍测绘的内容和资料准备开始，直到测绘工作的过程，测绘资料整理、任务完成和成果上交做系统的介绍。

由于地籍测绘服务的多功能性，决定了其测绘内容必须包含有地形和地籍两部分，否则地籍测绘就无法满足多个部门的要求。关于地形测绘内容本书第 7 章已专门讲述，因此本章除对少数地形测绘问题做必要说明之外，将着重对地籍的测绘内容进行介绍。

13.1 地籍测绘的内容

13.1.1 土地的权属单元和宗地

地籍测绘是要查清土地所有者和土地使用者所具有和使用土地的位置、权属、界线、数量和用途的基本情况。为此，需要首先明确土地的权属单元和宗地。

（1）土地权属是指按《中华人民共和国土地管理法》规定的土地所有权和土地使用权。土地法规定：城市市区的土地属于全民所有制国家所有；农村和城市郊区的土地，除法律规定属于国家所有以外，属于集体所有。土地法还规定：国有土地可以依法确定给全民所有制单位或者集体所有制单位使用，国有土地和集体所有制的土地可以依法确定给个人使用。

具有土地所有权或土地使用权的单位或个人构成土地的权属主，也即土地的权属单元，村镇土地的权属单元大体分为以下 6 种情况：

① 镇政府房产管理部门；

② 使用国有土地而房产为单位所有的国家机关、军队、工厂、学校、"三资"等企业、事业单位。

③ 使用国有土地为公众谋利益或获取收益的管理部门，如镇的工程、交通运输、园林等部门；

④ 使用国有土地而房产为私人所有的公民个人（户）；

⑤ 具有集体土地所有权的镇政府和村民委员会；

⑥ 使用集体土地的全民所有制单位、集体所有制单位和修建住宅的村民住户。

依法规定土地所有权和土地使用权利外，属承包、租用、占用、抵押、非法转让国有土地或集体土地单位和个人不构成权属主，即不够成土地的权属单元。

（2）把土地的权属单元所有或使用的土地，根据其毗连情况或使用情况，划分为若干地块，每一地块即是"宗地"。

权属单元所具有的宗地一般分为以下几种情况：

① 一个权属单元具有一个宗地。此种情况最为普遍。

② 一个权属单元具有几个宗地。一种是权属单元的土地不相毗连；另一种是，地块毗连但土地的使用类别不同而分开设宗的，如工厂的厂房区和宿舍区，村民宅地区和耕地区等。

③ 两个或两个以上的权属单元所具有或使用的土地无法分开，形成一个宗地由两个或两个以上的权属单元所具有。

人们把宗内土地属于一个权属单元的宗称为独立宗；宗内土地属于两个或两个以上的权属单元所共有的宗称为组合宗。

13.1.2 地籍测绘中的内容

地籍测绘中的地籍的测绘内容大体归纳为如下 10 项：

（1）宗地编号；

（2）宗地所在的地籍图图幅编号；

（3）宗地座落；

（4）宗地的权属性质；

（5）宗地权属主的单位或个人名称、法人代表、户主或代理人；

（6）宗地权属主的所有制性质；

（7）宗地权属主的二级主管部门；

（8）宗地的批准用途、实际用途及使用期限；

（9）宗地的界址位置、面积；

（10）宗地的土地等级、土地利用类别和地表附着物房产等建筑情况。

地籍资料要满足包括法律在内的多方面的需要，必须具有高度的准确性和现实性。地籍调查必须于实地进行，在遇有可以利用的资料时，如近期土地利用现状调查资料、房产调查资料，建筑设计资料等，还要与实地检查核准，方可利用，保持资料的一致性。

各项地籍测绘的内容要通过一系列的、细致的、认真的外业实地调查、测绘和内业资料整理情况完成，所获取的地籍测绘资料全部反映于地籍图和地籍簿册中。

13.1.3 地籍测绘中的地形内容

地籍测绘的内容除地籍内容之外，还必须包含有和普通地形测绘相同的地形内容，否则地籍测绘资料则无法满足城乡规划、国土开发与整治、交通建设、环境保护、旅游开发等多方面的用图需要。地形内容完全表现在地形图上。

具体的地形测绘内容本章无需多述，值得注意的是，由于地籍图较地形图上增加了地籍内容，图面页载量就明显的加大了。对于地籍图来说，既要保持图面较高的清晰度，又要使图面具有较多的地面信息，这样就很可能形成了图面表示的矛盾，这是我们在地籍测绘中需要解决的问题。

13.2 技术设计和底图

地籍测绘开展之前必须做好技术设计和必要的资料准备，并选定地籍测绘底图。

13.2.1 资料准备

为做好地籍测绘的技术设计和顺利开展地籍测绘工作，保证地籍测绘的成果质量，必须进行充分的资料准备。在地籍测绘工作开展之前，需要广泛的、全面的搜集已有资料。这些资料主要包括：

（1）国家和地方的地籍测绘技术标准和规定；

（2）国家和地方发布实施的有关法律、法规、条例等方法文件；

（3）进行地籍调查的各种表格，并印制必要数量的地籍调查草表；

（4）收集测区已有最新的大比例尺地形图、影像平面图或航摄像片等图件；

（5）测区已有最新行政区划和资料；

（6）土地利用等级划分、土地利用现状调查等资料；

（7）划拨土地档案资料、经过初审的土地申报资料，现有地籍档案资料和确定资料及附图等；

（8）房屋普查资料、工矿企业普查资料；

（9）测区标准化地名资料；

（10）其他与地籍测绘有关的资料、文件。

经过以上资料准备之后，为了做好地籍调查的设计和实施，还要根据任务所在地的具体情况、条件等，做好其他尽可能充分的准备工作。

13.2.2 技术设计

地籍测绘技术设计是进行地籍测绘工作的技术依据。其编写工作要根据国家和地方制定的技术标准和有关规定，结合测区的具体要求，参照所搜集的各方面的资料进行。

地籍调查的技术设计应包括如下各项内容：

（1）测区的范围、行政隶属。

（2）测区经济地理概况：自然景观，交通情况，工、农商发展水平，土地等级，土地利用等情况。

（3）已有资料的分析利用：大地控制资料，地形图资料，行政区划资料，地名资料，房屋普查资料，工业普查资料，土地利用现状调查资料，非农业建设用地调查等资料的现势性和可靠性，现有地籍资料、确权资料及附图的完整性等。

（4）控制网的等级及布设、施测。

（5）地籍底图的测绘和地籍调查工作图的确定。

（6）地籍测绘方案及规定

① 地籍调查的内容；

② 地籍调查所采用的工作图件和表格；

③ 界点的确定、施测；

④ 宗地面积计算；

⑤ 地籍要素的测绘及图上表示；

⑥ 地籍草图所表示的内容及绘制；

⑦ 宗地图所表示的内容及绘制；

⑧ 地籍调查表的填写。

（7）测绘成果的验收和资料上交。

地籍测绘技术设计书的编写格式要按照国家测绘局制定的《测会技术设计规定》要求进行。

地籍测绘技术设计书的审批要按照国家和地方的有关规定，经审批合格后方可作为测区测绘的技术依据。

13.2.3 地籍测绘底图

地籍测绘所采用的地形图称为地籍底图。在地籍测绘工作开展之前，首先要确定地籍底图。

在村镇地籍测绘中，地籍底图比例尺的采用，一般说，建成区为 1：500 比例尺，规划区为 1：1000 比例尺。

目前我国多数村镇的发展很快，已有图纸往往精度、比例尺很不一致，不能满足地籍测绘的需要，因此在有条件的地方应尽可能的重新测制。

地籍底图的测制，在现阶段应参照建设部制定的《城市测量规范》和国家测绘局制定的 1：500、1：1000、1：2000《地形图图式》的基础上，根据地籍测绘的特殊需要做适当的修改和补充。

地籍底图的精度要求是：不论采取何种方法成图，地物点的点位误差不得大于图上0.5mm，邻近点的间距中误差不得在图上大于 0.4mm。

（1）地物的取舍原则

① 沿权属边界作为界标物的围墙、栏栅等必须准备测绘，权属界内部的围墙、栏栅等设施的显示以地表附着物的特征为原则可适当增多或舍去。

② 地表附着物，如房屋、构筑物、杆、井等涉及权属边界的，具有权属资料的、具有征占地的，均应准确表示，即使地物密集地段也不得综合。

（2）图面页载量过大的分析和处理原则

地貌是地籍图上的重要内容，地籍图上同时表示地籍和地貌两项内容就产生了图面页载量过大的预告，情况分析和处理原则如下：

① 在村镇地籍测绘中，村镇内部是地籍内容最复杂的地段，图面因页载量过大影响图面清晰和影响地籍使用效果的问题主要表现在村镇内部。村镇内部的矛盾解决了，问题就解决了。村镇之外的少数地段类似情况的处理方式，可参照村镇内部的处理方法进行处理。

② 村镇内部大部分地段为平地，其地形情况一般比较简单，地籍图上地形内容和地籍内容在多数情况下是可以同时表示的。此外，在地籍内容的表示方面，界址线和界址点习惯采用红色，因此又减少了对原图清晰度的影响。

③ 在山区和丘陵区的某些村镇，地籍内容复杂，同时地形内部也很复杂，这时就出现了图面表示困难和图面清晰度影响较大的问题(实际上，村镇内部这种情况的出现也属少数地段)。此时，图面必须以地籍内容为主，突出地籍内容，部分的移位或舍去对地籍内容影响较小的地形内容，以保证地籍内容的完整性、准确性和清晰度。

④ 在有些情况下，因某些条件的限制（包括职能的或经费的限制等条件），地籍图上的地形内容可部分的甚至全部的舍去，此时，地籍图的服务效能将受到极大的限制，不能实现一图多用的目的，因此，这是一种极不符合"经济"、"效能"原则的方案，应尽量避免采用。

地籍底图是进行地籍测绘的重要资料，地籍底图测制完成后，需认真进行工序检查，检查合格的地籍底图方可用做地籍测绘使用。

在实际工作中，有时也采用现势性较强的已有地形图或影像图，但必须对有关资料和技术总结进行汇总审查。在符合地籍测绘技术设计要求的情况下，实际工作中还要经过适当检测和对新增地物的补测方可使用。

13.2.4 地籍草图和地籍调查的工作用图

有一些地籍资料，如计算房屋、构筑物占地面积和建筑面积，杆、耕地物的特征、占地面积等，这些资料在地籍图和地籍簿册之外还需要采用图纸来补述，作为地籍资料的一部分，即地籍草图。另外，在地籍调查的外业工作中也需要使用图纸来说明，即地籍调查工作图。

地籍草图和地籍调查的工作用图一般采用地籍底图的复印图。采用复印图有如下优点：

（1）地籍草图、地籍调查工作图与地籍成图比例尺一致，图面地表附属物具有相同的现势性，所有地物、地貌的内容和表示完全一致。为地籍资料的使用提供了方便。

（2）为地籍档案提供了完全一致的地籍资料。

13.3 土地权属界的划分

土地的权属界包括境界和宗界两部分。境界是土地的高级权属界，它是各级人民政府的行政管理界线，土地的宗界是土地权属单元的土地权属范围界线。所谓土地的划分，就是划定土地的境界和宗界。

13.3.1 境界的划分

在村镇、境界涉及县和乡界，边缘地方有时也涉及市以上高级境界的。境界是普通地形图上需要表示的内容，在地籍图上，境界较之地形图上要求更加具体和严格，需要经过上一级行政主管部门的核定，才能在地籍图上标绘。行政界线有变动时，应有上一级行政主管部门的核定，才能在地籍图上标绘。行政界线有变动时，应在上一级行政主管部门的配合下，实地踏勘标定。属于未来界线或有争议时，应交上级政府处理，短期内不能解决的，按调查的实际管辖现状，用主界符号在地籍图上予以标绘。

13.3.2 宗界的划分

宗界的划分要在境界划定之后进行。宗界的划定涉及千家万户的土地所有权和使用权。由于历史的原因，我国在土地的所有权和使用权方面遗留下来的问题很多，纠纷也很多。因此，宗界划定是一项政策性较强、困难而复杂的工作。所谓地籍测绘是一项涉及法律的严肃细致的工作，也主要体现在这里。

在村的地籍测绘中，因为集体或少量国有土地的权属以下还常常出现一级或多级个体权属，为避免过多出现宗内再设宗的复杂现象，所以，在末级的乡、镇行政界线划定以后，还应增加村界的划定工作。

村界的划分方法和境界的划定方法相似，其符号采用《地籍测量规范》中地籍图图式的集体所有土地的权属界址线(图 13-1 所示)。

在镇的地籍测绘中，宗界划分之前，还要划定街坊，街坊的划分在考虑到现势的自然街、巷的同时，还要配及到街坊内采地的数目。街坊内宗地最大数额的确定要为建立土地管理数据库奠定基础。街坊划定以后再进行街坊编号。

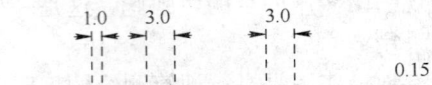

图 13-1

宗界在街坊划定的基础上进行。

(1) 宗地的划定原则

① 同一权属单元使用的毗连成片的地块，在土地利用类别相同时，不论其面积大小，均设为一宗；同一权属单元使用的不相毗连的地块，不论其土地利用情况如何，一律分别设宗；同一权属单元所使用的土地，虽然地块毗连，但土地使用类别不同，如学校内设有小工厂，工厂内设有宿舍生活区的，于宗内南设小宗，形成宗内设宗的情况。

② 同一幢房屋建筑或同一院内，有两个或两个以上的权属单元，彼此间又无明显分界的，形成组合宗。

③ 以公房为主的、居住密集的旧镇区，以现有的自然街巷、胡同为界分开设宗。全部为房产管理部门所属公房的设为独立宗；宗内含有具有权属证明文件的私人宅院或房屋的，于宗内角设小宗。

④ 农村村民委员会所有的集体土地内，以使用集体土地的全民所有制单位、集体所有制单位，修建住宅的村民住户和不同使用类别的用地等各自设宗。对村民宅地毗连难以分开的，可以设为组合宗，其内各户宅地分设支宗。

⑤ 临马路或街道的宗地，如规划已经批准，则以规划边线划分宗地。宗地超越边线，伸入马路或街道的部分，短期内不能拆迁且土地尚未征用的应根据需要单独设宗。

⑥ 组合宗的设置应限制在最少数量。

(2) 界址线和界址点的确定

土地权属界的确定，要由土地管理人员、相邻宗地的权属主或受委托的指界人按照国家政策，根据尽可能的、历史的、详尽的权属证明材料，从实际出发合理确定。

土地权属界在地籍资料中表现为界址线和界址点。界址线包括宗界和宗界内的支号界。界址点设在界址线的拐角处。弧形宗界线应适当增设界址点，增设的数量和位置以控制弧形宗界线的形状，对宗面积的影响越小越好。支号界可不设界址点，但应能量测其支方面积。

界址线和界址点的确定原则和方法如下：

① 单位和个人所有或使用的土地，以征地文件为准；相邻宗地间的界址以双方征地文件为准。

② 相邻单位或个人的院墙归属以权属资料为准。双方均无权属资料的，归双方共有。围墙归双方共有时界址线和界址点位于院墙的中心线上。

③ 双方权属主对土地权属界有争议时，短期内不能处理的，按土地管理现状确定未定界。未定界只供量算面积使用，不做权属依据。

④ 在规划、开发地段已征用的土地，以征地文件为准，划定宗地边界。土地的原权

属情况和地面尚未拆迁的建筑及设施不影响界址线和界址点的位置。

⑤ 临时建筑、非法建筑不影响界址线和界址点的位置。

⑥ 界址线和界址点的综合取舍。在镇的旧城居住区、农村居住区等地段，宗地边界常常有一些小心的弧形弯曲，墙皮也常常存在一些小的错开现象，对宗地面积影响微小，此时，在征得双方权属主认可的情况下，可以把界址线绘为直线，舍去较小弯曲处的界址点。

（3）土地编号

为了便于土地管理，需要预先确定科学的土地编号系统，对权属单元使用的宗地进行统一编码排列，不仅有利于土地统计和管理，而且为收集整理统计土地资料以及建立地籍数据库，广泛应用电子计算机技术管理土地创造有利条件。

土地编号常常以街道、街路、宗三级编号，宗地内有支号的，再以小括号形式注于编号后边。如：

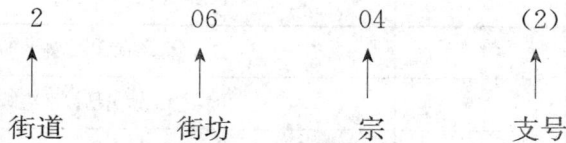

2　　　　06　　　　04　　　　（2）

街道　　　街坊　　　宗　　　支号

在地籍图上宗地均要注意出宗地编号，宗地跨图幅时，其编号各图幅均应注出。

（4）界址点标志的设立及界址点编号

界址点确定以后，应于实地设立点位标志。

在已经批准的规划区，界址点的位置在较长时间固定不变的地段，应尽量全部或重点选择埋设水泥桩作为永久性界桩。其他地段可选择钢钉、石灰柱、喷漆等做为界址标志。

界址点的编号方法也要为建立地籍数据库创造条件。其具体编号要在设计书中统一规定和明确，并考虑与宗地编号的联系和统一，不得出现重号。

（5）境界和宗界的图上表示

境界和宗界（包括界址线和界址点）是最重要的地籍要素。

在地籍图上，地籍要素较之地形要素更为突出和重要。境界在地籍图上的表示仍采用地形图上的境界符号及表示方法，但要求绘得更加细致和准确。为使宗界在地籍图上更加突出和明显，规范在界址线和界址点专门规定了符号，采用红颜色清绘，在与其他要素重合时，界址线和界址点要在盖其他要素绘出。例如，宗地以单位外墙皮为界时，宗界红线在盖转墙和房屋外边线绘出。界址点于图上展绘，如发现点位与地物不符，则应首先考虑界址点坐标的正确性，如坐标无误，则应改动地籍底图。

在行政管辖的范围边界，境界和宗界重合时，宗界红线压盖境界绘出。在特殊情况下，地籍图采用单色图时，境界应于宗界线两侧交替绘出。

土地划分是开展其他各项地籍调查和测绘工作的基础，只有土地划分工作结束了，地籍测绘的其他工作才能开展。

在外业的土地划分工作中，要随时把划定的境界、界址线、界址点及其编号、土地编号（包括支号）等标注于工作上，不得回家后追忆补记。

土地划分的成果必须正确，不得存在错误。在土地划分工作中，作业人员必须自始至终保持严谨细致的工作作风，既要熟悉政策，又必须要有较熟练的测绘专业技术工作能力。工作完成以后，作业人员对作业成果要认真自查和互校，发现错误要及时核准纠正。

13.4 界 址 点 测 定

界址点的测定方法主要是在测区平面控制网的基础上，通过外业设站，测主角度、边长，再进行计算从而得到界址点坐标的，这就是通常所说的解析法。此外还有图解法、截距法等，这些都是在大量解析法测定界址点的基础上进行的，是界址点的一种少量的、补充的测定方法。

界址点的精度指标及适用范围如下表：

等 级	界址点点位误差		适 用 范 围
	中误差（cm）	允许误差（cm）	
一	5	10	村镇街坊内、外的明显界址点
二	7.5	15	村、镇街坊内部隐蔽界址点
三	15	30	农田、水域用地界址点

在用解析法测定界址点时，如在密集的居民区，平面控制点必须达到足够的密度，否则就要进行图根加密。加密的要求是：用解析法按二级图根的精度要求，个别情况下也可以增布发展一次的支导线。

13.4.1 解析法测定界址点的方法

1. 解析法

这种方法是在测站上整置经纬仪，观测已知方向至界址点间的水平角，并量取测站点至界址点间的距离，通过计算求得坐标。这种方法较灵活，测角、量距比较容易，在一个测站上可以同时测量多个界址点。这种方法的缺点是量距缺少检核条件，在实际工作中要十分细心，并加强自我检查。

图 13-2 中，A、B、C 三点是测定界址点的测站点，为了用极坐标测定界址点，应利用其中一个已知方向作为水平角观测的零方向（图中取 AB 方向），顺序观测 AB 方向到各界址点方向的水平角 $B2$，再量取 A 至各界址点的水平距离 $DA1$、$DA2$……DAI。

已知 A 点坐标 XA、YA，A 点至 B 点的方位角 aAB，则可按下列步骤计算备界址点的坐标。

2. 截距法

在有多个界址点位于同一直线上时可以采用这种方法，如图 13-3。此种方法须用解析法测出直线两端界址点的坐标，然后量取各段距离：$D12$、$D23$、$D34$……，即可用以上介绍的

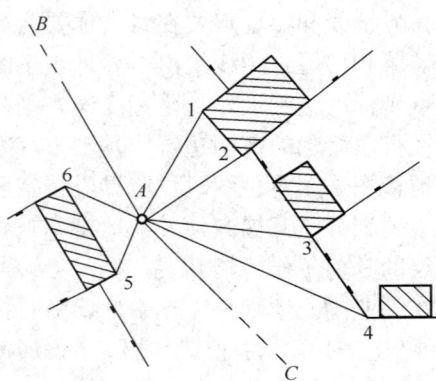

图 13-2

方法计算出各界址点的坐标。此种方法可以量取最后一段距离作为距离丈量的检核条件。

在采用以上方法测定界址点时，当测距和倾斜角小于下表规定值时平距可不必做倾斜改正。

距离(m)	倾斜角度
20	1.8°
40	1.3°
60	1.0°
80	0.9°
100	0.8°

在平距和倾斜角度大于以上规定时，应观测垂直角，对量测距离进行倾斜改正。设量测距离为 D，观测垂直角为 a，则水平距离按下式计算：

$$S = D \cdot \cos a$$

水平距离 S 求出后再计算界址点坐标。

13.4.2 解析法测定界址点的要求

（1）钢尺测量距离的要求

① 距离一般不大于 50m，个别困难时不超过 75m；

② 可只做单程测量，但应变换零位置读数两次，两次读数差允许值为 1cm。

③ 不必加温度和尺长改正。

（2）角度观测要求

① 角度采用一测回或两个半测回。当按两个半测回观测时，测回较差不大于 40″；

② 采用极坐标法测定界址点时，可一次观测所有界址点的方向角，当方向超过三个时，应做归零观测。零方向一般取已知方向。

③ 量距须做倾斜改正时，望远镜的水平丝切准标尺上与仪器同高位置读取垂直角。垂直角观测一测回，读至分即可。

（3）采用光电测距仪的测距要求

① 光电测距仪采用不低于Ⅲ级精度的仪器。1km 测距中误差 m。应满足下式要求：

$$5mm < m \leqslant 20mm$$

式中 $m = a + b \cdot D$

a——标称精度固定误差，mm；

b——仪器标称精度中的比例误差系数，mm/km；

D——测距边的长度，km。

② 测站至界址点的距离不大于 300m。

③ 边长测量一测回，读数两次。

④ 测距时，当视线倾斜，倾斜改正数超过 1cm 时，应加倾斜改正。

⑤ 垂直观测一测日。当点为 100m 以内时，垂直角可读至 1′，当超过 100m 时应读至 0.1′。

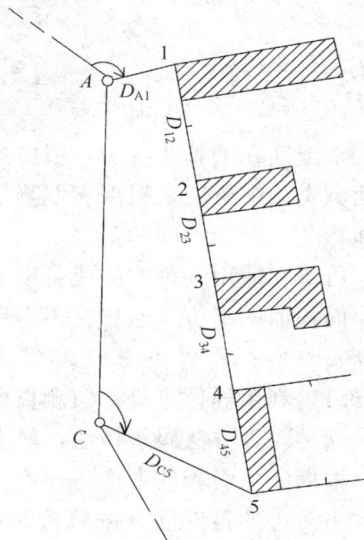

图 13-3

⑥ 光电测距仪观测的斜距 D，须进行仪器加常数和乘常数改正。

⑦ 当测边的长度超过 120m，水平角观测两测回。

13.5 面 积 测 算

宗地面积测算的方法，根据数据资料的来源及使用仪器工具，主要分为解析法和图解法两大类。解析法是根据实地测量的数据，通过计算公式求得面积值；图解法是根据已有的地籍图，采用不同的量测工程，在图纸上求得面积值。量算面积时，根据不同的精度要求，可单一使用一种方法或若干方法综合使用。

面积值的单位，通常村镇内部用平方米，耕地用亩。面积计算时应注意面积值单位的换算。

13.5.1 利用界址点坐标值测算面积

这种测算方法属解析法，所求得的面积值精度较高，一般说宗地面积计算多用此法。它是根据所求面积的图形各顶点坐标值，即界址点坐标值，按计算公式求算其面积。

当多边形各界址点按照顺时针向排列编号时，如图 13-4 所示，则运用下式计算：

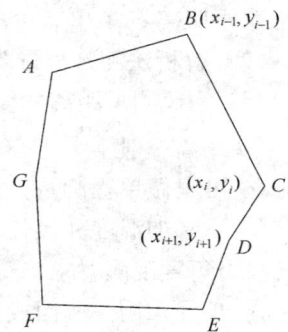

图 13-4

$$2P = \sum_1^n x_i(y_{i+1} - y_{i-1}) \text{ 或 } 2P = \sum_1^n y_i(x_{i+1} - x_{i-1})$$

当界址点按逆时针方向排列编号时，则按下式计算：

$$2P = \sum_1^n x_i(y_{i-1} - y_{i+1}) \text{ 或 } 2P = \sum_1^n y_i(x_{i-1} - x_{i+1})$$

由上式看出，多边形图形两倍的面积等于每一个顶点纵坐标值与它前后两点横坐标置的差数乘积的总和，或者等于横坐标值与它前后两点纵坐标值的差的乘积的总和。

当多边形顶点按顺时针方向编号时，计算出的面积值为正值；按反时针方向编号为负值，若得出的面积值为负值时，则取其绝对值。

按界址点坐标值计算面积的公式，由于在推证过程中配项原则不同，故有多种形式的计算公式，但计算结果都是一致的。

按界址点坐标值计算面积时，通常采用表格进行计算，如果应用可编程序计算器或计算机进行计算，则更为简便可靠。

利用界址点坐标值计算面积的误差来源，是野外实测的界址点坐标的误差，与成图精度无关。如果所需计算面积值的数据从图上量取，则面积精度除与成图精度有关外，还与在图上量取数据的工具、方法的量图误差有关，此时在实际计算中必须注意。

13.5.2 图解法

地籍测绘中的图解法求面积必须用清绘地籍图或数字地图。凡是利用地籍图来测算所需的面积值，无论采取何种工具与方法，均属图解法量算面积，其不同之处仅在于量测面积值的精度不同。图解法量算面积的方法较多，这里只就常用的几种方法加以介绍。

（1）格网法

这种方法是预先在膜片上精确绘制大量相互垂直的线条，形成格网，组成每一方格边长为 1mm（或 2mm）的正方形，称为方格网求积板，如图 13-5 所示。

其求积方法是：将求积板蒙在地籍图上，只要清点出被量测的图形界线内所含的小方格数，即可求得所测图形在图上的面积值，经过地籍图比例尺的换算，其结果改为该图形的实地面积。在查算方格数时，有部分小方格被界线分割，这些方格称为零格。零格必须估读折合成整格数（一般将零格近似当作半个整格），这样便可知图形面积相当于多少个小方格数。每一图形必须移动求

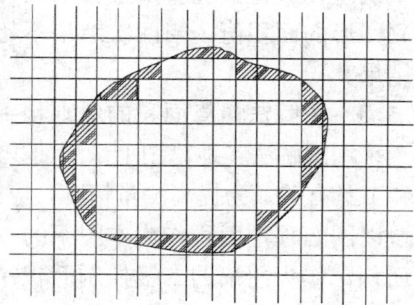

图 13-5

职板位置两次，亦即蒙图和查算两次，若两次量算面积的结果在允许较差范围内，则取其平均置为所量测图形的面积值。若超限，必须重新量测。

（2）几何图形法

将求积图形划分为若干简单几何图形，如三角形、梯形长方形等，从图上量取为要的图形边长，然后通过公式计算出面积值。划分几何图形时，应尽量使所划分出的图形个数最少，纸段最长，以减少在图上的量测误差。若图形较为复杂，可根据等面积的原理，即化成较简单的图形，然后进行计算。对同一个几何图形，应利用不同数据量算两次，在量算线状地物时，可视线状地物为长方形，在图上量出其总长和宽度，然后再计算其面积。

（3）小型图面解析仪

求积仪是一种在图纸上量算面积的专用仪器，操作简便，量测速度快，量测面积精度高，能适用于不同形状图形的面积量算。目前市场上所使用的求积仪种类较多，小型图面解析仪是其中一种常用的多功能的数字式求积仪，图 13-6 为日本索佳公司生产的 KP-800 型电子求积仪。它除有数字显示的面板外，还附有打印装置，可将结果打印出来。

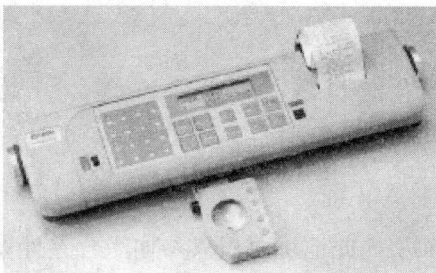

图 13-6

使用该类型仪器在图纸上求积时，不但能测定图形的面积，同时也能测定线段的长度。进行图形界线描迹时，若界线为直线，只需采用点描方式，直接照准直线两端点，再按键输入即可。例如对一多边形图形，只需对各顶点照准打点便能求出其面积值。若图形界线为不规则曲线，也可用描迹镜跟踪描迹。

该仪器线长的分能率可达 0.05mm，量测方向上下为 380mm，左右可达 100000mm。即可以测定面积、线长、坐标、半径值，又可测定图纸、曲率半径及圆弧的面积，所配打印机能将所需数据打印出来，使用较为简便。

使用求积仪量算面积时，被量测的图纸应平整光滑，并固定在平整的桌面上；定极式求积仪的极点应安置在图形的适当位置，使绕行前极臂与描迹臂间的夹角在 $60° \sim 90°$ 之间；描迹针应严格地沿所测图形的界线缓慢均匀地运行；求积仪不适宜用于狭长形状和较小的图形求积，当图形小于 $1 \sim 2cm^2$ 时，一般不使用求积仪量算其面积。当图形面积较

大或图形狭长时，可分块量测，再求其总面积。为了清除由于求积仪装置不对称而造成的测量误差，应将描迹臂安置在描迹针与极点连线左、右侧，顺时针向和逆时针向分别量测所测图形的面积值，当两次结果不超过较差规定时，则取其平均置为所测图形面积值的最后结果。

13.5.3 图解法量算面积的原则和平差

采用图解法在地籍图上量测面积的精度，与地籍图的成图精度、测图比例尺、量测的方法和工具有关。为提高测量精度，应遵循"图幅控制、分级量算、按比例平差"的原则。

以图幅理论面积作为本图幅的一级控制面积；量算本图幅内乡、村民委员会或宗地的总面积，作为图幅的二级控制面积；最后再量算其内各地块的面积。由此达到自上而下，分级量算的目的。在分级量算的面积值之间的误差在允许误差范围内，可根据面积大小，按比例平差，配赋不符值，求出所量测图形面积的最或是值。

（1）图幅控制

正方形或矩形图幅，按公里格网计算图幅总面积。

（2）分级量算

一般分为二级量算或三级量算。二级量算是用图幅面积控制宗面积，再由宗面积控制宗内地块面积，或由图幅面积控制街坊面积，再由街坊面积控制宗面积。三级量算是用图幅面积控制乡、村面积，乡、村的面积再控制宗地面积，最后再由宗面积控制宗地内的地块面积。

（3）按比例平差

在同一级面积量算中，各部分面积的总和应等于上一级控制面积。对于测量中的误差，应逐级按面积大小成比例地进行平差配赋。当同一级面积量算的总和与上一级控制面积之差不超过规定的限差范围时，方可平差配赋。平差配赋可按下式计算：

$$P = PS/£P'$$

式中　　P——面积平差值；

P'——面积量测值；

$£P'$——同一级各部分面积值的总和；

S——图幅控制面积值或一级的控制面积值。

（4）平差计算中应注意的几种情况：

① 组合宗内如某地块面积为实地丈量求算出的面积，此地块面积只参加闭合差计算，不参加平差配赋。

② 实地无法划清用地界线的组合宗，各权属单元的占地面积，按其单元的建筑占地面积或建筑面积的大小，按比例分配宗地面积，最后各单元的占地面积总和应等于宗面积。

③ 同一幅图内，因某些特殊原因，部分宗面积用解析法求得，部分宗面积用图解法求得，此时因前后误差较小，故不参加平差配赋，只参加闭合差计算。

13.6 地 籍 资 料 调 查

地籍资料调查是对宗地情况的全面系统的调查，其主要内容包括：土地等级和土地利用分类调查，名称调查，房产及构筑物调查等。

（1）土地等级

土地等级的划分是多种科学的综合性工作，涉及到土地质量，自然因素和经济因素。村镇和城市相比其等级划分又各有不同的侧重方面。在城市，以商业、市政设施、公用事业及交通、发展规划为主；在村镇则以土地质量、自然条件、生态环境等更为突出。

土地等级的评定及划分范围，由当地政府组织有关部门进行和完成，测绘人员则要根据其评定结果，调查每宗地所在的地段等级，然后在地籍资料中表示和填写。

（2）土地利用分类

土地利用分类是和土地等级不同的概念，它是根据土地覆盖特征、建筑物的用途，经营特点，利用方式和土地使用的经济价值等因素来划分的。

城镇地区为 10 个一级类，24 个二级类；农村地区为 8 个一级类 46 个二级类。

测绘人员根据土地利用的实际调查情况，遵照城镇和农村的分类标准和当地政府确定的土地利用分类方法确定类别。有些宗地的土地利用类别要认真核实。如部队干休所应定做军事用地，而不能定做普通住宅用地，又如某勘察队机关驻地应定做工业用地，而不能定做党政机关用地。

土地利用分类确定以后，在地籍资料中表示和填写。

13.6.1 名称调查

名称调查和表示较之地形图上要求更加完备和准确。主要包括：各级行政名称，村镇名称，地理名称，代表土地权属单元的单位和个人名称等。

由于地籍资料用途的需要，各种名称的调查和标准必须更加齐全和准确。

在地籍调查表中的名称注记必须为全称，行政区划、单位名称必须以公章为准，个人以法人代表为准，用字规范、准确无误。地籍图上由于图页载量的限制和图面清晰度的要求，也可以采用简称，但必须通俗、标准，不得随意简化，并且资料中同一单位的简化名称必须一致；在两个以上的权属单元所共有的组合宗地内，所有单位的名称均应注出，并且注于相应属地的一侧，困难时也可择要或只注记一个；名称注记还可以根据名称的重要程度，占地面积的大小适当取舍；个人使用土地的法人代表，不论其宗地面积的大小和法人社会地位，一律不注记名称。

各类名称注记的字体、形式、大小均和《地形图图式》保持一致。

13.6.2 房产及构筑物调查

房产调查是地籍测绘的又一重要工作。其调查对象是宗地内的房屋和构筑物。调查内容主要包括：房产的权属、权属性质、建筑结构、建筑层数、房屋及构筑物的占地面积、房屋的建筑面积等。

房屋及其他构筑物是土地上的附着物，房屋产权又是确定土地使用权的重要依据，从我国的国情来看，房屋产权与土地使用权二者往往是不可分割的，故在地籍测绘中应同时给予确认。房产调查应依照《城镇房屋普查手册》中房产调查的有关规定，并参照已有的房产调查资料进行。通过房产情况调查所获得的信息资料，也将是房产管理部门所需要的基础性资料。

（1）产权性质

根据我国现有的房产情况，大体归纳为下列十一类：

① 公产：指由政府接管、国家经租、收购、新建并由房产管理部门直接管理的房屋；

② 代管产：指房屋所有权属于私有，因所有权人出走弃留或下落不明由政府房产管理部门代为管理的房屋；

③ 托管产：指房屋所有权属于私有或单位所有，因管理不便或其他原因委托房管部门代为管理的房屋；

④ 拨用产：指房屋所有权属于政府地产管理部门，免租拨借给单位使用的房屋；

⑤ 全民单位自管公产：指全民所有制单位所有并自行管理的房屋；

⑥ 集体单位自管公产：指集体所有制单位所有并自行管理的房屋；

⑦ 私产：指城镇私人（包括农民、华侨）所有的房屋；

⑧ 中外合资产：指我国政府、企业与外国政府、公司、厂商和个人合资建造、购置的房屋；

⑨ 外产：指外国政府、企业、社会团体、国际机构及外国侨民所有的房屋；

⑩ 军产：指中国人民解放军部队、机关、医院、工厂、学校等军事单位所有的房屋；

⑪ 其他产：凡是不属于以上十类产别的房屋。非法建筑也属于这一类。

（2）房产主姓名调查

房产主要指房屋所有权人的姓名和所有权单位的名称。有权属证件的，以证件上的户名或单位名称为准；没有证件的，以实际管业人的身份证上的名称或单位公章上的名称为准。房屋为两个以上的单位或个人共有的，其所有权单位或个人均应于调查表格中填写。

（3）房产位置调查

房屋位置即房屋的座落地址，亦即房屋所在的位置与地点。按管理部门编号的街道门牌号填写调查表格，权属证明文件上有注记说明的，要和权属证明文件上保持一致。

（4）房屋产权性质在地籍资料中的简称形式说明和注记

① 简称：

公产、拨用产、全民单位自管公产——公

集体产——集

私产——私

中外合资产——合资

外产——外

军产——军

非法建筑——非

② 同一幢房屋建筑，有两个以上的单位或个人所共有，能分清界线时使用分幢线，分幢线长为房宽的1/4，应与房屋边线相同，绘于权属分界的相应处。

③ 房屋建筑的产权性质在地籍图上注记时，由于图面页载量的限制，形式要简明、扼要。在一幅图内，可以只过产权性质类别较少的房屋注记，其他房屋产权性质于图廓外或图例说明中加以注记。如农村居民地中大部分为私房的，图面可只注记公房或集体房；以公房为主的县城居住老区，可只注记少量私房。但必须注意，在一幅图内只能采取一种形式，以免房产性质混淆。

属于多种房产性质的房屋，各种性质均应注出，有分幢线的，于分幢线两侧分别注记；无分幢线的，注记在一起，中间加一圆点，如：公·私。

（5）房屋编号、结构和层数

① 宗内或支号内有两个以上的房屋建筑时，应进行房屋建筑编号。独立宗在宗范围内顺序编号；组合宗在各支号内分别顺序编号。

在地籍图上，房屋编号均应注记。

② 大型房屋于地籍图上应进行建筑结构注记。房屋建筑结构的划分和分类情况及图面注记方法介绍如下：

a. 承重的主要结构是钢材建造的，包括悬空结构，称为钢结构。注记：钢。

b. 承重的主要结构是钢筋混凝土建造的，包括薄壳结构，大模板现浇结构，称为钢筋混凝土结构。注记：钢筋。

c. 承重的主要结构是钢筋混凝土和砖木建造的，如一幢房屋的梁是用钢筋混凝土制成，以砖墙为承重墙；或者梁是木材制成，柱是钢筋混凝土建造的，称为混合结构。注记：混。

d. 承重的主要结构是用砖和木材建造的，如一幢房屋的房架是木材，墙是砖造的。称为砖木结构。注记：砖木。

一幢房屋一般只有一种结构，如房屋建筑中由两种建筑结构组成，调查中可以一种主要结构为准。

房屋的建筑结构资料可通过实地调查或由建筑设计资料获取。

③ 房屋的层数是指房屋的自然层数，一般按室外地平线以上计算。采光窗在室外地平线以上的半地下室，其室内层高在 2.2m 以上的，计层数。地下层、假层、夹层、暗楼、装饰性塔楼以及突出外墙面的楼梯间、水箱间等均不计算层数。

（6）房产调查资料在地籍图上的表示

房产调查资料需要在地籍图上和地籍簿册中表示和填写。按照地籍资料整理的要求，如房产的产权性质、房产主姓名、建筑的占地面积和建筑面积均按地籍簿册中的各项具体要求填写。

在地籍图上，大型突出房屋的编号、分幢线、分层线、层数、建筑结构、产权性质均应表示和注记。一般房屋的表示内容，由于图面页载量的限制，可适当减少，但房屋编号、分幢线、分层线、层数应该注记。注记形式如图 13-7 所示：

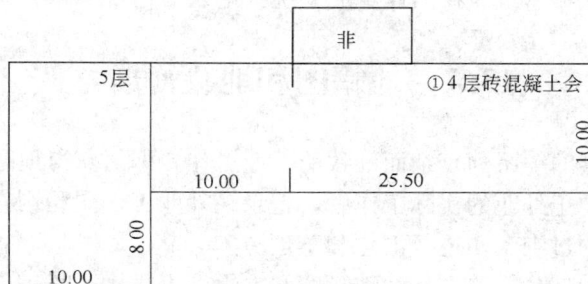

图 13-7

在草编地籍图上，除地籍图上所须注记的全部内容外，还须注记计算房屋及构筑物的占地面积和建筑面积所丈量的长度数据，以满足计算其占地面积和建筑面积使用。

(7) 建筑的占地面积和建筑面积

① 房屋建筑占地面积，指房屋底层外框所包围的土地面积。房屋的建筑面积，平房指房屋外墙勤脚以上的墙身包围的水平面积；楼房则指各层墙身外围包围的水平面积的总和。

两种面积的计算方法，均按《房测量规范》中的有关规定执行。其基本原则是：

a. 按规定在地籍图上表示的房屋、城镇有权属证明文件的房屋，均应计算占地面积和建筑面积。

b. 由两个以上的权属主所共有的房屋建筑，有分幢线的，以分幢线为界，各自计算两种面积；无分幢线的，使各权属主各自占有的建筑面积求出以后，再按比例分配各自占有的建筑占地面积。

c. 和房屋一体的台阶、外楼梯、门廊、阳台、地下室等的占地面积和建筑面积的计算均应按照《房产测量规范》和技术资料设计规定执行。

② 构筑物

构筑物是地表房屋建筑之外的又一类附着物。露天天线、架空管线基座、水塔、电视塔、烟囱、纪念碑、宝塔、亭、碉堡、地下建筑物的地表入口等均属于构筑物。

构筑物只计算占地面积不计算建筑面积。构筑物的占地面积指构筑物的底基外围边线所包围的图形面积。

③ 数据获取和面积计算

计算建筑占地面积和建筑面积的数据应由外业直接丈量获取。丈量工具为钢尺，精度取至0.01m。当计算占地面积的数据和计算建筑面积的数据不一致时，应分别量取。各丈量数据均要于外业记载于外业工作图上，做到随测随记，不允许追忆补记。

面积计算一般采用平面几何图形面积计算方法进行，精度取至0.1m²。面积计算的工作量较大，同时在计算中又缺少校核条件，因此，此项计算均要认真细致，切要两次计算确认正确后，方可记入成果。

有些地方有进行地籍测绘之前已进行并取得了房屋普查资料，这些资料应于充分利用，但必须经过检测确认无误。还有一些建筑可以利用其设计资料，此时已经注意其可靠性，确认无误。

建筑物的占地面积和建筑面积的计算成果统一记入地籍簿册中。

13.7　地籍图和地籍簿册

通过运行地籍测绘的一系列复杂而细致的外业工作，即可获得地籍测绘的全部的原始地籍资料，这些资料均于外业的实际工作中，记录在外业工作图和调查草表中，所有这些资料还必须经过内业的过细工作进行汇总和整理。

所有地籍资料，一部分需要在草编地籍图和地籍图上表示，另一部分需要记录在地籍簿册中。

13.7.1　草编地籍图和地籍簿册

草编地籍图是地籍测绘资料的的重要组成部分，它是由外业进行地籍调查的工作图经全面整理、绘制并整饰而成。草编地籍图上所表示的地籍资料如下：

（1）各级行政界线；

（2）各级行政名称、街道名称、单位名称及门牌号，河流、湖泊、名圣、山互等地理名称；

（3）宗地座落位置、权属界址线和界址点的位置及编号；某些地块如绿地、水域等的用地界线；

（4）界标物的类别及归属；

（5）权属界址线的纠纷地段；

（6）宗地编号；

（7）宗地共用情况；

（8）房屋建筑的位置、编号、层数、结构、产权性质，计算占地面积和建筑面积所量测的长度数据；

（9）构筑物的种类、位置，计算占地面积所量测的长度数据；

（10）公用地界线，绿化、水域等地块界线；

（11）图幅内的各等级控制点、图根埋石点及少量高程注记点。

以上这些地籍资料内容中，一部分同时也是地形图上所表示的内容，这些内容在草编地籍图上表示的方法和在地形图上表示的方法相同，这里不再重述；另一部分内容则属于地籍测绘资料所特有的，其在草编地籍图上的表示方法，均按地籍图图式上的表示方法表示。

草编地籍图是作为正式上交资料的最完整的原始资料图。草编地籍图的绘制是在外业工作过程中绘制的，在绘制过程中发现的错漏，必须做到及时修补，绘制工作完成以后必须经过作业人员全面、系统地自查和互校。

地籍簿册是地籍资料的又一个重要组成部分，是草编地籍图的补充和完善，所有在草编地籍图上确已表述的内容在地籍簿册中可以得到记载。正式地籍簿册的各项表格要由外业地籍调查的记载资料中整理和抄录，字体填写清晰、认真，字迹牢固永不退色。最后还要按测区的统一要求进行装钉。

草编地籍图和地籍簿册中的所有资料是内业编绘正式地籍图的依据，必须一丝不苟、严肃认真地绘制和抄写，发现遗漏、错误或不清楚的地方一定要重新调查、核实和改正。经检查无误后才可提供地籍图、宗地图的编绘使用。

13.7.2　地籍图

地籍图是由内业依据外业提供的草编地籍图和地籍簿册中的地籍内容，在外业（或航测法）所测制的地籍底图上加绘地籍内容而成图的。一些主要问题的处理原则是：

（1）土地权属界包括境界和宗界，均应按规范和图式要求绘制。界址点展点与实地位置、图上位置均应严格一致，矛盾时必须核实纠正；由界址点所连接的界址线必须与图上所在界标物上的位置一致，矛盾时也必须严格纠正。某些地块，如绿地、水域等的用地界线必须严格准确的标绘。

需要补测说明的是，地籍资料中的某些地块的求面积工作要在地籍正式成图上进行，如某种情况下的支号面积、绿地面积、水域面积等，在地籍图成图后，采用求积仪等仪器方法求出后再完成地籍簿册的填写。

（2）要求计算占地面积和建筑面积的房屋和构筑物的图上尺寸必须与实地丈量尺寸

（草编地籍图上注记的尺寸)相一致，矛盾时要查明原因予以纠正。

在地籍图上，实地丈量的房屋和构筑物尺寸一律不注记。

（3）宗地的权属主名称、宗地编号、宗地座落的门牌号、宗地的四临等要素，必须做到地籍图、草编地籍图、地籍簿册中的说明完全一致，矛盾时要核实纠正。

（4）地籍图内一切元素，包括地形的和地籍的两部分，其符号清绘、图廓整饰等都按规范和图式要求进行。

13.7.3 宗地图

宗地图是专门为每一宗土地面绘制的地籍图。宗地图的比例尺，可根据预先确定的图幅的大小来确定，但比例尺确定后应于宗地图的图廓外注明。宗地图上的内容应能尽量完备的反映宗地及宗地涉及的内容，如地籍图、草编地籍图上的内容，宗界线的各边长，宗地的面临单位名称等。宗地图的图廓应按要求绘制和整饰，宗地图内的元素也按图式要求进行。

13.7.4 资料上交

地籍测绘工作完成以后，要写出地籍测绘项目的技术总结，并按照有关的技术管理规定进行全面的检查和验收，最后按照资料上交的规定上交地籍测绘资料。地籍测绘单位上交的地籍测绘资料包括：

（1）草编地籍图；

（2）地籍簿册；

（3）地籍图；

（4）宗地图；

（5）地籍测绘项目技术设计和地籍测绘项目技术总结；

（6）地籍测绘验收结论。

第十四章 测绘新技术简介

随着电子工业、计算机科学和空间科学的发展，测绘学科也迅速地产生了新的技术革命。传统的测绘方法和仪器被现代技术所代替，本章概括介绍了航空摄影测量、3S(遥感 RS、全球定位系统 GPS、地理信息系统 GIS)、地面测量仪器等测绘现代科学的发展。

14.1 航 空 摄 影 测 量

14.1.1 航空摄影测量的概念

航空摄影测量是利用在航空运载工具上摄取地球表面的相片，从而得到丰富的信息，然后利用这些信息(如影像等)进行必要的分析、判读、调绘、测量和处理，确定地面物体的形状、大小及空间位置，最后测绘出地形图。利用航测方法测制地形图在国内外都已得到广泛使用，比平板仪测图有利得多，精度高，速度快，它不仅能减少大量的野外工作，减少自然地理条件对测量工作的限制，而且能使测图工作趋向于自动化，从而提高了生产效率。航空摄影测量是我国测制 1：5000～1：100000 比例尺地形图的主要方法。

摄影测量学是利用摄影所得到的相片信息，进行分析、判读、调绘、量测、电算和处理，最后形成地形图的一门科学技术。摄影相片不仅能识别和量测要感知的物体，而且记载了大量可靠的、内容极为丰富的信息。摄影测量按摄影方式不同，可分为航空摄影测量、航天摄影测量、水下摄影测量、地面摄影测量、近景摄影测量和特殊摄影测量等。摄影测量除用于测绘地形图外，还广泛地应用于地质判读、资源调查、线路勘测、变形观测、污染鉴别、军事侦察，弹道轨迹以及医学改革等方面。

14.1.2 航测成图的方法

用航测法测制地形图，就是要解决航摄相片与地形图纸表示方法上、比例尺上和摄影方法上等方面的差别的问题，也就是将中心摄影的航摄相片转化为垂直摄影并转化为一定比例尺的地形图。这一转化过程包括航测外业的航测内业两部分工作，航测外业为航测内业提供控制测量成果，即在相片上按成图要求测定一定数量的平面控制点，高程控制点和相片调绘成果，由航测内业测制成地形图。

航测成图的方法根据所用的航测仪器、测区地形条件及成图精度的要求，分为综合法和立体测图法(简称立侧法)两种基本方法。

(1) 综合法成图

综合法成图其地面点的高程是在野外用普通的地形测量的方法按照相片影像的特征来确定。而地面点的平面位置由航测内业根据一定数量的野外平面控制点通过内业处理最后确定。由于它综合了地形测量和航空摄影测量的方法，故称为综合法。综合法又分为相片图测图和相片测图两种方法。相片图测图又具体分为固定比例尺相片图测图和自由比例尺相片图测图两种。目前，我国综合法成图一般采用固定比例尺相片图测图。固定比例尺相片图测图，先在外业测定一定数量平面控制点，再经过内业加密然后按规定的成图比例尺进行相片纠正，疏密成相片图，再到野外进行地形调绘、地面点高程连测和地貌的测绘，而后由内业退色，整饰成航测原图，最后经制图、印刷工序制成地形图。

（2）立测法成图

立测法成图其地面点的平面位置和高程的测定及等高线的测绘均在室内根据立体像对的特性用航测仪器完成。在不同的航测仪器上测图所需要的控制点的位置和数量略有不同。野外测定所需控制点和进行地物、地貌的调绘。内业进行室内加密控制点，然后在立体测图仪器上测绘曲线并可用不同的方法把调绘片上的地物进行转绘，再经过清绘整饰成航测原图，最后经制图、印刷工序制成地形图。

14.1.3 航空摄影测量外业

航空摄影外业工作是航测成图的重要组成部分。航测外业涉及的知识很广泛，其中包括大地测量、普通测量、航空摄影、自然地理、地形绘图及测量仪器性能等知识，是一门综合性科学技术工作。

航测外业分为控制和调绘两方面的内容。控制工作是根据已有大地点、水准点为依据，按照有关规范的要求，使用经纬仪、水准仪、测距仪等测量仪器在实地测定各种控制点，计算出控制点的坐标，并在控制相片上准确刺出控制点点位。这些成果是航测内业加密、测图控制的依据。调绘工作是使用摄影相片，按照有关规定和地形图图式的要求进行调查和清绘。航测外业工作是一项重要而复杂的工作，控制测量决定地形图的主要数字精度，相片调绘决定地形图应显示的内容。

14.1.4 航空摄影测量内业

航空摄影测量内业工序复杂，要求较多，其测图主要利用航空摄影相片在全能型立体测图仪器上利用摄影的反转原理，从而建立起地面光学几何模型。量测几何模型以代替实地地形测量来绘制出地形原图。这种方法的理论能适合于测制各类地形，各种比例尺的测图工作。

14.1.5 我国航空摄影测量的发展简史

科学技术是生产力，测绘科学技术总是在航天、航海、激光、电子、化工等科学技术发展下提高的。1903年飞机的发展为航空摄影测量创造了条件，促进了测绘科学技术的发展，使航测工程部分地由室外转向室内，相应地减轻了劳动强度，提高了成图精度，尤其是在困难地面这一优越性更为明显。在第一次世界大战以后，虽然航空摄影测量处于发展初期，但基本理论、仪器和作业方法都已形成。20世纪30年代初期我国开始应用航空摄影测量，但发展较慢，自新中国成立后才进入一个崭新的发展阶段。20世纪60年代后由于航天技术，电子计算技术，数据处理技术和激光技术的出现和发展使航测领域发生了新的变化。在航测内业控制加密方面，20世纪50年代大部分采用辐射三角测量和交绘仪空中三角测量方法进行工作，而20世纪60年代后，开始使用电子计算机进行加密控制工作，通常称为"解析空中三角测量"，简称"电算法"。它的特点是精度高、野外工作量小，成图时间短。这一时期解析空中三角测量从理论和实践方面都有了很大的发展，摄影机的发展也为航摄提供了充分效率，并发展了像幅的摄影系统。20世纪60年代后，航测内业常规发展很快，20世纪80年代后，航测自动化系统不断发展和完善，由于区射摄影技术的出现，产生了极为丰富的影像地图，这种地图受到普遍重现，土地资源调查，森林资源调查均广泛采用影像图。近年来解析测图仪的发展，使航测成图广泛应用大比例尺测图。

14.2 遥感技术(RS)在测量中的应用

遥感主要指从远距离高空以及外层空间的各种平台上利用可见光、红外、微波等电磁波控测仪器，通过摄影或扫描、信息感应、传输和处理，从而研究地面物体的形状、大小、位置及其环境的相互关系与变化的现代技术科学。

利用遥感无人飞机、直升飞机、飞艇、气球，低、中、高空飞机等航空遥感平台，可在 50～2000m 高度上，利用人造地球卫星、太空站、航天飞机、载人飞船和各种太空探测器等航天遥感平台；可在 200km 以上到 10000km 的高度上获取各种大、中、小比例尺的遥感影像。对影像信息予以分析、解释和处理就能对研究对象的性质和状态加以判别，迅速地发现可能发生的变化，并研究这些变化。

14.2.1 空间遥感技术的主要优点

(1) 摄影范围大，由于卫星的高度一般都至数百万里以上，这就使人们的视野扩大，认识各种现象间的相互关系提高了，避免了地面工作的局限性。例如：对农业、林业病虫害的蔓延观察，地质构造的大面积观察和分析，为人们客观地研究各种自然现象和规律提供了十分有利的条件。

(2) 资料新颖。卫星不停地绕地球运转，重复地获得最新颖、最现势的条件，能迅速反映状态变化，及时监测和发现各种自然现象变化规律。例如：能为掌握植物和作物的生长变化、水文、病虫灾害、粮食估产、洪水预报等提供科学的依据。

(3) 信息丰富。利用多波段遥感还可以同时取得同一地区几个不同波段的光谱信息相片，因不同波段反映了不同的目标特征，这就大大提高了对目标的识别能力。

(4) 成图迅速。由于卫星离地面较远，卫星摄影接近正射投影，所以地表每一点似乎都在与卫星垂直的平面上，这就提高了成图工效。

(5) 获取资料方便，遥感不受地形限制，对于高山冰雪区，戈壁沙漠地区、海洋等一般方法不易获得的有关资料，卫星相片可以获取。同时卫星可以不受任何政治地理的限制，遥感地球的任何一个部位和整个地球。

上述遥感的许多优点，使人类对宇宙和自然的认识有了新的发展，增强了人类改造自然、控制环境、保护资源的能力。

14.2.2 我国遥感技术的发展

我国的遥感技术也在突飞猛进的发展，现在不仅能够自行设计制造航空摄影机、红外扫描仪、光谱照相机、微波辐射计、彩色合成仪、图像数字化仪等多种遥感测试和处理设备；多次独立地进行航空遥感试验、航天遥感试验，取得理想的效果。农业、地质、林业等部门也建立相应的遥感机构和遥感应用研究室，许多高等院校都相应地在遥感方面进行研究，筹建了专业。许多遥感组织和研究机构就遥感资料的处理和应用方面已取得明显的成就。

20 世纪 80 年代以来遥感技术在我国测量中的应用发展很快，服务面也很广，已经显示出它具有广泛的发展前景。例如，天津市利用航空遥感资料编制包括社会、自然环境等

20多种专题图；水电部天津院应用卫星影像资料进行永定河上游土壤侵蚀调查，编制土壤侵蚀分区图；北京、广州等城市利用航空遥感进行城市综合调查，编制地质、植被、交通、污染、地形、土地利用等十几种专题图，索取大量社会与自然环境资料，为城市规划建设和国土资源开发利用提供了宝贵的信息资料；原武汉测绘科技大学利用遥感信息和地理信息系统技术，包括城市土地评价、环境质量评价、道路交通规划和社会经济预测分析等；中国遥感卫星地面站利用卫星遥感信息广泛服务于农业，对农业估产、资源调查、防灾减灾等提供科学信息资源；林业部门利用航天遥感进行森林调查、规划、防灾抗灾和编制各种森林源图。此外，航天遥感技术广泛应用于气象预报。

遥感技术的不断发展，将更高精度的向人们提供更大信息量，从而以更快的速度为人类提供服务。

14.3　全球定位系统(GPS)

GPS技术给测绘界带来了一场革命。与传统的手工测量手段相比，GPS技术有着巨大的优势：测量精度高；操作简便，仪器体积小，便于携带；全天候操作；观测点之间无需通视；测量结果统一在WGS84坐标下，信息自动接收、存储，减少繁琐的中间处理环节。

14.3.1　GPS定义

全球定位系统(GPS)是20世纪70年代由美国陆海空三军联合研制的新一代空间卫星导航定位系统。其主要目的是为陆、海、空三大领域提供实时、全天候和全球性的导航服务，并用于情报收集、核爆监测和应急通讯等一些军事目的，是美国独霸全球战略的重要组成。经过20余年的研究实验，耗资300亿美元，到1994年3月，全球覆盖率高达98%的24颗GPS卫星星座已布设完成。

全球定位系统由三部分构成：(1)地面控制部分，由主控站(负责管理、协调整个地面控制系统的工作)、地面天线(在主控站的控制下，向卫星注入寻电文)、监测站(数据自动收集中心)和通讯辅助系统(数据传输)组成；(2)空间部分，由24颗卫星组成，分布在6个道平面上；(3)用户装置部分，主要由GPS接收机和卫星天线组成。

全球定位系统的主要特点：(1)全天候；(2)全球覆盖；(3)三维定速定时高精度；(4)快速省时高效率；(5)应用广泛多功能。

GPS卫星接收机种类很多，根据型号分为测地型、全站型、定时型、手持型、集成型；根据用途分为车载式、船载式、机载式、星载式、弹载式。

14.3.2　GPS原理

24颗GPS卫星在离地面12000km的高空上，以12h的周期环绕地球运行，使得在任意时刻，在地面上的任意一点都可以同时观测到4颗以上的卫星。

由于卫星的位置精确可知，在GPS观测中，我们可得到卫星到接收机的距离，利用三维坐标中的距离公式，利用3颗卫星，就可以组成3个方程式，解出观测点的位置(X，Y，Z)。考虑到卫星的时钟与接收机时钟之间的误差，实际上有4个未知数，即X、Y、Z和钟差，因而需要引入第4颗卫星，形成4个方程式进行求解，从而得到观测点的经纬度和高程。

事实上，接收机往往可以锁住 4 颗以上的卫星，这时，接收机可按卫星的星座分布分成若干组，每组 4 颗，然后通过算法挑选出误差最小的一组用作定位，从而提高精度。

由于卫星运行轨道、卫星时钟存在误差，大气对流层、电离层对信号的影响，以及人为的 SA 保护政策，使得民用 GPS 的定位精度只有 100m。为提高定位精度，普遍采用差分 GPS(DGPS)技术，建立基准站(差分台)进行 GPS 观测，利用已知的基准站精确坐标，与观测值进行比较，从而得出一修正数，并对外发布。接收机收到该修正数后，与自身的观测值进行比较，消去大部分误差，得到一个比较准确的位置。实验表明，利用差分 GPS，定位精度可提高到 5m。

14.3.3　GPS 测量模式

随着 GPS 技术的进步和接收机的迅速发展，GPS 在测量定位领域已得到了较为广泛的应用。但是，针对不同的领域和用户的不同要求，需要采用的具体测量方法是不一样的。一般来说，GPS 测量模式可分为静态测量和动态测量两种模式，而静态测量模式又分常规静态测量模式和快速静态测量模式，动态测量模式分准动态测量模式(后处理动态，走走停停)和实时动态测量模式，实时动态测量模式分 DGPS 和 RTK 方式。下面分别介绍如下：

（1）常规静态测量

这种模式采用两台(或两台以上)GPS 接收机，分别安置在一条或数条基线的两端，同步观测 4 颗以上卫星，每时段根据基线长度和测量等级观测 45 分钟以上的时间。这种模式一般可以达到 5mm+1ppm 的相对定位精度。常规静态测量常用于建立全球性或国家级大地控制网，建立地壳运动监测网、建立长距离检校基线、进行岛屿与大陆联测、钻井定位及精密工程控制网建立等。

（2）快速静态测量

这种模式是在一个已知测站上安置一台 GPS 接收机作为基准站，连续跟踪所有可见卫星。移动站接收机依次到各待测测站，每测站观测数分钟。这种模式常用于控制网的建立及其加密、工程测量、地籍测量等。需要注意的是，这种方法要求在观测时段内确保有 5 颗以上卫星可供观测；流动点与基准点相距应不超过 20km。

（3）准动态测量

这种模式是在一个已知测站上安置一台 GPS 接收机作为基准站，连续跟踪所有可见卫星。移动站接收机在进行初始化后依次到各待测测站，每测站观测几个历元数据。这种方法不同于快速静态，除了观测时间不一样外，它要求移动站在搬站过程中不能失锁，并且需要先在已知点或用其他方式进行初始化(采用有 OTF 功能的软件处理时例外)。

这种模式可用于开阔地区的加密控制测量、工程定位及碎部测量、剖面测量及线路测量等。需要注意的是这种方法要求在观测时段内确保有 5 颗以上卫星可供观测；流动点与基准点相距应不超过 20km。

（4）实时动态测量：DGPS 和 RTK

前面讲述的测量方法都是在采集完数据后用特定的后处理软件进行处理，然后才能得到精度较高的测量结果。而实时动态测量则是实时得到高精度的测量结果。这种模式具体方法是：在一个已知测站上架设 GPS 基准站接收机和数据链，连续跟踪所有可见卫星，并通过数据链向移动站发送数据。移动站接收机通过移动站数据链接收基准站发射来的数据，并在机进行处理，从而实时得到移动站的高精度位置。

DGPS通常叫做实时差分测量，精度为亚米级到米级，这种方式是基准站将基准站上测量得到的RTCM数据通过数据链传输到移动站，移动站接收到RTCM数据后，自动进行解算，得到经差分改正以后的坐标。

RTK则是以载波相位观测量为根据的实时差分GPS测量，它是GPS测量技术发展中的一个新突破。它的工作思路与DGPS相似，只不过是基准站将观测数据发送到移动站(而不是发射RTCM数据)，移动站接收机再采用更先进的在机处理方法进行处理，从而得到精度比DGPS高得多的实时测量结果。这种方法的精度一般为2cm左右。

14.4 地理信息系统(GIS)

14.4.1 GIS定义

地理信息系统(G1S)是近十年来发展起来的一门综合应用系统，它能把各种信息向地理位置和有关的视图结合起来，并把地理学、几何学、计算机科学及各种应用对象、CAD技术、遥感、GPS技术、Intemet、多媒体技术及虚拟现实技术等融为一体，利用计算机图形与数据库技术来采集、存储、编辑、显示、转换、分析和输出地理图形及其属性数据。这样，可根据用户需要将这些信息图文并茂地输送给用户，便于分析及决策使用。GIS应用遍及金融、电信、交通、国土资源、电力、水利、农林、环境保护、地矿等国民经济各领域。权威的统计资料和研究报告都表明，国民经济信息数字化的80%以上都构筑在地理信息系统之上，GIS产业已达到几十亿美元的规模。

14.4.2 学科基础

地理信息系统作为传统学科(地理学、地图学和测量学等)与现代科学技术(遥感技术、全球定位系统、计算机科学等)相结合的产物，正逐渐发展成为处理空间数据的多学科综合应用技术：从计算机技术角度看，其主要是空间数据库技术；从数据收集角度看，其主要是3S(GIS/GPS/RS)技术的有机结合；从应用角度看，其主体是数据互访和空间分析决策的专门技术；从信息共享的角度看，其主体是计算机网络技术。

14.4.3 系统组成及解决问题

一个GIS系统，主要包括空间数据输入子系统、空间数据存储与管理子系统、数据处理与分析子系统、输出子系统。

一个GIS系统的功能构成：①数据输入、存储、编辑；②操作运算；③数据查询、检索；④应用分析；⑤数据显示、结果输出；⑥数据更新。

GIS能回答和解决以下五类问题：

- 位置，即在某个地方有什么。位置可以是地名、邮政编码或地理坐标等。
- 条件，即符合某些条件的实体在哪里。如：在某个地区寻找面积不小于$1000m^2$的不被植被覆盖的，且地质条件适合建大型建筑的区域。
- 趋势，即在某个地方发生的某个事件及其随时间的变化过程。
- 模式，即在某个地方的空间实体的分布模式。模式分析揭示了地理实体之间的空间关系。
- 模拟，即某个地方如果具备某种条件会发生什么。通过基于模型的分析实现用于自然资源的管理与规划。

14.5 地面测量仪器的发展

14.5.1 光电测距仪

在测量工作中，边长是最基本的观测元素之一。尤其在大地控制网的建立和工程测量、城镇测量中，精密边长测量是一项十分重要而艰巨的工作。用光学视距法测距，虽然操作简便，但测程较短、精度较低；用带尺或线尺直接丈量的方法测距，虽然可达到一定的精度，但工作繁重，效率低，在复杂的地形条件下无法工作。随着现代科学技术的发展，尤其是光电技术的广泛应用，出现一种新的测距方法——电磁波测距，由于这种方法精度高，测程长，操作简便，对测线的地形条件要求低，速度快，效率高。因此，在20世纪70年代末出现后，很快受到广大测绘人员的沟通，并迅速涉及应用。

电磁波测距的基本原理是测定电磁波（微波或光波）在两点间往返传播的时间，在知道了电磁波在空间传播的速度后，求出两点间直线距离。电磁波测距按测定电磁波传播时间的方式不同，分为脉冲式和相位式两种。

脉冲式测距是直接测定电磁波在测线上往返传播的时间。相位式测距是通过测量往返传播所产生的相位差来间接测定时间，由于相位式测距具有性能稳定，精度高的特点，因而在精密边长测量中得到广泛的应用。

电磁波测距如果按采用的载波不同，可分为光电测距和微波测距，采用光波作为载波的称为光电测距，采用微波段的无线电波作为载波的称为微波测距。

短程光电测距仪的光源多采用砷化发光管，它发出的光是红外光，此类测距仪通常称为红外测距仪。

测距仪的飞速发展给测量带来巨大的变化，传统的三角网逐步地被测边网、边角网代替，改变了控制网的布网方式；尤其城镇一、二级导线测量代替小三角测定；传统的三、四等水准被精密测距三角高程代替；光电测距仪的使用大大提高了工效，降低了成本，减轻了体力劳动，使测量的工作手段和方法面貌焕然一新。

测距仪发展的趋势是轻便化、自动化、多功能化。目前市场上的测距仪种类繁多，但主要的生产厂家还是在瑞士、德国、日本。近几年我国的一些仪器厂家，如北京光学仪器厂、苏州光学仪器厂、常州大地测距仪厂、南方测绘仪器公司等先后引进技术和元件，进行国内组装和制造多种类型测距仪投入国内测局市场。

14.5.2 常见的光电测距仪

精密激光测距仪的应用代替了传统的基线丈量和基线扩大边网的测量，为高精度控制网的建立，大型工程建筑物的变形观测，地壳改变监测等精密工程测量提供了可靠的工具。典型的仪器有：

ME3000 精度±0.3mm＋1ppm   测程 3.0km

ME5000 精度±0.2mm＋(0.1～0.2)ppm   测程 5.0km

DI20 精度±0.5mm＋0.1ppm   测程 14.0km

CR204 精度±0.1mm＋(0.1～1)ppm   测程 14.0km

CRM2 精度±0.1mm＋0.1ppm   测程 20km

14.5.3　电子经纬仪

电子经纬仪的出现是地面测量技术改进的标志之一。电子经纬仪具有以下特点：

（1）野外测量结果自动记录在"电子手簿"上，减少了读数的误差和记录的误差，为实际数据处理自动化打下了基础。

（2）利用电子经纬仪的微处理机，通过传感器可以自动地改正轴系误差，提高测量精度。

（3）距离的归化，高差和坐标计算均可在仪器上直接完成，减轻内业计算工作量。

（4）角度测量时自动扫描整个度盘，并取均值作为测量结果，从而消除了度盘的分划误差和偏心差。

由于以上特点，从而提高了工作效率和作业精度，减轻了劳动强度，为测量工作的自动化创造了条件。

14.5.4　全站仪

全站型仪器的出现和应用为地面测量的自动化提供了条件。全站型速测仪是集电子经纬仪和光电测距仪为一体，实现测角、测距一体化，并将野外测量结果自动记录在"电子手簿"上，也可进行自动显示，通过接口设备把数据直接传到计算机，利用"人机交互"的方式进行测量数据的自动处理，还可以由微机控制的跟踪设备加到全站型仪器上，对一系列目标自动测量。

全站型仪器的应用，实现了野外数据的自动采集，为测图向数字化、自动化方向发展开辟了一条新的道路。

14.6　大比例尺数字化测图

大比例尺测图历来是城镇规划测量的一项重要内容，基础性强，测量工序多，劳动强度大。随着电子经纬仪、全站仪及数字化测图技术的应用，近年来大比例尺数字比例图发展较快。

当前这种技术发展，除利用航测相片，在解析摄影测量仪器上进行数据采集和处理的成图系统外，主要表现在野外数据采集方法的机助成图系统。

该系统利用传输的接口把全站型仪器野外采集的数据终端与电子计算机、绘图仪连接起来，配备数据处理软件和绘图软件系统，实现了测图自动化，通称为机助成图系统。

该系统适用于城镇、村等小面积地形测量、地籍测量、工程测量。这种外业成图系统，省时、省力，精确简捷，数据采集一测多用，它为地面测量自动化和建立测绘数据库信息库打下了基础，已成为当前测绘界目睹的新技术，也是测绘工作理想的设备。

我国目前这种机助成图新技术飞速发展，在引进、淡化、开发的基础上，推出了适合我国国情的机助成图系统，并利用国产化普通测距仪、微机等设备，结合计算机 PC-1500 或 PC-E500，代替数据终端与开发研制的软件结合，形成普及性的成图系统，广泛用于大比例尺和地籍测量。使传统的野外测量方法产生了质的变化。

附录 测绘法规

测绘工作是国民经济建设的超前期的工作，它为国民经济建设和社会发展提供测绘保障。改革开放和经济的高速发展，为我国的测绘事业提供了远大的发展前景，同时也提出了更快的发展要求。为此，我国第七届全国人大于 1992 年通过了《中华人民共和国测绘法》，为测绘工作提供了最高层次的法律保障。

为使测绘工作者了解测绘法规和测绘规则，熟悉村、镇测绘的技术规范、图式，做好标准镇测绘工作，本书择要汇编一些测绘法规、规章，并对有关的技术规范、图式做简要介绍。

附录 1 中华人民共和国测绘法

1992 年 12 月 28 日第七届全国人民代表大会常务委员会第二十九次会议通过，2002 年 8 月 29 日第九届全国人民代表大会常务委员会第二十九次会议通过修订。包括：总则、测绘基准和测绘系统、基础测绘、界线测绘和其他测绘、测绘资质资格、测绘成果、测量标志保护、法律责任、附则九章。

第一章 总 则

第一条 为了加强测绘管理，促进测绘事业发展，保障测绘事业为国家经济建设、国防建设和社会发展服务，制定本法。

第二条 在中华人民共和国领域和管辖的其他海域从事测绘活动，应当遵守本法。

本法所称测绘，是指对自然地理要素或者地表人工设施的形状、大小、空间位置及其属性等进行测定、采集、表述以及对获取的数据、信息、成果进行处理和提供的活动。

第三条 测绘事业是经济建设、国防建设、社会发展的基础性事业。各级人民政府应当加强对测绘工作的领导。

第四条 国务院测绘行政主管部门负责全国测绘工作的统一监督管理。国务院其他有关部门按照国务院规定的职责分工，负责本部门有关的测绘工作。

县级以上地方人民政府负责管理测绘工作的行政部门（以下简称测绘行政主管部门）负责本行政区域测绘工作的统一监督管理。县级以上地方人民政府其他有关部门按照本级人民政府规定的职责分工，负责本部门有关的测绘工作。

军队测绘主管部门负责管理军事部门的测绘工作，并按照国务院、中央军事委员会规定的职责分工负责管理海洋基础测绘工作。

第五条 从事测绘活动，应当使用国家规定的测绘基准和测绘系统，执行国家规定的测绘技术规范和标准。

第六条 国家鼓励测绘科学技术的创新和进步，采用先进的技术和设备，提高测绘水平。

对在测绘科学技术进步中做出重要贡献的单位和个人，按照国家有关规定给予奖励。

第七条　外国的组织或者个人在中华人民共和国领域和管辖的其他海域从事测绘活动，必须经国务院测绘行政主管部门会同军队测绘主管部门批准，并遵守中华人民共和国的有关法律、行政法规的规定。

外国的组织或者个人在中华人民共和国领域从事测绘活动，必须与中华人民共和国有关部门或者单位依法采取合资、合作的形式进行，并不得涉及国家秘密和危害国家安全。

第二章　测绘基准和测绘系统

第八条　国家设立和采用全国统一的大地基准、高程基准、深度基准和重力基准，其数据由国务院测绘行政主管部门审核，并与国务院其他有关部门、军队测绘主管部门会商后，报国务院批准。

第九条　国家建立全国统一的大地坐标系统、平面坐标系统、高程系统、地心坐标系统和重力测量系统，确定国家大地测量等级和精度以及国家基本比例尺地图的系列和基本精度。具体规范和要求由国务院测绘行政主管部门会同国务院其他有关部门、军队测绘主管部门制定。

在不妨碍国家安全的情况下，确有必要采用国际坐标系统的，必须经国务院测绘行政主管部门会同军队测绘主管部门批准。

第十条　因建设、城市规划和科学研究的需要，大城市和国家重大工程项目确需建立相对独立的平面坐标系统的，由国务院测绘行政主管部门批准；其他确需建立相对独立的平面坐标系统的，由省、自治区、直辖市人民政府测绘行政主管部门批准。

建立相对独立的平面坐标系统，应当与国家坐标系统相联系。

第三章　基　础　测　绘

第十一条　基础测绘是公益性事业。国家对基础测绘实行分级管理。

本法所称基础测绘，是指建立全国统一的测绘基准和测绘系统，进行基础航空摄影，获取基础地理信息的遥感资料，测制和更新国家基本比例尺地图、影像图和数字化产品，建立、更新基础地理信息系统。

第十二条　国务院测绘行政主管部门会同国务院其他有关部门、军队测绘主管部门组织编制全国基础测绘规划，报国务院批准后组织实施。

县级以上地方人民政府测绘行政主管部门会同本级人民政府其他有关部门根据国家和上一级人民政府的基础测绘规划和本行政区域内的实际情况，组织编制本行政区域的基础测绘规划，报本级人民政府批准，并报上一级测绘行政主管部门备案后组织实施。

第十三条　军队测绘主管部门负责编制军事测绘规划，按照国务院、中央军事委员会规定的职责分工负责编制海洋基础测绘规划，并组织实施。

第十四条　县级以上人民政府应当将基础测绘纳入本级国民经济和社会发展年度计划及财政预算。

国务院发展计划主管部门会同国务院测绘行政主管部门，根据全国基础测绘规划，编制全国基础测绘年度计划。

县级以上地方人民政府发展计划主管部门会同同级测绘行政主管部门，根据本行政区域的基础测绘规划，编制本行政区域的基础测绘年度计划，并分别报上一级主管部门备案。

国家对边远地区、少数民族地区的基础测绘给予财政支持。

第十五条　基础测绘成果应当定期进行更新，国民经济、国防建设和社会发展急需的基础测绘成果应当及时更新。基础测绘成果的更新周期根据不同地区国民经济和社会发展的需要确定。

第四章　界线测绘和其他测绘

第十六条　中华人民共和国国界线的测绘，按照中华人民共和国与相邻国家缔结的边界条约或者协定执行。中华人民共和国地图的国界线标准样图，由外交部和国务院测绘行政主管部门拟订，报国务院批准后公布。

第十七条　行政区域界线的测绘，按照国务院有关规定执行。省、自治区、直辖市和自治州、县、自治县、市行政区域界线的标准画法图，由国务院民政部门和国务院测绘行政主管部门拟订，报国务院批准后公布。

第十八条　国务院测绘行政主管部门会同国务院土地行政主管部门编制全国地籍测绘规划。县级以上地方人民政府测绘行政主管部门会同同级土地行政主管部门编制本行政区域的地籍测绘规划。

县级以上人民政府测绘行政主管部门按照地籍测绘规划，组织管理地籍测绘。

第十九条　测量土地、建筑物、构筑物和地面其他附着物的权属界址线，应当按照县级以上人民政府确定的权属界线的界址点、界址线或者提供的有关登记资料和附图进行。权属界址线发生变化时，有关当事人应当及时进行变更测绘。

第二十条　城市建设领域的工程测量活动，与房屋产权、产籍相关的房屋面积的测量，应当执行由国务院建设行政主管部门、国务院测绘行政主管部门负责组织编制的测量技术规范。

水利、能源、交通、通信、资源开发和其他领域的工程测量活动，应当按照国家有关的工程测量技术规范进行。

第二十一条　建立地理信息系统，必须采用符合国家标准的基础地理信息数据。

第五章　测 绘 资 质 资 格

第二十二条　国家对从事测绘活动的单位实行测绘资质管理制度。

从事测绘活动的单位应当具备下列条件，并依法取得相应等级的测绘资质证书后，方可从事测绘活动：

（一）有与其从事的测绘活动相适应的专业技术人员；

（二）有与其从事的测绘活动相适应的技术装备和设施；

（三）有健全的技术、质量保证体系和测绘成果及资料档案管理制度；

（四）具备国务院测绘行政主管部门规定的其他条件。

第二十三条　国务院测绘行政主管部门和省、自治区、直辖市人民政府测绘行政主管部门按照各自的职责负责测绘资质审查、发放资质证书，具体办法由国务院测绘行政主管部门同国务院其他有关部门规定。

军队测绘主管部门负责军事测绘单位的测绘资质审查。

第二十四条 测绘单位不得超越其资质等级许可的范围从事测绘活动或者以其他测绘单位的名义从事测绘活动，并不得允许其他单位以本单位的名义从事测绘活动。

测绘项目实行承发包的，测绘项目的发包单位不得向不具有相应测绘资质等级的单位发包或者迫使测绘单位以低于测绘成本承包。

测绘单位不得将承包的测绘项目转包。

第二十五条 从事测绘活动的专业技术人员应当具备相应的执业资格条件，具体办法由国务院测绘行政主管部门会同国务院人事行政主管部门规定。

第二十六条 测绘人员进行测绘活动时，应当持有测绘作业证件。

任何单位和个人不得妨碍、阻挠测绘人员依法进行测绘活动。

第二十七条 测绘单位的资质证书、测绘专业技术人员的执业证书和测绘人员的测绘作业证件的式样，由国务院测绘行政主管部门统一规定。

第六章 测 绘 成 果

第二十八条 国家实行测绘成果汇交制度。

测绘项目完成后，测绘项目出资人或者承担国家投资的测绘项目的单位，应当向国务院测绘行政主管部门或者省、自治区、直辖市人民政府测绘行政主管部门汇交测绘成果资料。属于基础测绘项目的，应当汇交测绘成果副本；属于非基础测绘项目的，应当汇交测绘成果目录。负责接收测绘成果副本和目录的测绘行政主管部门应当出具测绘成果汇交凭证，并及时将测绘成果副本和目录移交给保管单位。测绘成果汇交的具体办法由国务院规定。

国务院测绘行政主管部门和省、自治区、直辖市人民政府测绘行政主管部门应当定期编制测绘成果目录，向社会公布。

第二十九条 测绘成果保管单位应当采取措施保障测绘成果的完整和安全，并按照国家有关规定向社会公开和提供利用。

测绘成果属于国家秘密的，适用国家保密法律、行政法规的规定；需要对外提供的，按照国务院和中央军事委员会规定的审批程序执行。

第三十条 使用财政资金的测绘项目和使用财政资金的建设工程测绘项目，有关部门在批准立项前应当征求本级人民政府测绘行政主管部门的意见，有适宜测绘成果的，应当充分利用已有的测绘成果，避免重复测绘。

第三十一条 基础测绘成果和国家投资完成的其他测绘成果，用于国家机关决策和社会公益性事业的，应当无偿提供。

前款规定之外的，依法实行有偿使用制度；但是，政府及其有关部门和军队因防灾、减灾、国防建设等公共利益的需要，可以无偿使用。

测绘成果使用的具体办法由国务院规定。

第三十二条 中华人民共和国领域和管辖的其他海域的位置、高程、深度、面积、长度等重要地理信息数据，由国务院测绘行政主管部门审核，并与国务院其他有关部门、军队测绘主管部门会商后，报国务院批准，由国务院或者国务院授权的部门公布。

第三十三条　各级人民政府应当加强对编制、印刷、出版、展示、登载地图的管理，保证地图质量，维护国家主权、安全和利益。具体办法由国务院规定。

各级人民政府应当加强对国家版图意识的宣传教育，增强公民的国家版图意识。

第三十四条　测绘单位应当对其完成的测绘成果质量负责。县级以上人民政府测绘行政主管部门应当加强对测绘成果质量的监督管理。

第七章　测量标志保护

第三十五条　任何单位和个人不得损毁或者擅自移动永久性测量标志和正在使用中的临时性测量标志，不得侵占永久性测量标志用地，不得在永久性测量标志安全控制范围内从事危害测量标志安全和使用效能的活动。

本法所称永久性测量标志，是指各等级的三角点、基线点、导线点、军用控制点、重力点、天文点、水准点和卫星定位点的木质觇标、钢质觇标和标石标志，以及用于地形测图、工程测量和形变测量的固定标志和海底大地点设施。

第三十六条　永久性测量标志的建设单位应当对永久性测量标志设立明显标记，并委托当地有关单位指派专人负责保管。

第三十七条　进行工程建设，应当避开永久性测量标志；确实无法避开，需要拆迁永久性测量标志或者使永久性测量标志失去效能的，应当经国务院测绘行政主管部门或者省、自治区、直辖市人民政府测绘行政主管部门批准；涉及军用控制点的，应当征得军队测绘主管部门的同意。所需迁建费用由工程建设单位承担。

第三十八条　测绘人员使用永久性测量标志，必须持有测绘作业证件，并保证测量标志的完好。

保管测量标志的人员应当查验测量标志使用后的完好状况。

第三十九条　县级以上人民政府应当采取有效措施加强测量标志的保护工作。

县级以上人民政府测绘行政主管部门应当按照规定检查、维护永久性测量标志。

乡级人民政府应当做好本行政区域内的测量标志保护工作。

第八章　法律责任

第四十条　违反本法规定，有下列行为之一的，给予警告，责令改正，可以并处十万元以下的罚款；对负有直接责任的主管人员和其他直接责任人员，依法给予行政处分：

（一）未经批准，擅自建立相对独立的平面坐标系统的；

（二）建立地理信息系统，采用不符合国家标准的基础地理信息数据的。

第四十一条　违反本法规定，有下列行为之一的，给予警告，责令改正，可以并处十万元以下的罚款；构成犯罪的，依法追究刑事责任；尚不够刑事处罚的，对负有直接责任的主管人员和其他直接责任人员，依法给予行政处分：

（一）未经批准，在测绘活动中擅自采用国际坐标系统的；

（二）擅自发布中华人民共和国领域和管辖的其他海域的重要地理信息数据的。

第四十二条　违反本法规定，未取得测绘资质证书，擅自从事测绘活动的，责令停止违法行为，没收违法所得和测绘成果，并处测绘约定报酬一倍以上两倍以下的罚款。以欺骗手段取得测绘资质证书从事测绘活动的，吊销测绘资质证书，没收违法所得和测绘成果，并处测绘约定报酬一倍以上两倍以下的罚款。

第四十三条 违反本法规定，测绘单位有下列行为之一的，责令停止违法行为，没收违法所得和测绘成果，处测绘约定报酬一倍以上两倍以下的罚款，并可以责令停业整顿或者降低资质等级；情节严重的，吊销测绘资质证书：

（一）超越资质等级许可的范围从事测绘活动的；

（二）以其他测绘单位的名义从事测绘活动的；

（三）允许其他单位以本单位的名义从事测绘活动的。

第四十四条 违反本法规定，测绘项目的发包单位将测绘项目发包给不具有相应资质等级的测绘单位或者迫使测绘单位以低于测绘成本承包的，责令改正，可以处测绘约定报酬两倍以下的罚款。发包单位的工作人员利用职务上的便利，索取他人财物或者非法收受他人财物，为他人谋取利益，构成犯罪的，依法追究刑事责任；尚不够刑事处罚的，依法给予行政处分。

第四十五条 违反本法规定，测绘单位将测绘项目转包的，责令改正，没收违法所得，处测绘约定报酬一倍以上两倍以下的罚款，并可以责令停业整顿或者降低资质等级；情节严重的，吊销测绘资质证书。

第四十六条 违反本法规定，未取得测绘执业资格，擅自从事测绘活动的，责令停止违法行为，没收违法所得，可以并处违法所得两倍以下的罚款；造成损失的，依法承担赔偿责任。

第四十七条 违反本法规定，不汇交测绘成果资料的，责令限期汇交；逾期不汇交的，对测绘项目出资人处以重测所需费用一倍以上两倍以下的罚款；对承担国家投资的测绘项目的单位处一万元以上五万元以下的罚款，暂扣测绘资质证书，自暂扣测绘资质证书之日起六个月内仍不汇交测绘成果资料的，吊销测绘资质证书，并对负有直接责任的主管人员和其他直接责任人员依法给予行政处分。

第四十八条 违反本法规定，测绘成果质量不合格的，责令测绘单位补测或者重测；情节严重的，责令停业整顿，降低资质等级直至吊销测绘资质证书；给用户造成损失的，依法承担赔偿责任。

第四十九条 违反本法规定，编制、印刷、出版、展示、登载的地图发生错绘、漏绘、泄密，危害国家主权或者安全，损害国家利益，构成犯罪的，依法追究刑事责任；尚不够刑事处罚的，依法给予行政处罚或者行政处分。

第五十条 违反本法规定，有下列行为之一的，给予警告，责令改正，可以并处五万元以下的罚款；造成损失的，依法承担赔偿责任；构成犯罪的，依法追究刑事责任；尚不够刑事处罚的，对负有直接责任的主管人员和其他直接责任人员，依法给予行政处分：

（一）损毁或者擅自移动永久性测量标志和正在使用中的临时性测量标志的；

（二）侵占永久性测量标志用地的；

（三）在永久性测量标志安全控制范围内从事危害测量标志安全和使用效能的活动的；

（四）在测量标志占地范围内，建设影响测量标志使用效能的建筑物的；

（五）擅自拆除永久性测量标志或者使永久性测量标志失去使用效能，或者拒绝支付迁建费用的；

（六）违反操作规程使用永久性测量标志，造成永久性测量标志毁损的。

第五十一条　违反本法规定，有下列行为之一的，责令停止违法行为，没收测绘成果和测绘工具，并处一万元以上十万元以下的罚款；情节严重的，并处十万元以上五十万元以下的罚款，责令限期离境；所获取的测绘成果属于国家秘密，构成犯罪的，依法追究刑事责任：

（一）外国的组织或者个人未经批准，擅自在中华人民共和国领域和管辖的其他海域从事测绘活动的；

（二）外国的组织或者个人未与中华人民共和国有关部门或者单位合资、合作，擅自在中华人民共和国领域从事测绘活动的。

第五十二条　本法规定的降低资质等级、暂扣测绘资质证书、吊销测绘资质证书的行政处罚，由颁发资质证书的部门决定；其他行政处罚由县级以上人民政府测绘行政主管部门决定。

本法第五十一条规定的责令限期离境由公安机关决定。

第五十三条　违反本法规定，县级以上人民政府测绘行政主管部门工作人员利用职务上的便利收受他人财物、其他好处或者玩忽职守，对不符合法定条件的单位核发测绘资质证书，不依法履行监督管理职责，或者发现违法行为不予查处，造成严重后果，构成犯罪的，依法追究刑事责任；尚不够刑事处罚的，对负有直接责任的主管人员和其他直接责任人员，依法给予行政处分。

第九章　附　　则

第五十四条　军事测绘管理办法由中央军事委员会根据本法规定。

第五十五条　本法自 2002 年 12 月 1 日起施行。

附录 2　测绘资质管理规定

1995 年 1 月 14 日国家测绘局常务会议审议通过《测绘资格审查认证管理规定》，同日以国家测绘局第 1 号令发布；2000 年 8 月 8 日国家测绘局常务会议修订通过《测绘资格审查认证管理规定》，同日以国家测绘局第 8 号令发布；2004 年 2 月 5 日国家测绘局局务会议修订通过《测绘资质管理规定》，同年 2 月 16 日以国测法字［2004］4 号发布，自 2004 年 6 月 1 日起施行。

第一条　为了规范测绘资质管理，维护测绘市场秩序，依据《中华人民共和国测绘法》和《中华人民共和国行政许可法》，制定本规定。

第二条　凡从事测绘活动的单位，必须取得《测绘资质证书》，并在其资质等级许可的范围内从事测绘活动。

第三条　测绘资质分为甲、乙、丙、丁四级。其中，甲级测绘资质包括甲（特）级和甲级。

各等级测绘资质的具体条件和作业限额由《测绘资质分级标准》规定（见附件）。

第四条　测绘资质审查实行分级管理。

国家测绘局为甲级测绘资质审查机关，负责甲级测绘资质的受理、审查和颁发《测绘资质证书》。省、自治区、直辖市人民政府测绘行政主管部门为乙、丙、丁级测绘资质审查机关，负责乙、丙、丁级测绘资质的受理、审查和颁发《测绘资质证书》。

省、自治区、直辖市人民政府测绘行政主管部门可以根据地方性法规或规章，委托市（地）级人民政府测绘行政主管部门承担本行政区域乙、丙、丁级测绘资质申请的受理工作。

县级以上各级测绘行政主管部门应当加强对测绘资质的监督和管理。

军队测绘主管部门负责军事测绘单位的测绘资质审查。

第五条　测绘业务划分为：大地测量、测绘航空摄影、摄影测量与遥感、工程测量、地籍测绘、房产测绘、行政区域界线测绘、地理信息系统工程、地图编制、海洋测绘（含港口和内陆水域测量）。

第六条　申请测绘资质应当具备下列基本条件：

（一）有《测绘资质分级标准》中规定数量的专业技术人员；

（二）有《测绘资质分级标准》中规定的相应的仪器设备和设施；

（三）有健全的技术、质量保证体系和测绘成果及资料档案管理制度；

（四）独立的法人单位，并有固定的住所。

第七条　申请甲级测绘资质的单位，应当向国家测绘局提出申请，也可以由申请单位所在地的省、自治区、直辖市人民政府测绘行政主管部门将其申请转报国家测绘局。

申请乙、丙、丁级测绘资质的单位，应当向申请单位所在地的省、自治区、直辖市人民政府测绘行政主管部门提出申请，也可以由申请单位所在地的省、自治区、直辖市人民政府测绘行政主管部门委托的市（地）级测绘行政主管部门将其申请转报省、自治区、直辖市人民政府测绘行政主管部门。

第八条　申请测绘资质的单位应当提交下列材料（原件或复印件）：

（一）符合国家测绘局规定样式的《测绘资质申请表》一式四份；

（二）企业法人营业执照或者事业单位法人证书；

（三）法定代表人的简历及任命或聘任文件；

（四）符合规定数量的专业技术人员的任职资格证书、任命或聘用文件、合同、毕业证书、身份证；

（五）当年单位在职专业技术人员名册；

（六）符合规定数量的仪器设备的证明材料；

（七）测绘技术、质量保证体系和测绘成果及资料档案管理制度的证明文件；

（八）单位住所证明；

（九）可以反映本单位技术水平的测绘成果证明材料；

（十）应当提供的其他材料。

第九条　申请测绘资质的单位，应当如实提交有关材料，并对其申请材料的真实性负责。

第十条　申请材料不齐全或者不符合规定形式的，受理机关应当在收到申请材料后5个工作日内一次告知申请单位需要补正的全部内容。

申请材料齐全、符合规定形式的，或者申请单位按照要求提交全部补正申请材料的，应当受理其申请。否则不予受理，不予受理的应当说明理由。

第十一条　测绘资质审查机关应当对申请单位所提交的材料进行审查。需要对申请材料的实质内容进行核实的，由测绘资质审查机关或其委托的下级测绘行政主管部门指派两名以上工作人员进行核查。

第十二条　对申请测绘资质的单位，测绘资质审查机关应当自受理申请之日起20个工作日内作出审查决定。20个工作日内不能作出决定的，经测绘资质审查机关领导批准，可以延长10个工作日，并应当将延长期限的理由告知申请单位。

申请单位符合法定条件的，测绘资质审查机关应当作出予以批准的书面决定，并于作出决定之日起10个工作日内向申请单位颁发《测绘资质证书》。

测绘资质审查机关作出不予批准的决定，应当向申请单位说明理由。

第十三条　《测绘资质证书》分为正本和副本，其式样由国家测绘局统一规定，正、副本具有同等法律效力。

《测绘资质证书》编号形式为：等级＋测资字＋省、自治区、直辖市编号＋顺序号。

第十四条　《测绘资质证书》有效期为5年，有效期满30日前，测绘单位应当向原发证机关提出延期申请，依照本规定办理测绘资质延期手续。

第十五条　测绘单位自取得《测绘资质证书》之日起，一般2年后方可申请升级。新成立测绘单位初次申请测绘资质，一般不能申请甲级测绘资质。

第十六条　测绘单位申请升级或变更业务范围的，依照本规定重新办理资质审查手续。

申请升级的测绘单位在申请之日前2年内有下列行为之一的，不予批准升级和增加测绘业务范围：

（一）采用不正当手段承接测绘项目的；

（二）将承接的测绘项目转包或者违法分包的；

（三）测绘成果质量不合格，造成损失且情节严重的；

（四）有其他违法违规行为的。

第十七条　测绘单位变更名称、住所、法定代表人等，应当在变更后30日内，向发证机关申请更换《测绘资质证书》，并提交有关的变更文件，由发证机关办理变更手续。

测绘单位在领取新的《测绘资质证书》的同时，须将原《测绘资质证书》交回发证机关。

第十八条　申请单位以欺骗、贿赂等不正当手段取得测绘资质的，应当予以撤销，并依法给予处罚，并在3年内不得再次申请测绘资质。

第十九条　有下列情形之一的，由测绘资质发证机关或者其上级行政机关根据利害关系人的请求或者依据职权，可以撤销测绘资质审查决定：

（一）测绘资质发证机关的工作人员滥用职权、玩忽职守作出测绘资质审查决定的；

（二）超越法定职权作出测绘资质审查决定的；

（三）违反测绘资质审查程序作出审查决定的；

（四）依法可以撤销测绘资质审查决定的其他情形。

第二十条　有下列情形之一的，发证机关应当注销《测绘资质证书》：

（一）《测绘资质证书》有效期届满未延续的；

（二）测绘单位依法终止的；

（三）测绘资质审查决定依法被撤销、撤回的；

（四）《测绘资质证书》依法被吊销的；

（五）测绘单位在 2 年内未承担测绘项目的；

（六）法律、法规规定的应当注销《测绘资质证书》的其他情形。

第二十一条　任何部门、任何地方不得对已经取得《测绘资质证书》的单位重复进行测绘资质审查发证。

已经取得《测绘资质证书》的单位不得在当地或者异地重复申请《测绘资质证书》。

第二十二条　各级测绘行政主管部门应当建立健全测绘资质监督制度，履行监督责任。上级测绘行政主管部门应当加强对下级测绘行政主管部门实施测绘资质管理工作的监督检查。

第二十三条　测绘单位遗失《测绘资质证书》，应当及时向发证机关报告并在公众媒体上声明作废。

第二十四条　测绘单位从事测绘活动违反测绘资质管理规定的，依照《中华人民共和国测绘法》的规定予以处罚。

第二十五条　测绘行政主管部门及其工作人员违反测绘资质管理规定的，依照《中华人民共和国测绘法》和《中华人民共和国行政许可法》的有关规定予以处理。

第二十六条　本规定由国家测绘局负责解释。

第二十七条　本规定自二〇〇四年六月一日起施行。国家测绘局二〇〇〇年八月八日发布的《测绘资格审查认证管理规定》同时废止。

附录3　测绘质量监督管理办法

第一章　总　　则

第一条　为了加强测绘质量监督管理，确保测绘产品质量，维护用户及测绘单位的合法权益，根据《中华人民共和国测绘法》、《中华人民共和国产品质量法》及国家有关法律、法规，制定本办法。

第二条　从事测绘生产、经营活动的测绘单位，测制、提供各类测绘产品，必须遵守本办法。

本办法所称的测绘产品，是指以不同形式的信息载体，测制、提供的模拟或数字化测绘成果。其专业范围包括：大地测量，摄影测量与遥感，工程测量，行政区域界线测绘、地籍测绘与房产测绘，海洋测绘，地图编制与地图印刷，地理信息系统工程等。

第三条　县级以上人民政府测绘主管部门和技术监督行政部门负责本行政区域内测绘质量的管理和监督工作。

第四条　测制、提供测绘产品必须遵守国家有关的法律、法规，遵循质量第一、服务用户的原则，保证提供合格的测绘产品。禁止伪造和粗制滥造测绘产品；不得损害国家利益、社会公共利益和他人的合法权益。

第五条　鼓励测绘单位采用先进的测绘科学技术，推行科学的质量管理方法，按照国际通行的质量管理标准建立具有测绘工作特点的质量体系。

第六条　省级以上人民政府测绘主管部门对测绘质量管理先进、测绘产品质量优异的单位和个人，给予表彰和奖励。

第二章　测绘单位的责任和义务

第七条　测绘单位应当对其所提供的测绘产品承担产品质量责任。

第八条　测制测绘产品必须执行国家标准、行业标准；用户有特定需求的，必须在测绘合同中补充规定，并按约定的标准执行。

所使用的测绘计量器具，必须按照有关计量法律、法规、规章的规定进行检定或者校准，进口和购置的测绘计量器具应当符合计量法律、法规的规定。

第九条　测绘单位应当按照测绘生产技术规律办事，有权拒绝用户提出的违反国家有关规定的不合理要求，有权提出保证测绘质量所必需的工作条件及合理工期、合理价格。

第十条　测绘产品必须经过检查验收，质量合格的方能提供使用。检查验收和质量评定，执行《测绘产品检查验收规定》和《测绘产品质量评定标准》。

第十一条　测绘单位必须接受测绘主管部门和技术监督行政部门的质量监督管理，按照监督检查的需要，向测绘产品质量监督检验机构无偿提供检验样品。

拒绝接受监督检查的，其产品质量按"批不合格"处理。

经监督检查，对产品质量被判"批不合格"持有异议的，测绘单位可以向技术监督行政部门或者测绘主管部门申请复检。

第十二条　根据自愿的原则，测绘单位可以向国务院技术监督行政部门授权的认证机构申请质量体系认证。

第三章　测绘产品质量监督

第十三条　国务院测绘行政主管部门建立"测绘产品质量监督检验测试中心"（以下简称质检中心）；省、自治区、直辖市人民政府测绘主管部门建立"测绘产品质量监督检验站"（以下简称质检站），负责实施测绘产品质量监督检验工作。

质检中心、质检站应经省级以上人民政府技术监督行政部门考核合格。

质检站受质检中心的技术指导。

第十四条　质检中心、质检站的主要职责是：

（一）按照测绘主管部门或者技术监督行政部门下达的测绘产品质量监督检查计划，承担质量监督检验工作。

（二）在测绘资格审查认证及年检工作中，承担有关测绘标准实施监督、质量管理评价及产品质量检测、检验。

（三）受用户的委托，承担测绘项目合同的技术咨询及产品质量检验、验收。

（四）按照授权范围，承担有关科研项目及新产品的质量鉴定、检测、检验。

（五）承担测绘产品质量争议的仲裁检验。

（六）向测绘主管部门和技术监督行政部门定期报送测绘产品质量分析报告。

第十五条　测绘产品质量检验人员应当通过任职资格考核。达到合格标准，取得《测绘产品质量检验员证》的，方可从事测绘产品质量检验工作。

第十六条　测绘产品质量监督检查的主要方式为抽样检验，其工作程序和检验方法，按照《测绘产品质量监督检验管理办法》执行。

测绘产品质量监督检验的结果，按"批合格"、"批不合格"判定。

任何单位和个人不得干预质检中心、质检站对监督检验结果的独立判定。

第十七条　县级以上人民政府测绘主管部门应当把测绘标准执行情况、仪器计量检定情况、质量管理情况及产品质量监督检验结果作为测绘资格审查认证及年检的一项重要依据。

第十八条　测绘产品质量监督检查计划，由省级以上人民政府测绘主管部门编制，报同级人民政府技术监督行政部门审批。测绘产品质量监督检验收费按国家有关规定执行。

第十九条　测绘产品质量监督检验结果，由下达监督检验计划的测绘主管部门或技术监督行政部门审定后，对社会公布。省级监督检验结果，报国务院测绘行政主管部门备案。

第二十条　用户有权就测绘产品质量问题，向测绘单位查询；向测绘主管部门或技术监督行政部门申诉，有关部门应当负责处理。

第二十一条　因测绘产品质量发生争议时，当事人可以通过协商或者调解解决，也可以向仲裁机构申请仲裁；当事人各方没有达成仲裁协议的，可以向人民法院起诉。

仲裁机构或者人民法院可以委托本办法第十三条规定的质检中心或质检站，对测绘产品质量进行仲裁检验。

第四章　法　律　责　任

第二十二条　提供的测绘产品质量不合格，测绘单位必须及时进行修正或重新测制；给用户造成损失的，承担赔偿责任，同时由测绘主管部门给予通报批评。

第二十三条　经测绘产品质量监督复检仍被判定为"批不合格"的，由省级以上人民政府测绘主管部门商有关技术监督行政部门给予通报批评，督促其限期改正；问题严重的，由省级以上人民政府测绘主管部门按照《测绘资格审查认证管理规定》降低其测绘资格证书等级，直至吊销《测绘资格证书》。

第二十四条　粗制滥造，伪造成果，以假充真的，由技术监督行政部门依法给予经济处罚；测绘主管部门可以吊销其《测绘资格证书》；给用户造成损失的，测绘单位还必须承担赔偿责任；构成犯罪的，依法追究直接责任人员的刑事责任。

第二十五条　测绘产品质量检验人员玩忽职守、徇私舞弊的，按情节轻重，给予行政处分；构成犯罪的，依法追究刑事责任。

第二十六条　当事人对行政处罚决定不服的，可以在接到处罚通知之日起十五日内，向作出处罚决定的上一级机关申请复议；对复议决定不服的，可以在接到复议决定之日起十五日内，向人民法院起诉。当事人也可以在接到处罚通知之日起十五日内，直接向人民法院起诉。逾期不申请复议，也不向人民法院起诉，拒不执行处罚决定的，由作出处罚决定的行政主管部门申请人民法院强制执行。

第五章　附　　则

第二十七条　本办法由国家测绘局、国家技术监督局共同负责解释。

第二十八条　省、自治区、直辖市人民政府测绘主管部门会同技术监督行政部门可以依照本办法，结合本地区实际情况，制定实施办法。

第二十九条　本办法自发布之日起施行。

附录4　测绘生产质量管理规定(国家测绘局1997年7月22日发布)

第一章　总　　则

第一条　为了提高测绘生产质量管理水平，确保测绘产品质量，依据《中华人民共和国测绘法》及有关法规，制定本规定。

第二条　测绘生产质量管理是指测绘单位从承接测绘任务、组织准备、技术设计、生产作业直至产品交付使用全过程实施的质量管理。

第三条　测绘生产质量管理贯彻"质量第一、注重实效"的方针，以保证质量为中心，满足需求为目标，防检结合为手段，全员参与为基础，促进测绘单位走质量效益型的发展道路。

第四条　测绘单位必须经常进行质量教育，开展群众性的质量管理活动，不断增强干部职工的质量意识，有计划、分层次地组织岗位技术培训，逐步实行持证上岗。

第五条　测绘单位必须健全质量管理的规章制度。甲、乙级测绘资格单位应当设立质量管理或质量检查机构；丙、丁级测绘资格单位应当设立专职质量管理或质量检查人员。

第六条　测绘单位应当按照国家的《质量管理和质量保证》标准，推行全面质量管理，建立和完善测绘质量体系，并可自愿申请通过质量体系认证。

第二章　测绘质量责任制

第七条　测绘单位必须建立以质量为中心的技术经济责任制，明确各部门、各岗位的职责及相互关系，规定考核办法，以作业质量、工作质量确保测绘产品质量。

第八条　测绘单位的法定代表人确定本单位的质量方针和质量目标，签发质量手册；建立本单位的质量体系并保证其有效运行；对提供的测绘产品承担产品质量责任。

第九条　测绘单位的质量主管负责人按照职责分工负责质量方针、质量目标的贯彻实施，签发有关的质量文件及作业指导；组织编制测绘项目的技术设计书，并对设计质量负责；处理生产过程中的重大技术问题和质量争议；审核技术总结；审定测绘产品的交付验收。

第十条　测绘单位的质量管理、质量检查机构及质量检查人员，在规定的职权范围内，负责质量管理的日常工作。编制年度质量计划，贯彻技术标准及质量文件；对作业过程进行现场监督和检查，处理质量问题；组织实施内部质量审核工作。

各级质量检查人员对其所检查的产品质量负责，并有权予以质量否决，有权越级反映质量问题。

第十一条　生产岗位的作业人员必须严格执行操作规程，按照技术设计进行作业，并对作业成果质量负责。其他岗位的工作人员，应当严格执行有关的规章制度，保证本岗位的工作质量。因工作质量问题影响产品质量的，承担相应的质量责任。

第十二条　测绘单位可以按照测绘项目的实际情况实行项目质量负责人制度。项目质量负责人对该测绘项目的产品质量负直接责任。

第三章 生产组织准备的质量管理

第十三条 测绘单位承接测绘任务时，应当逐步实行合同评审（或计划任务评审），保证具有满足任务要求的实施能力，并将该项任务纳入质量管理网络。合同评审结果作为技术设计的一项重要依据。

第十四条 测绘任务的实施，应坚持先设计后生产，不允许边设计边生产，禁止没有设计进行生产。

技术设计书应按测绘主管部门的有关规定经过审核批准，方可付诸执行。市场测绘任务根据具体情况编制技术设计书或测绘任务书，作为测绘合同的附件。

第十五条 测绘任务实施前，应组织有关人员的技术培训，学习技术设计书及有关的技术标准、操作规程。

第十六条 测绘任务实施前，应对需用的仪器、设备、工具进行检验和校正；在生产中应用的计算机软件及需用的各种物资，应能保证满足产品质量的要求，不合格的不准投入使用。

第四章 生产作业过程的质量管理

第十七条 重大测绘项目应实施首件产品的质量检验，对技术设计进行验证。

首件产品质量检验点的设置，由测绘单位根据实际需要自行确定。

第十八条 测绘单位必须制定完整可行的工序管理流程表，加强工序管理的各项基础工作，有效控制影响产品质量的各种因素。

第十九条 生产作业中的工序产品必须达到规定的质量要求，经作业人员自查、互检，如实填写质量记录，达到合格标准，方可转入下工序。下工序有权退回不符合质量要求的上工序产品，上工序应及时进行修正、处理。退回及修正的过程，都必须如实填写质量记录。

因质量问题造成下工序损失，或因错误判断造成上工序损失的，均应承担相应的经济责任。

第二十条 测绘单位应当在关键工序、重点工序设置必要的检验点，实施工序产品质的现场检查。现场检验点的设置，可以根据测绘任务的性质、作业人员水平、降低质量成本等因素，由测绘单位自行确定。

第二十一条 对检查发现的不合格品，应及时进行跟踪处理，作出质量记录，采取纠正措施。不合格品经返工修正后，应重新进行质量检查；不能进行返工修正的，应予报废并履行审批手续。

第二十二条 测绘单位必须建立内部质量审核制度。经成果质量过程检查的测绘产品，必须通过质量检查机构的最终检查，评定质量等级，编写最终检查报告。

过程检查、最终检查和质量评定，按《测绘产品检查验收规定》和《测绘产品质量评定标准》执行。

第五章 产品使用过程的质量管理

第二十三条 测绘单位所交付的测绘产品，必须保证是合格品。

第二十四条　测绘单位应当建立质量信息反馈网络，主动征求用户对测绘质量的意见，并为用户提供咨询服务。

第二十五条　测绘单位应当及时、认真地处理用户的质量查询和反馈意见。与用户发生质量争议时，按照《测绘质量监督管理办法》的有关规定处理。

第六章　质　量　奖　惩

第二十六条　测绘单位应当建立质量奖惩制度。对在质量管理和提高产品质量中作出显著成绩的基层单位和个人，应给予奖励，并可申报参加测绘主管部门组织的质量评优活动。

第二十七条　对违章作业，粗制滥造甚至伪造成果的有关责任人；对不负责任，漏检错检甚至弄虚作假、徇私舞弊的质量管理、质量检查人员，依照《测绘质量监督管理办法》的相应条款进行处理。测绘单位对有关责任人员还可给予内部通报批评、行政处分及经济处罚。

第七章　附　　则

第二十八条　本规定由国家测绘局负责解释。

第二十九条　本规定自发布之日起施行。1988 年 3 月国家测绘局发布的《测绘生产质量管理规定》（试行）同时废止。

附录 5　中华人民共和国测绘成果管理规定

第一条　为加强对测绘成果的管理，保证测绘成果的合理利用，提高测绘工作的经济效益和社会效益，更好地为社会主义现代化建设服务，制定本规定。

第二条　本规定所称测绘成果，是指在陆地、海洋和空间测绘完成的下例基础测绘成果和专业测绘成果：

（一）天文测量、大地测量、卫星大地测量、重力测量的数据和图件；

（二）航空和航天遥感测绘底片、磁带；

（三）各种地图（包括地形图、普通地图、地籍图、海图和其他有关的专题地图等）；

（四）工程测量数据和图件；

（五）其他有关地理数据；

（六）与测绘成果直接有关的技术资料等。

第三条　国务院测绘行政主管部门主管全国测绘成果的管理和监督工作，并负责组织全国基础成果及其有关专业测绘成果的接收、搜集、整理、储存和提供使用。

省、自治区、直辖市人民政府测绘行政主管部门主管本行政区域内测绘成果的管理和监督工作，并负责组织本行政区域内基础成果以及有关专业测绘成果的接收、搜集、整理、储存和提供使用。

国务院有关部门和省、自治区、直辖市人民政府有关部门负责本部门专业测绘成果的管理工作。

军队测绘主管部门负责军事部门测绘成果的管理工作。

第四条　测绘成果应当实行科学管理，建立健全规章制度，运用现代化科学技术手段，及时、准确、安全、方便地提供使用。

第五条　测绘成果应当根据公开（公开使用、公开出版）和未公开（内部使用、保密）的不同性质，按照国家有关规定进行管理。

第六条　基础测绘成果保密等级的划分、调整和解密。经国务院测绘行政主管部门会同军队测绘主管部门发布。

专业测绘成果保密等级的划分、调整和解密，由有关专业测绘成果管理部门确定，并报同级测绘行政主管部门备案；其密级不得低于原使用的地图底图和其他基础测绘成果的密级。

各部门、各单位使用保密测绘成果，必须按照国家保密法规进行管理。保密测绘成果确需公开使用的，必须按照国家规定进行解密处理。

保密测绘成果的销毁，应当经测绘成果使用单位的县级以上主管部门负责人批准，严格进行登记、造册和监销，并向提供该成果的管理机构备案。

第七条　国务院有关部门和地方有关部门完成的基础测绘成果以及有关专业测绘成果，必须依照规定按年度发别向国务院测绘行政主管部门或者省、自治区、直辖市人民政府测绘行政部门汇交下列成果目录或者副本：

（一）天文测量、大地测量、卫星大地测量、重力测量的数据和图件的目录及副本（一式一份）；

（二）航空、航天遥感测绘底片和磁带的目录（一式一份）；

（三）地形图、普通地图、地籍图、海图、其他重要专题地图的目录（一式一份）；

（四）正式印制的各种地图（一式两份）；

（五）有关重大工程测量的的数据和图件目录（一式一份）。

第八条　外国人经中华人民共和国政府或者其授权部门批准，在中华人民共和国境内及境外属中华人民共和国管辖海域内单独测绘或者与中华人民共和国有关部门合作测绘的成果，依据本规定进行管理。其成果所有权属分别为：

（一）外国人或者外国人与中华人民共和国有关部门合作在中华人民共和国境内测制的测绘成果，均属中华人民共和国所有；

（二）外国人与中华人民共和国有关部门合作在中华人民共和国境内外属中华人民共和国管辖海域内测制的测绘成果，应当在不违反本规定的前提下，由双方按合同规定分享；

（三）外国人在中华人民共和国境外属中华人民共和国管辖海域内测制的测绘成果，必须向中华人民共和国测绘行政主管部门提供全部测绘成果的副本或者复制件。

第九条　需要使用其他省、自治区、直辖市的基础测绘成果的单位，必须持本省、自治区、直辖市人民政府测绘行政主管部门的公函，向该成果所在省、自治区、直辖市的测绘行政主管部门办理使用手续。

需要使用其他省、自治区、直辖市专业测绘成果的单位，按专业成果所属部门规定的办法执行。

第十条　军事部门需要使用政府部门测绘成果的，由总参谋部测绘主管部门或者大军区、军兵种测绘主管部门，通过国务院测绘行政主管部门或者省、自治区、直辖市人民政府测绘行政主管部门统一办理。

政府部门或者单位需要使用军事部门测绘成果的，由国务院测绘行政主管部门或者省、自治区、直辖市人民政府测绘行政主管部门，通过部参谋部测绘主管部门或者大军区、军兵种测绘主管部门统一办理。

第十一条　测绘行政主管部门应当对本行政区域内测制的测绘成果负责质量监察管理。

各有关部门和单位测制的测绘成果，必须经过检查验收，质量合格后方能提供使用。

第十二条　测绘成果实行有偿提供，有偿提供测绘成果的办法和收费标准由国务院测绘行政主管部门商有关测绘成果的管理部门后，会同国务院物价行政主管部门后，会同国务院物价行政主管部门另行规定。

第十三条　测绘成果不得擅自复制、转让或者转借。确需复制、转让或者转借测绘成果，必须经提供该测绘成果的部门批准；复制保密的测绘成果，还必须按照原密级管理。

受委托完成的测绘成果，受托单位未经委托单位同意不得复制、翻印、转让、出版。

第十四条　国务院有关部门对外提供中华人民共和国未公开的测绘成果，必须报国务院测绘行政主管部门批准。地方有关部门和单位对外提供中华人民共和国未公开的测绘成果，必须报经省、自治区、直辖市人民政府测绘行政主管部门批准。为了确保重要军事设施的安全保密，各送审单位对外提供未公开的测绘成果的具体办法，按国务院的有关规定执行。

第十五条　中华人民共和国境内及境外属中华人民共和国管辖海域内的重要地理数据（包括位置、高程、深度、面积、长度等），应当经国务院测绘行政主管部门审核报国务院批准后，由国务院或者其授权部门发布。

第十六条　对测绘成果理智做出重大贡献或者显著成绩的单位和个人，予以表扬或者奖励。

第十七条　测绘成果质量不合格给用户造成损失的，由该测绘成果的测绘单位赔偿直接经济损失，并负责补测或者重测；情节严重的，由测绘行政主管部门处以罚款或者取消其相应的测绘资格。

第十八条　有下列行为之一的单位，按以下规定，给予行政处罚；

（一）对违反国家规定的测绘成果收费标准，擅自提价收取测绘成果费用的，依照《中华人民共和国价格管理条例》的规定没收其非法所得，可以并处相当于非法所得金额三至五倍的罚款；

（二）对发生重大测绘成果泄密事故的，由测绘行政主管部门给予通报批评，并按本规定第十九条规定追究单位负责人的责任；

（三）对未经提供测绘成果的部门批准，擅自、复制、转让或者转借测绘成果的，由测绘行政主管部门给予通报批评，可以并处罚款。

第十九条　有下列行为之一的个人，由其所在单位或者该单位的上级主管机关给予行政处分；构成犯罪的，由司法机关依法追究刑事责任；

（一）丢失保密测绘成果，或者造成测绘成果泄密事故的；

（二）未按本规定第十四条规定履行报批手续，擅自对外提供未公开的测绘成果的；

（三）测绘成果管理人员不履行职责，致使测绘成果遭受重大损失，或者擅自提供未

公开的测绘成果的;

（四）测绘成果丢失或者泄密造成严重后果以及对造成测绘成果丢失或者泄密事故不查处的单位负责人。

第二十条　当事人对行政处罚决定不服的，可以在接到处罚通知次日起十五日内，向作出处罚决定部门的上级行政主管部门申请复议；对复议决定不服的，可以在接到复议决定次日起十五日内，向人民法院起诉；当事人也可以在接到处罚通知次日起十五日内，直接向人民法院起诉，期满不起诉又不执行的，由作出处罚决定的行政主管部门申请人民法院执行。

第二十一条　省、自治区、直辖市人民政府，国务院有关部门和军队，可以依照本规定结合实际制定实施办法。

第二十二条　本规定由国务院测绘行政主管部门负责解释。

第二十三条　本规定自一九八九年五月一日起施行。

附录6　关于汇交测绘成果目录和副本的实施办法

第一条　根据《中华人民共和国测绘法》和《中华人民共和国测绘成果管理规定》，为做好汇交测绘成果目录和副本工作，制定本办法。

第二条　本办法适用于在中华人民共和国领域和管辖的其他海域从事测绘活动的一切组织或者个人。

第三条　汇交测绘成果目录和副本实行无偿汇交。汇交的测绘成果副本的版权依法受到保护，任何部门和单位不得向第三方提供。

第四条　国务院有关部门和县级以上（含县级、下同）地方人民政府有关部门必须汇交的基础测绘成果和专业测绘成果目录具体如下：

1. 按国家基准和技术标准施测的一、二、三、四等天文、三角、导线、长度、水准测量成果的目录；

2. 重力测量成果的目录；

3. 具有稳固地面标志的全球定位测量（GPS）、多普勒定位测量、卫星测距（SLR）等空间大地测量成果的目录；

4. 用于测制各种比例尺地形图和专业测绘的航空摄影底片的目录；

5. 我国自己拍摄的和收集国外的可用于测绘或个测地形图及其专业测绘的卫星摄影底片和磁带的目录；

6. 面积在 $10km^2$ 以上的 $1:500 \sim 1:2000$ 比例尺地形图和整幅的 $1:5000 \sim 1:1000000$ 比例尺地形图（包括影像地图）的目录；

7. 其他普通地图、地籍图、海图和专题地图的目录；

8. 国务院有关部门主管的跨省区、跨流域，面积在 $50km^2$ 以上，以及其他重大国家项目的工程测量的数据和图件目录；

9. 县级以上地方人民政府主管的面积在省管限额以上（由各省、自治区、直辖市人民政府颁发的测绘行政管理法规确定）的工程测量的数据和图件目录。

以上汇交的目录均为一式一份。

244

第五条　国务院有关部门和省、自治区、直辖市人民政府有关部门必须汇交的有关测绘成果副本具体如下：

1. 按国家基准和技术标准施测的一、二、三、四等天文、三角、导线、长度、水准测量成果的成果表、展点图(路线图)、技术总结和验收报告的副本；

2. 重力测量成果的成果表(含重力值归算、点位坐标和高程、重力异常值)、展点图、异常图、技术总结和验收报告的副本；

3. 具有稳固地面标志的全球定位测量(GPS)、多普勒定位测量、卫星激光测距(SLR)等空间大地测量的测量成果、布网图、技术总结和验收报告的副本；

4. 正式印制的地图，包括各种正式印刷的普通地图、政区地图、教学地图、交通旅游地图，以及全国性和省一级的其他专题地图。

以上汇交的副本，除地图一式两份外，其他均为一式一份。

第六条　国务院有关部门当年完成的测绘成果的目录和副本应在第二年三月底之前向国家测绘局汇交；县级以上地方人民政府有关部门当年完成的测绘成果的目录和副本应在第二年三月底之前向本省、自治区、直辖市人民政府管理测绘工作的部门汇交。

国务院有关部门在地方的直属单位，其测绘成果的目录和副本直接交测区所在地的省、自治区、直辖市人民政府管理测绘工作的部门，由他们转变国家测绘局。

第七条　我国非隶属政府部门的测绘组织和个人进行测绘活动除必须遵守《中华人民共和国测绘法》的规定外，还必须根据本《办法》第四条和第五条的规定，在完成测绘任务的当时，向测区所在地的省、自治区、直辖市人民政府管理测绘工作的部门提交测绘成果目录和副本。

第八条　外国组织或者个人经批准在中华人民共和国领域和管辖的其他海域单独测绘时，由中方接待单位督促其在测绘任务完成后即直接向国家测绘局提交全部测绘成果副本一式两份；与中华人民共和国有关部门、单位合作测绘时，由中方合作者在测绘任务完成后的两个月内，向国家测绘局提交全部测绘成果副本一式两份。

第九条　汇交的测绘成果目录和成果表副本的详细格式见附表一至附表二十一。

第十条　各部门可由本部或者由其指定的单位负责本部的测绘成果目录和副本的汇交工作，并应明确具体负责人与相应测绘主管部门建立联系。

第十一条　委托测绘的项目，其完成的测绘成果目录和副本由委托方负责汇交。

第十二条　国家测绘局所属全国测绘资料信息中心负责具体接收应向国家测绘局汇交的测绘成果目录和副本，并负责每年编制一次测绘成果目录向有关单位提供。

第十三条　对于不能履行汇交测绘成果目录和副本义务的组织和个人，国务院测绘行政主管部门或省、自治区、直辖市人民政府管理测绘工作的部门可以给予其通报批评、酌情限制其测绘活动和停止供应国家基础测绘成果的行政处罚。

第十四条　当事人对行政处罚不服的，可以依照《中华人民共和国测绘成果管理规定》第二十条规定申请复议或者提起行政诉讼。

第十五条　各省、自治区、直辖市人民政府管理测绘工作的部门可以制定本行政区域汇交测绘成果目录和副本的实施办法。

第十六条　本办法由国家测绘局负责解释。

第十七条　本办法自公布之日起施行。

附录7 中华人民共和国测量标志保护条例

（1996 年 9 月 4 日中华人民共和国国务院令第 203 号发布，自 1997 年 1 月 1 日起施行）

第一条 为了加强测量标志的保护和管理，根据《中华人民共和国测绘法》，制定本条例。

第二条 本条例适用于在中华人民共和国领域内和中华人民共和国管辖的其他海域设置的测量标志。

第三条 测量标志属于国家所有，是国家经济建设和科学研究的基础设施。

第四条 本条例所称测量标志，是指：

（一）建设在地上、地下或者建筑物上的各种等级的三角点、基线点、导线点、军用控制点、重力点、天文点、水准点的木质觇标、钢质觇标和标石标志，全球卫星定位控制点，以及用于地形测图、工程测量和形变测量的固定标志和海底大地点设施等永久性测量标志；

（二）测量中正在使用的临时性测量标志。

第五条 国务院测绘行政主管部门主管全国的测量标志保护工作。国务院其他有关部门按照国务院规定的职责分工，负责管理本部门专用的测量标志保护工作。

县级以上地方人民政府管理测绘工作的部门负责本行政区域内的测量标志保护工作。

军队测绘主管部门负责管理军事部门测量标志保护工作，并按照国务院、中央军事委员会规定的职责分工负责管理海洋基础测量标志保护工作。

第六条 县级以上人民政府应当加强对测量标志保护工作的领导，增强公民依法保护测量标志的意识。

乡级人民政府应当做好本行政区域内的测量标志保护管理工作。

第七条 对在保护永久性测量标志工作中做出显著成绩的单位和个人，给予奖励。

第八条 建设永久性测量标志，应当符合下列要求：

（一）使用国家规定的测绘基准和测绘标准；

（二）选择有利于测量标志长期保护和管理的点位；

（三）符合法律、法规规定的其他要求。

第九条 设置永久性测量标志的，应当对永久性测量标志设立明显标记；设置基础性测量标志的，还应当设立由国务院测绘行政主管部门统一监制的专门标牌。

第十条 建设永久性测量标志需要占用土地的，地面标志占用土地的范围为 36～100m^2，地下标志占用土地的范围为 16～36m^2。

第十一条 设置永久性测量标志，需要依法使用土地或者在建筑物上建设永久性测量标志的，有关单位和个人不得干扰和阻挠。

第十二条 国家对测量标志实行义务保管制度。

设置永久性测量标志的部门应当将永久性测量标志委托测量标志设置地的有关单位或者人员负责保管，签订测量标志委托保管书，明确委托方和被委托方的权利和义务，并由委托方将委托保管书抄送乡级人民政府和县级以上人民政府管理测绘工作的部门备案。

第十三条　负责保管测量标志的单位和人员，应当对其所保管的测量标志经常进行检查；发现测量标志有被移动或者损毁的情况时，应当及时报告当地乡级人民政府，并由乡级人民政府报告县级以上地方人民政府管理测绘工作的部门。

第十四条　负责保管测量标志的单位和人员有权制止、检举和控告移动、损毁、盗窃测量标志的行为，任何单位或者个人不得阻止和打击报复。

第十五条　国家对测量标志实行有偿使用；但是，使用测量标志从事军事测绘任务的除外。测量标志有偿使用的收入应当用于测量标志的维护、维修，不得挪作他用。具体办法由国务院测绘行政主管部门会同国务院物价行政主管部门规定。

第十六条　测绘人员使用永久性测量标志，应当持有测绘工作证件，并接受县级以上人民政府管理测绘工作的部门的监督和负责保管测量标志的单位和人员的查询，确保测量标志完好。

第十七条　测量标志保护工作应当执行维修规划和计划。

全国测量标志维修规划由国务院测绘行政主管部门会同国务院其他有关部门制定。

省、自治区、直辖市人民政府管理测绘工作的部门应当组织同级有关部门，根据全国测量标志维修规划，制定本行政区域内的测量标志维修计划，并组织协调有关部门和单位统一实施。

第十八条　设置永久性测量标志的部门应当按照国家有关的测量标志维修规程，对永久性测量标志定期组织维修，保证测量标志正常使用。

第十九条　进行工程建设，应当避开永久性测量标志；确实无法避开，需要拆迁永久性测量标志或者使永久性测量标志失去使用效能的，工程建设单位应当履行下列批准手续：

（一）拆迁基础性测量标志或者使基础性测量标志失去使用效能的，由国务院测绘行政主管部门或者省、自治区、直辖市人民政府管理测绘工作的部门批准。

（二）拆迁部门专用的永久性测量标志或者使部门专用的永久性测量标志失去使用效能的，应当经设置测量标志的部门同意，并经省、自治区、直辖市人民政府管理测绘工作的部门批准。

拆迁永久性测量标志，还应当通知负责保管测量标志的有关单位和人员。

第二十条　经批准拆迁基础性测量标志或者使基础性测量标志失去使用效能的，工程建设单位应当按照国家有关规定向省、自治区、直辖市人民政府管理测绘工作的部门支付迁建费用。

经批准拆迁部门专用的测量标志或者使部门专用的测量标志失去使用效能的，工程建设单位应当按照国家有关规定向设置测量标志的部门支付迁建费用；设置部门专用的测量标志的部门查找不到的，工程建设单位应当按照国家有关规定向省、自治区、直辖市人民政府管理测绘工作的部门支付迁建费用。

第二十一条　永久性测量标志的重建工作，由收取测量标志迁建费用的部门组织实施。

第二十二条　测量标志受国家保护，禁止下列有损测量标志安全和使测量标志失去使用效能的行为：

（一）损毁或者擅自移动地下或者地上的永久性测量标志以及使用中的临时性测量标

志的；

（二）在测量标志占地范围内烧荒、耕作、取土、挖沙或者侵占永久性测量标志用地的；

（三）在距永久性测量标志 50m 范围内采石、爆破、射击、架设高压电线的；

（四）在测量标志的占地范围内，建设影响测量标志使用效能的建筑物的；

（五）在测量标志上架设通讯设施、设置观望台、搭帐篷、拴牲畜或者设置其他有可能损毁测量标志的附着物的；

（六）擅自拆除设有测量标志的建筑物或者拆除建筑物上的测量标志的。

（七）其他有损测量标志安全和使用效能的。

第二十三条　有本条例第二十二条禁止的行为之一，或者有下列行为之一的，由县级以上人民政府管理测绘工作的部门责令限期改正，给予警告，并可以根据情节处以 5 万元以下的罚款；对负有直接责任的主管人员和其他直接责任人员，依法给予行政处分；造成损失的，应当依法承担赔偿责任：

（一）干扰或者阻挠测量标志建设单位依法使用土地或者在建筑物上建设永久性测量标志的；

（二）工程建设单位未经批准擅自拆迁永久性测量标志或者使永久性测量标志失去使用效能的，或者拒绝按照国家有关规定支付迁建费用的；

（三）违反测绘操作规程进行测绘，使永久性测量标志受到损坏的；

（四）无证使用永久性测量标志并且拒绝县级以上人民政府管理测绘工作的部门监督和负责保管测量标志的单位和人员查询的。

第二十四条　管理测绘工作的部门的工作人员玩忽职守、滥用职权、徇私舞弊的、依法给予行政处分。

第二十五条　违反本条例规定，应当给予治安管理处罚的，依照治安管理处罚条例的有关规定给予处罚；构成犯罪的，依法追究刑事责任。

第二十六条　本条例自 1997 年 1 月 1 日起施行。1984 年 1 月 7 日国务院发布的《测量标志保护条例》同时废止。

附录 8　测量技术规范和图式简介

（1）《城市测量规范》

根据建设部建标〔1990〕407 号文的要求，标准编制组在广泛调查研究，认真总结实践经验，参考有关国际标准和国外先进标准，并广泛征求意见的基础上，制定了本规范。自 1999 年 7 月 1 日起实行。

该规范包括总则，城市平面控制测量，城市高程控制测量，城市地形测量（1∶500～1∶2000 比例尺成图）、城市工程测量（定线拨地测量、城市工程测量、市政工程测量、地下管线和地下人防工程的竣工测量），数字化成图，城市地形图绘图与编绘以及城市地图制印。

该规范是进行城市测量业的基本依据，可作为我国目前进行村、镇测量的最佳参考规范。

（2）《地籍测绘规范》

是国家测绘局 1987 年颁布的地籍测绘标准。

该规范是进行地籍测量的依据，适用于城镇及农村地区的地籍测量工作。其内容包括：地籍控制测量、地籍测量外业调绘、地籍图测绘、农村居民点的地籍测量、面积测算、检查验收与成果上交、地籍测量资料更新以及地籍图图式等内容。

（3）《城镇地籍调查规程》

该规程是国家土地管理局颁布的自 1989 年 9 月 10 日起实施的行业标准。是根据《中华人民共和国土地管理法》有关规定制定的。

（4）《房产测量规范》

该规范是国家测绘局颁布的自 1991 年 7 月 1 日起实施的测绘行业标准。

规范规定了城市房产测绘的内容与基本要素，适宜于城市、县城、建制镇的建成区和建成区以外的工矿企事业单位相临居民点的房产测绘。可作为农村居民占房产测绘的最好的参考依据。

（5）《水利水电工程测量规范》

该规范由中华人民共和国水利部、电力工业部批准，根据水利水电技术标准编制、修订计划，由水利水电规划设计总院主持并主编的《水利水电工程测量规范》（规划设计阶段），标准的名称与编号为：《水利水电工程测量规范》（规划设计阶段）SL 197—97。自 1997 年 10 月 1 日起实施。标准文本由中国水利水电出版社出版发行。

该规范可作为村、镇测量中的中、小型水例、水电工程规划设计及施测的参考规范。

（6）《工程测量规范》

本规范是根据原国家计委计标发［1986］250 号文通知要求，由中国有色金属工业总公司负责主编，具体由中国有色金属工业总公司西安勘察院会同有关单位共同对原国家基本建设委员会、冶金工业部颁发的《工程测量规范》TJ 26—78（试行）进行修订而成。《工程测量规范》GB 50026—93 为强制性国家标准，自 1993 年 8 月 1 日起施行。

（7）《1∶500、1∶1000、1∶2000 地形图图式》

该图式是中华人民共和国国家标准。自 1996 年 5 月 1 日起实施。

该图式是测制、出版地形图的基本依据之一，是识别和使用地形图的重要工具。它是地形图上表示各种地物、地貌要素的符号、注记和颜色的标准。

该图式是根据国家经济建设各部门的共性要求制定的国家标准，也是村、镇测图采用符号的基本依据。

附录 9　测绘生产的成本定额和测绘产品价格

（1）《测绘生产成本费用定额》

该定额定额适用于纳入事业单位财务管理体系的测绘生产单位。以 1993～1998 年国家经济发展水平和测绘生产成本费用实际消耗水平为基础，分析了影响测绘生产成本费用变动的各种经济因素和技术因素，按《测绘事业单位财务制度》规定的支出和成本费用项目，经过反复测算和论证后确定的。包括大地测量、摄影测量与遥感、地图编制、野外地形数据采集及成图、地图数字化、数字化数据入库、界线测绘、工程测量和地图印刷等专业的工作项目，各项目原则上以产品为成本对象，分别按三种困难类别计算相应的成本费用定额。定额中包含 1.5％的测绘工作项目设计费和 3.0％的成果验收费；没有包含折旧费用或修购基金。修购基金应按《测绘事业单位财务制度》的规定另行计提。

该定额规定内容齐全，是村、镇测量定额计算依据。

（2）《测绘工程产品价格》

为规范测绘工程产品价格，保护测绘工程产品用户和测绘单位的合法权益，促进测绘市场健康发展，国家测绘局 2002 年 1 月根据《中华民族共和国价格法》，结合测绘工程产品的特点，制定《测绘工程产品价格》。由大地测量、摄影测量与遥感、地图编制、野外地形数据采集及成图、地图数字化、数字化数据入库、界线测绘和工程测量价格组成。分别按三种困难类别制定相应的价格。

该价格适用于国内测绘市场上发生的测绘工程产品价格行为，也是村、镇测量收费的依据标准。

参 考 文 献

[1] 中华人民共和国行业标准(CJJ 8—99). 城市测量规范. 中华人民共和国建设部发布, 1999 年 7 月 1 日实施. 北京: 中国建筑工业出版社, 1999

[2] 中华人民共和国国家标准(GB 50026—93). 工程测量规范. 国家技术监督局与中华人民共和国建设部 1993 年 3 月 26 日发布, 1993 年 8 月 1 日实施. 北京: 中国计划出版社, 1993

[3] 中华人民共和国国家标准(GB 50026—93). 工程测量规范条文说明. 北京: 中国计划出版社, 1993

[4] 中华人民共和国国家标准(GB/T 7929—1995). 1∶500 1∶1000 1∶2000 地形图图式. 国家技术监督局 1995 年 9 月 15 日发布, 1996 年 5 月 1 日实施. 北京: 中国标准出版社, 1996

[5] 中华人民共和国国家标准(GB/T 19314—2001). 全球定位系统(GPS)测量规范. 国家技术监督局 2001 年 3 月 5 日发布, 2001 年 9 月 1 日实施

[6] 中华人民共和国行业标准(CJJ 73—97). 全球定位系统城市测量技术规程. 中华人民共和国建设部发布, 1999 年 10 月 1 日实施. 北京: 中国建筑工业出版社, 1997

[7] 中华人民共和国行业标准(ZB)城镇地籍调查规程. 国家土地管理局颁布. 1989 年 9 月 10 日实施

[8] 中华人民共和国行业标准(SL 197—1997). 水利水电工程测量规范. 1997 年 10 月 1 日实施

[9] 中华人民共和国行业标准(CH 5002—1994). 地籍测绘规范

[10] 中华人民共和国国家标准(GB/T 17986.1—2000). 房产测量规范 第 1 单元: 房产测量规定

[11] 中华人民共和国国家标准(GB/T 17986.2—2000). 房产测量规范 第 2 单元: 房产图图式

[12] 武汉测绘科技大学《测量学》编写组. 测量学(第三版). 北京: 测绘出版社, 1991

[13] 合肥工业大学等. 测量学(第四版). 北京: 中国建筑工业出版社, 1995

[14] 顾孝烈, 鲍峰, 程效军编著. 测量学(第二版). 上海: 同济大学出版社, 2003

[15] 覃辉主编. 土木工程测量. 上海: 同济大学出版社, 2003

[16] 姜美鑫, 徐庆荣等编. 地形图绘制. 北京: 测绘出版社, 1990

[17] http://www.sbsm.gov.cn